図解でわかる

品目・栽培特性を活かす

土壌と施肥

猪股敏郎 著

誠文堂新光社

はじめに

土作りの人材育成と土作りの普及を進めるために私ども土壌協会が始めた土壌医検定試験・資格登録事業がスタートしてから約8年になる。開始するに当たって受験のための参考書を用意することとしたが、どのような内容にするかについては悩んだ。せっかく勉強するのであるから、業務上あるいは農業経営上役立つ内容である必要がある。これに関してこれまで研修会などを通じ、農家の方は農作物の収量、品質やコスト低減に結び付く土作りには関心が高いと感じていた。こうしたことから農作物生産との関係を重視した内容にすることとした。

しかし、そのとりまとめは簡単ではなかった。関係文献は土壌肥料のみならず、栽培、作物生理と学問分野をまたいであり、現地の土作りに関係の深いものを探す必要があった。

最近、農家や農業法人の方々で受験される方が増えてきているが、昨年、大規模農家の資格登録者のなかに参考書を勉強したことで生産コスト低減につながったと言われた方がいた。こうした話をお聞きして、農作物生産との関係を重視した土作りを重点にして良かったと感じた。

土壌医検定試験の参考書は1級、2級、3級と3種類あり、pHなどの同じ項目でも内容レベルに応じて書き分けをしている。また、受験に際しては該当の参考書から出題されるので、内容や表現の正確性が求められ、関係するデータも掲載する必要がある。

こうしたことから、一般の方には、級別の書き分けをはずし、現場での重要問題を読みやすく解説したものも必要であると感じていた。

こうしたなかで今回、誠文堂新光社から「農耕と園藝」誌にこれまで連載してきたものをもとに刊行物としてまとめてはどうかという話をいただいた。

そこで、今回これまでの連載記事をベースにして再度内容を見直しし、再編集をした。

その際、重視したのは、一つ目は作物の特性に応じた土作りである。作物の種類により養分特性などが異なり土作りの方法も異なる。二つ目は、最近関心の高い有機栽培、水稲等の高温障害、ゲリラ豪雨、土壌病害の問題に対応した土作りである。これらの問題は現地で大変重要となっているが、これには土作りも深く関係している。

作物の生育のバラつき、安定生産など現地の土作りに関して悩んでおられる方々も多いと思うが、この本がそうした方々の問題解決の糸口になれば大変幸いである。

（一財）日本土壌協会　専務理事　猪股　敏郎

目次

第1章

土壌と施肥の基本知識

作物生育と土壌の役割

❶ 作物安定生産に土壌環境の役割は大きい

作物の生育には、特に気象条件、土壌条件が影響する。その作物がどのような自然条件下でよく生育するかは、作物の原産地の自然条件と関係が深く、原産地の自然条件に近い地域での生育が良い。

人類は食糧確保のため、野生種のなかからより良い形質のものを選抜するとともに、特性の異なるものを交配、改良し、収量、品質を高めてきた。また、その作物が他の地域に伝播していく過程で、その地域の気象条件、土壌条件に適応する特性を持った種類が選抜され、改良されてきている。

栽培種は気象的要素、土壌的要素、生物的要素の影響を受けやすい。

栽培環境のなかで気象的要素は人為的にコントロールがしにくく、永年性作物であるリンゴ、ミカン等果樹では栽培地域が異なる。また、野菜についてはハウス栽培の導入などにより栽培地域や栽培時期が広がってきているが、露地栽培では栽培可能な地域や栽培時期

主な作物の原産地と日本への伝播

主な作物	原産地と日本への導入	わが国での栽培種の好適環境条件
小　麦	中央アジアのコーカサス地方が原産地であり、乾燥地である。日本への伝来は3～5世紀頃とされている。	低温を経過しないと出穂しにくい。比較的乾燥を好む。
キャベツ	ヨーロッパの地中海、大西洋の沿岸が原産地とされており、石灰の多い地域である。日本には明治年間に導入された。	生育適温は15～20℃程度である。保水力がある土壌が適する。石灰を好む。
トマト	南アメリカの北西部高原地帯（ペルー、エクアドル圏）とされている。日本には江戸時代に導入された。	日照を必要とし、昼夜の温度較差が大きい環境を好む。排水が良く乾燥気味の土壌を好む。
リンゴ	コーカサス地方と中国の新疆地区が原産地とされており、冷涼な地域である。日本への西洋リンゴの導入は明治の初めである。	冷涼で一定期間以上低温に合わないと休眠が破れない。排水の良い土壌を好む。

が限定される。作物生産は、その作物の栽培特性に合った気象条件、土壌条件の地域において適期に栽培されるとともに、その栽培時期に合った品種が開発、導入されてきた。

一方、農作物の安定生産のためには、気温、降水等、気象変化の影響を少なくしていくとともに、土壌改良により生産力を高めたり、病害虫等の影響を軽減していくことが重要である。キャベツ栽培の場合、土壌環境面では潅水が重要なので潅水設備が整えられるとともに、有機物を投入するなど土壌改良が行われてきている。

❷ 土壌の機能は環境変化を和らげる働きが特徴

作物は太陽の光エネルギーを利用し光合成作用により、水と二酸化炭素から炭水化物を合成している。また、根から吸収する窒素、リン酸などの養分を用い、炭水化物から様々な有機物を合成し、作物体を構成している。根から養分吸収するためのエネルギーは呼吸によって得られ、その呼吸を行うために酸素と炭水化物が消費される。このように作物は、根からの養分吸収や光合成作用などによって生育していく。

このための土壌の役割としては、①作物体を支持し、受光態勢を整える、②作物が必要とする水や酸

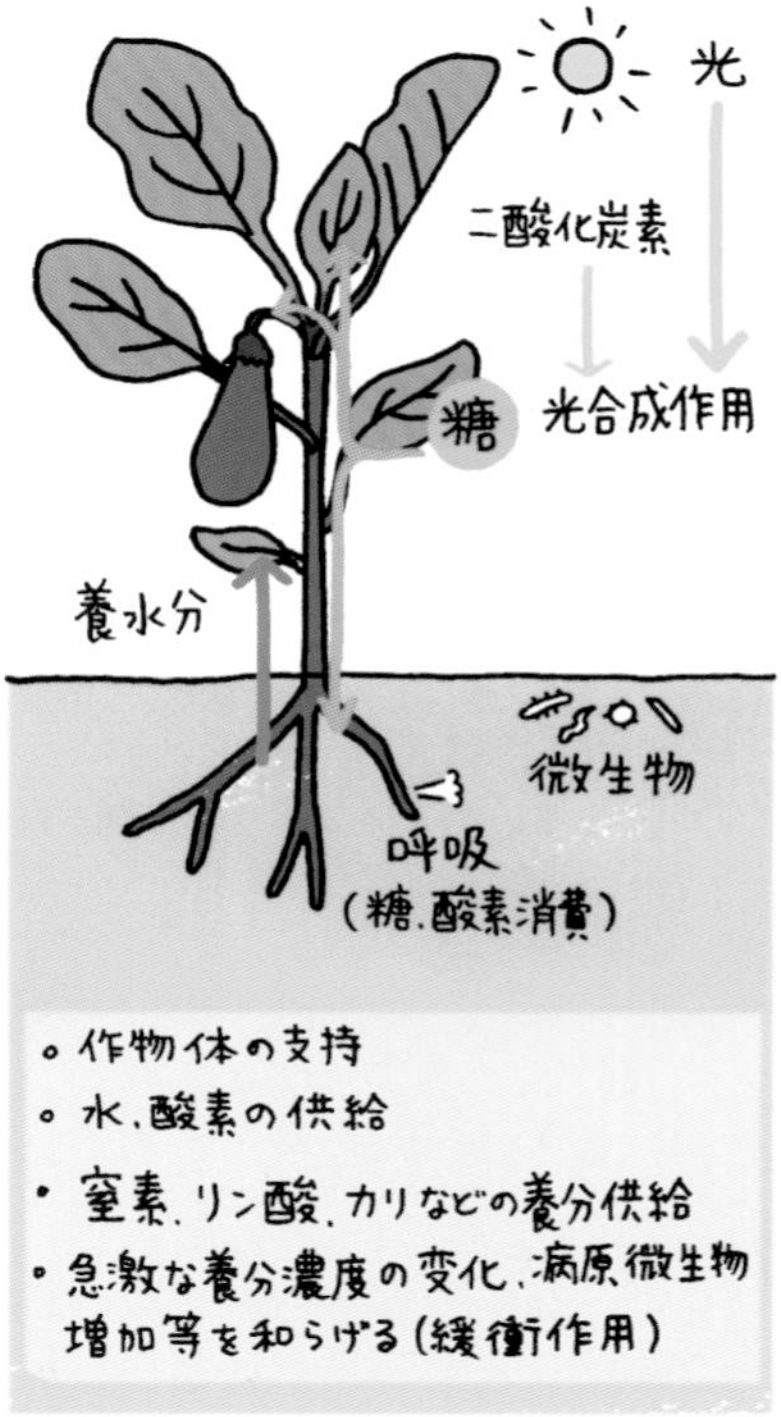

土壌の役割

素を根から供給する、③窒素、リン酸、カリなどの養分を根から供給する、④養水分や土壌微生物相の変化等を和らげ、長く維持しようとする働きをする、などである。これらの土壌の役割の中で、④の土壌環境の変化を和らげる働きが水耕栽培と大きく異なる特徴である。

　また、地上部へ養水分を供給する役割を根が十分行いうる土壌構造かどうかが重要で、この良し悪しが作物の生育に大きく影響する。

◇土壌は水、酸素を供給

　土壌は、鉱物粒子、土壌有機物などの大小多数の粒子からなり、その粒子のすき間に水と空気を保持している。土の粒子の隙間にある水と空気は作物に利用される。土壌の粒子間に適度な水分と空気が保持され、排水性も良いことが、根に水や酸素を十分供給していくために重要である。

◇土壌は養分を供給

　土壌は作物に必要な養分を含んでおり、そうした養分を保持し、雨などによって流亡しにくくする能力を持っている。そうした養分を保持し根に供給していく上で重要なのが粘土鉱物や腐植である。

　土壌中に含まれる土壌有機物のうち、まだ明確な形が残る新鮮な動植物遺体（粗大有機物）を除いた無定形の褐色ないし黒色の有機物を一般に腐植という。腐植は土壌中で粘土鉱物と結合して粘土腐植複合体となり、無機養分を保持したり、土壌を団粒化したりするなど、土壌の機能を高める重要な働きをする。

　粘土や腐植は粒径が小さいので、同じ体積の砂などに比べると表面積が非常に大きく、大量の養分を蓄えることができる。窒素やカリなどの養分は粘土や腐植の粒子表面に一時保持され、徐々に作物に供給される。粘土や腐植の多い土壌で肥料成分が流亡しにくく、砂の多い土壌で流亡しやすいのはこのためである。

◇土壌は環境変化を和らげる

　土壌には、①地温の変化の幅を小さくする物理的緩衝能、②養分やpHなどが急激に変化しない化学的緩衝能、③多様な土壌微生物によって病原菌の急激な増加を抑える生物的緩衝能、などの特性がある。作物が健全に生育していくためには土壌の緩衝能を高めていくことが大切である。

❸ 根の働きを良くするポイント

作物体を支持するとともに、水や養分吸収を行う働きを持つのが根であり、根の発達は作物生育に大きく影響する。こうしたことから、根の働きを良くする土壌にしていくことは大変重要である。

◇根の働きは養水分吸収、同化産物の貯蔵など

根の働きとしては、呼吸により発生したエネルギーを活用し、①養分の吸収、②アミノ酸等窒素化合物や生育調節物質（サイトカイニン等*）を合成すること、などが挙げられる。その他、根毛などから根酸を分泌し、リン酸の吸収を良くしたり、土壌微生物の餌となる糖、アミノ酸等を分泌し、根の周り（根圏）の微生物相を豊かにするなどの働きがある。

また、根からの糖、アミノ酸等の物質分泌を通じ、根粒菌、菌根菌などの微生物との共生関係ができて、窒素、リン酸の養分が確保できる作物もある。

*サイトカイニン……植物ホルモンの一種で、主に根で合成され、道管を通って地上部に輸送され、細胞分裂促進、側芽の生長促進等の働きがある。

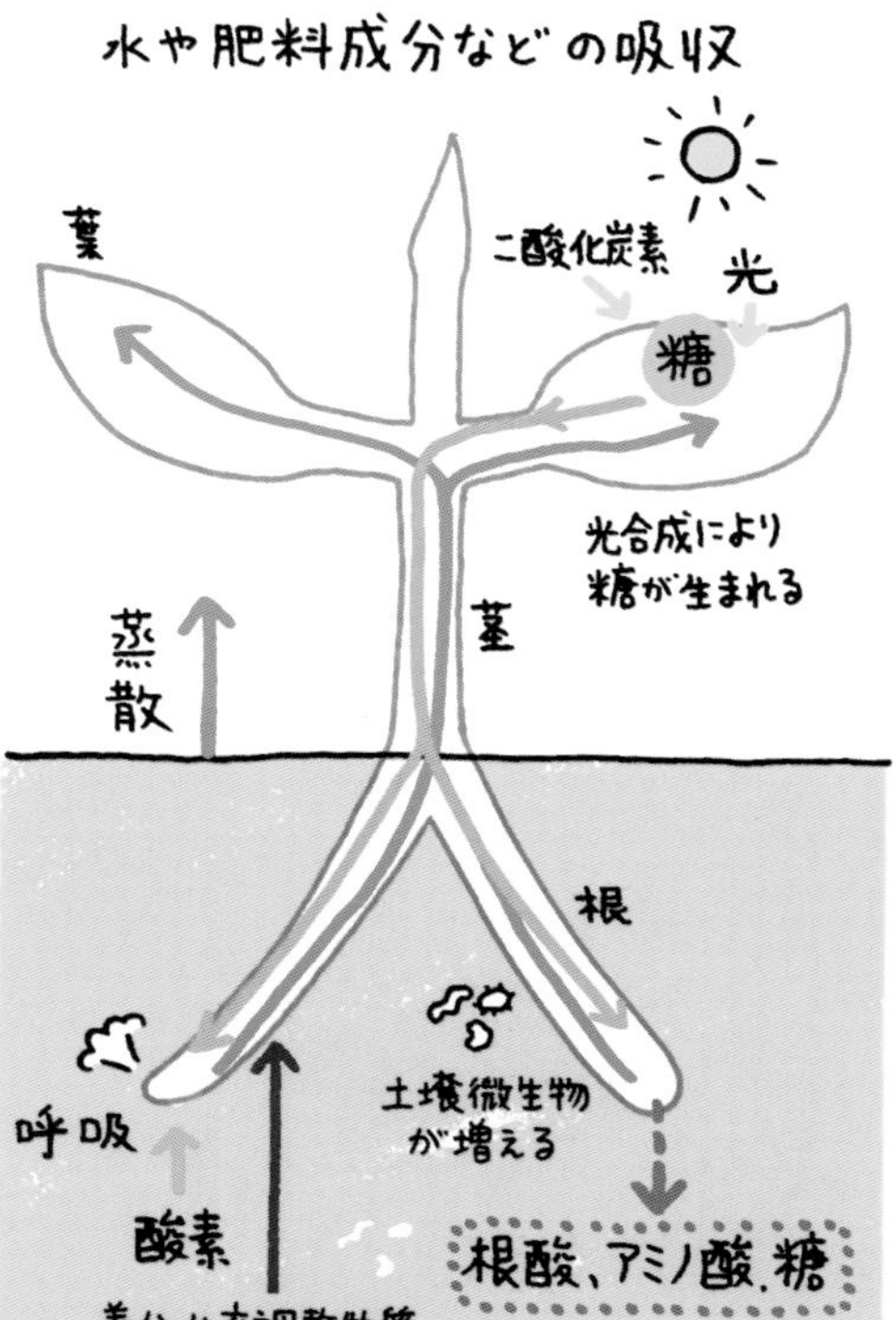

根の働き

養水分の供給以外に、根が養分の貯蔵庫としての役割を持つ作物もある。サツマイモ、ダイコンなどは根などに養分を蓄積する。永年性作物である果樹も根など樹体にも養分を蓄え、翌年春の芽出し、開花等の養分となっている。

◇根の発達に必要な団粒構造の土壌

根が深く広く伸び、地上部に適度の養水分を供給できる土壌環境にしていくことは、作物の生育を良くしていくために必要である。

このための条件としては次のようなことが挙げられる。

①通気性、排水性、保水性が良く、やわらかい土壌。

②肥料成分のバランスが良く、pHが適正である土壌。

③有用微生物の餌となる有機物が含まれ、土壌生物が豊富な土壌。

通気性、排水性が良く、しかも保水性も良いという相反する条件を満たすためには、土壌を団粒構造にする必要がある。土壌粒子同士が結びつき、固まりとなったものを団粒といい、団粒同士が結びついた状態を団粒構造という。土壌粒子に結びつきがなくバラバラの状態にある単粒構造の土壌では、通気性、排水性、保水性が悪く、根の生長が悪い。団粒構造のように適度なすき間があって有効な水分と適切な空気を含んでいると、根の生育は良くなる。

団粒構造が発達すると団粒間に孔隙が広がり、この孔隙に液相、気相が形成され、水と空気が通りやすく、かつ必要な水と空気が保

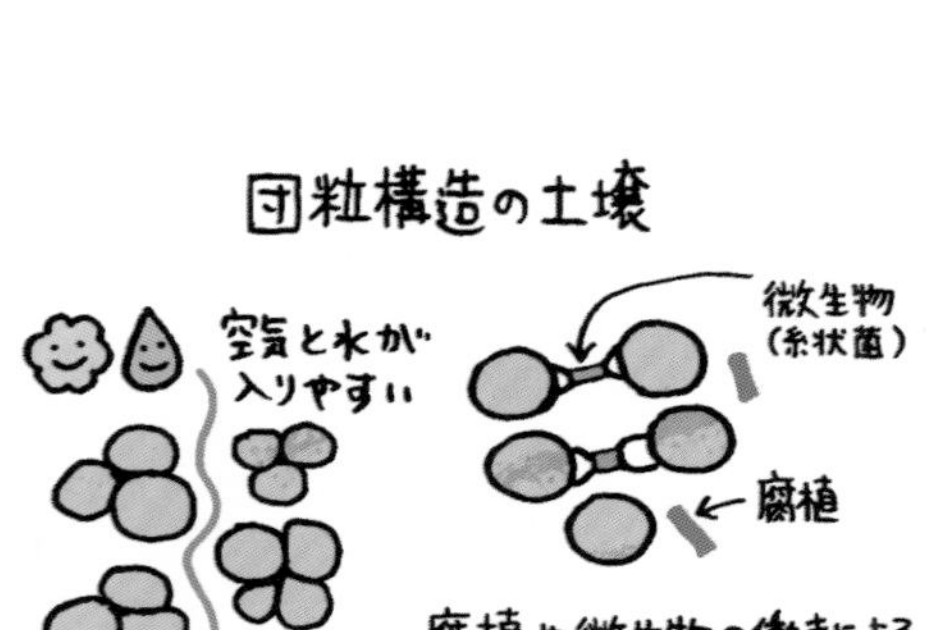

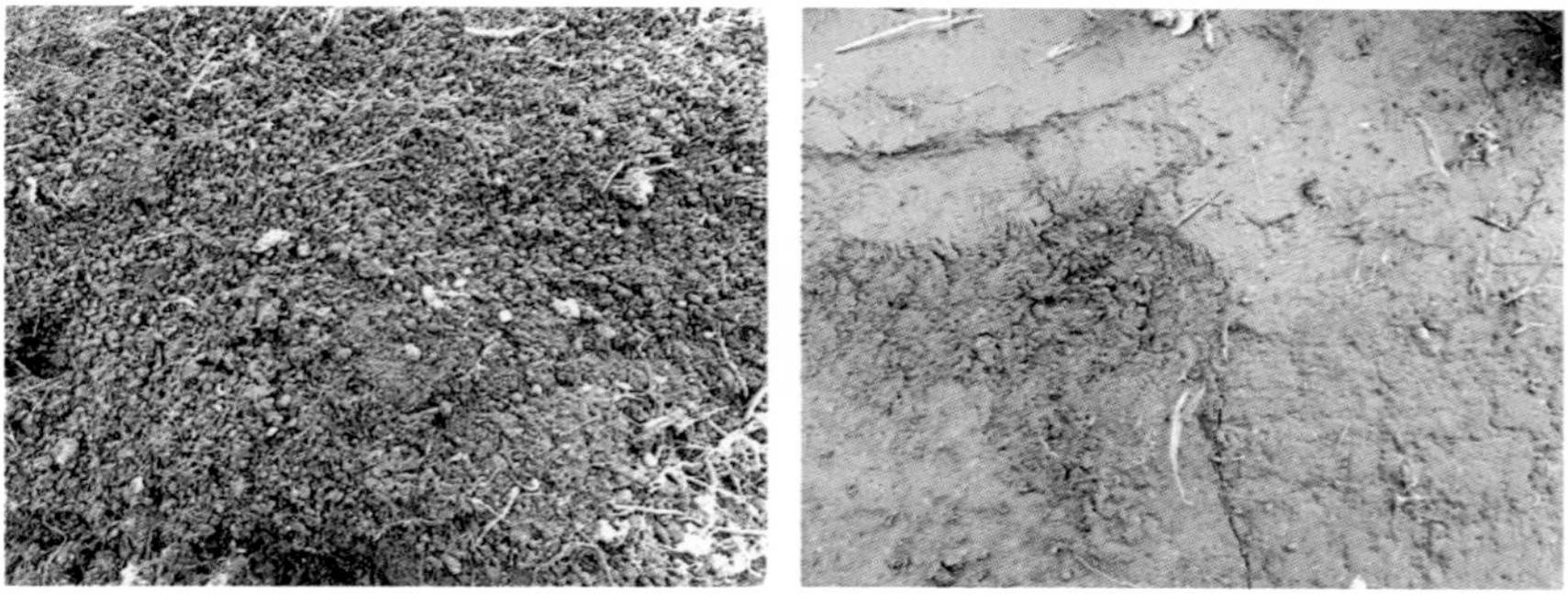

団粒構造の土壌（左）と単粒構造に近い土壌（右）

てるようになる。

◇団粒構造の形成には腐植物質や微生物の働きが大きい

団粒構造にするには有機物を混入すると良い。土壌団粒は主に土壌生物の働きにより形成される。油かすなど有機物を加えると、それを分解する微生物の働きが活発となり、微生物の菌糸や微生物の出すのり状の分泌物質の接着作用により団粒が形成される。団粒構造が形成されて土壌の通気性が良くなると、有機物を分解する土壌微生物や小動物が多くなり、土壌の団粒構造がさらに発達する。

なお、単粒構造の土壌に稲わら、青刈りトウモロコシ等、緑肥作物のすき込みなど粗大有機物を混入しても、団粒構造に近い性質を示すようになり、団粒構造ほどではないが、空気および水分合有率が多くなり、根の生育は良好となる。

上の写真は、ある有機農家の圃場で団粒構造が形成されている土壌を撮影したものである。団粒構造が形成されている圃場では、堆肥等有機物を10年程毎年施用してきていて、野菜の生育も良い。団粒構造となっている圃場と隣接する未耕作の区画は、有機農業を開始する前の状態の土壌であるが、土壌は硬く透水性が悪い。

土壌の団粒構造形成の主役は有機物分解に関わっている土壌微生物であることから、団粒構造を維持していくためには、土壌微生物の数が減らないよう有機物を補給していく必要がある。

土壌の種類や特性と作物生産

❶ 土壌の種類の分布は様々

作物が栽培されている土壌には様々な種類や特性のものがある。

土壌の種類には畑に多い黒色でやわらかい火山灰土壌がある一方、水田に多い灰色で粘質な土壌などが存在する。栽培作物についても排水の良い土壌を好む多くの葉菜類などとともに湛水を好む水稲などがあり、根の発達や生育に好適な土壌環境は作物の種類によって異なる。こうしたことから、野菜や果樹産地の多くは、その作物特性に合った土壌条件の地域で形成されている。作物栽培を容易に行うためには土壌の種類、土性等に極力マッチした作物を導入することが第一に必要なことである。そのためには土壌の種類や土性の特徴を把握することが重要である。

◇土壌は岩石の風化、有機物とともに堆積、隆起により形成

土壌は、長い年月をかけて岩石が風雨により浸食や太陽光等により風化するとともに、風雨が運搬、堆積したものに有機物が分解してできた腐植が加わって形成される。また、土壌は母材（岩石）、気候条件、地形、生物の種類、生成年代の相違によって特徴のあるものが形成される。

したがって、土壌は母材が風化したものだけで形成されているわけではなく、河川の氾濫などによって上流の土が低地に堆積してできたもの（沖積土[1]ともいう）や、河川、湖沼、海底に土砂が堆積し、その後、隆起し台地を形成したも

＊1沖積土…地質学でいう完新世（約1万年前）から現在までの間に河川の氾濫などにより土砂が堆積してできた土で扇状地の地形などに分布している。土壌の種類では主に灰色低地土が該当する。

＊2洪積土…地質学でいう更新世（約200万年前～1万年前）に河川、湖沼、海底に堆積した土砂が、その後隆起して台地を形成したものでその後あまり変化を受けていない土壌をいう（更新世に降り積もった火山灰土は除かれる）。土壌の種類としては黄色土、赤色土、灰色台地土が該当する。

の（洪積土[*2]ともいう）などがある。

土壌はこのように形成されてきたことから、地域、地形によって特色ある土壌が分布している。農耕地土壌は、母材、堆積様式、性状などにより黒ボク土、灰色低地土、グライ土、褐色森林土、褐色低地土、赤色土、黄色土などいくつかの種類に分類される。

◇土壌の種類

わが国に分布している農耕地の土壌の種類は、分布面積の多い順に①灰色低地土、②黒ボク土、③グライ土、④褐色森林土と褐色低地土、⑤黄色土等となっている。

土壌の分布を西日本と東・北日本に分けて見た場合、山地は、どちらも未分解の枯葉などが堆積する褐色森林土が多い。台地丘陵地では、西日本では、黄色土、赤色土といった粘土が多く、緻密な土壌がよく見られるのに対して北海道、東北、関東、九州地方では、火山灰により生成される黒ボク土が多い。低地では湿った環境でできるグライ土、水はけの良い所に見られる褐色低地土およびこれらの中間の灰色低地土が多く見られる。灰色低地土、褐色低地土、グライ土などは河川が上流地域の岩石や土壌を浸食し運んできた土壌で、沖積土とも呼ばれている。

わが国では灰色低地土の土壌が最も多く分布しており、こうした土壌の圃場は水田利用が多い。次いで分布の多い黒ボク土壌については野菜・畑作利用が多い。

土壌の種類等の分布状況は土壌図によって見ることができる。土

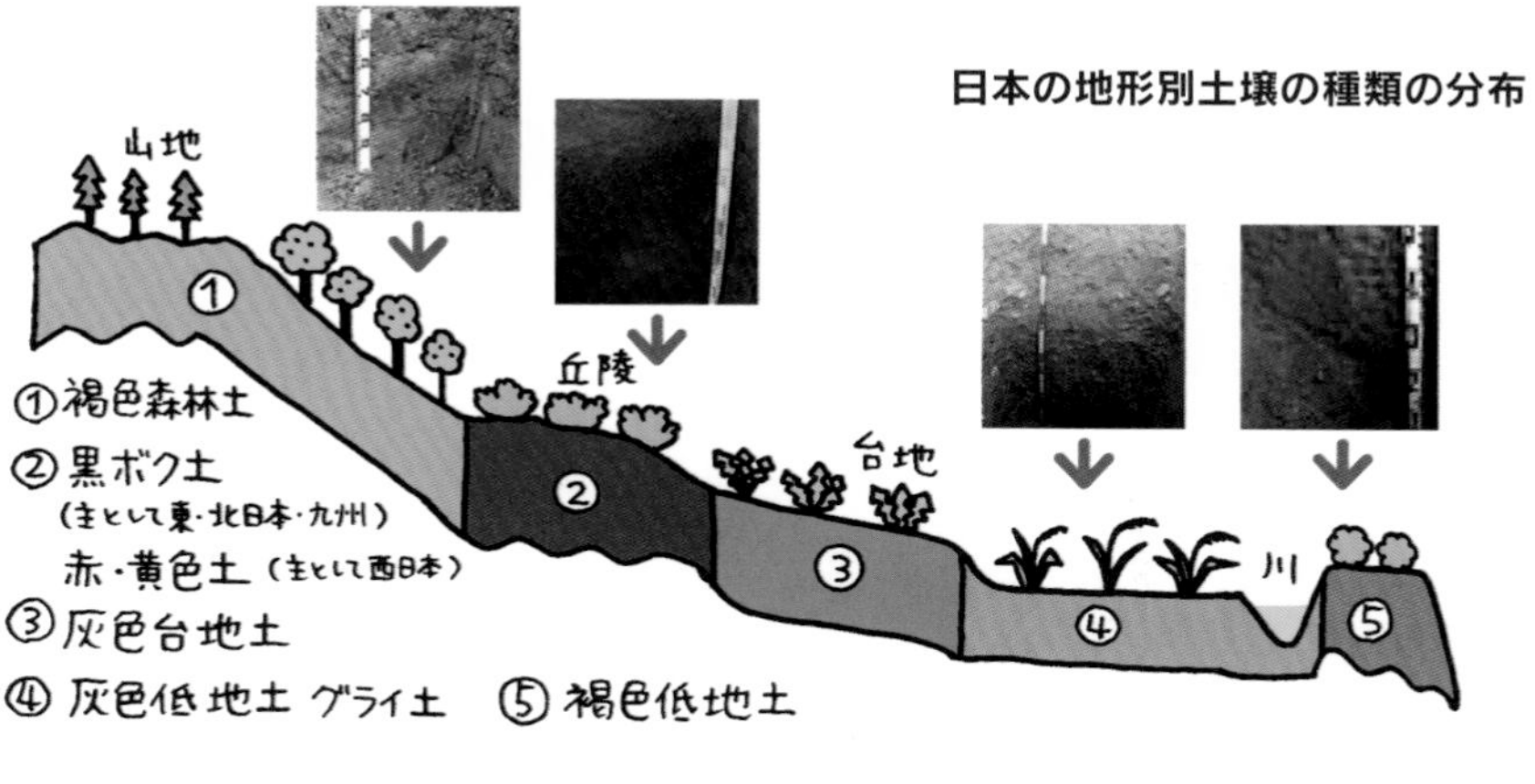

壌図は現在、デジタル化されており、必要な地域を拡大し取り出して見ることができる。

九州地方の土壌の種類の分布図を示した。有明海に面した平野部は、河川によって運ばれてきて堆積した土による灰色低地土が多く、熊本県の阿蘇山周辺では、火山灰によって生成された黒ボク土が多く分布している。

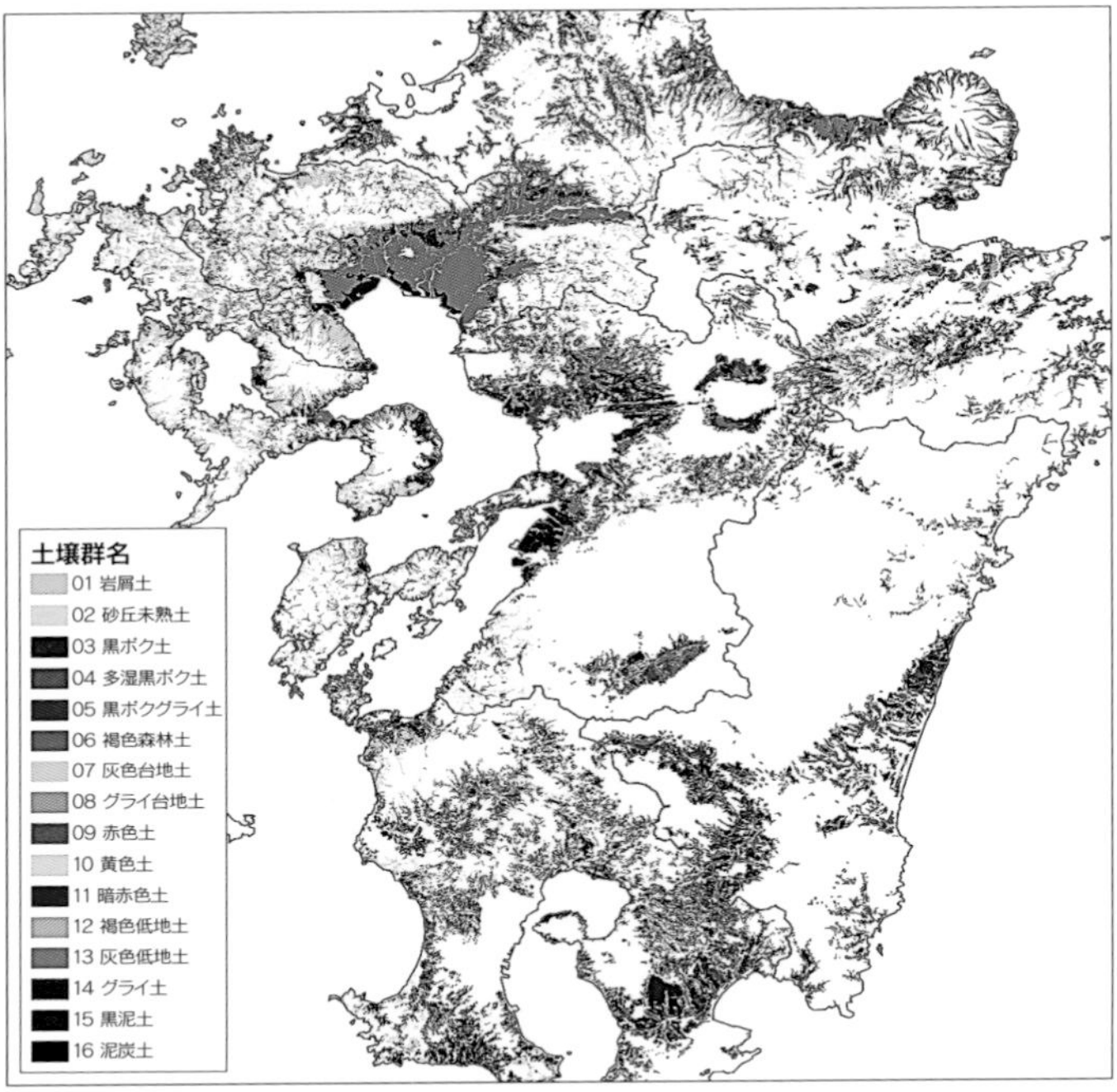

九州地方の農耕地土壌図

❷ 土壌粒子の大きさで排水性、保肥力などが異なり施肥等に影響

母材の風化や堆積等、土壌の生成過程で、土壌粒子の大きさなどに違いが生じる。作物の生育は土壌の種類とともに、土壌の粒子の大きさや形態によって影響を受ける。

例えば砂の多い土壌では、肥料を保持する力が弱く、降雨などによって流亡しやすく、粘質な土壌では、排水性は劣るが肥料を保持する力が強い。こうしたことから、土壌は土壌の種類とともに土性によっても分類されている。

土壌は粒径の大きさによる区分で砂、微砂（シルト）、粘土からなっており、これらの混ざり具合で大きくは砂質、壌質、粘質に分かれる。2㎜を超えるものは礫（れき）と呼んでいる。

主な土性と粘土含量

土性	粘土含量	指先の触感など
砂土	12.5%以下	ザラザラとほとんど砂だけの感じで、粘り気をまったく感じない
砂壌土	12.5 ～ 25.0%	大部分が砂の感じで、わずかに粘土を感じる
壌土	25.0 ～ 37.5%	砂と粘土が同じくらいに感じられる。
埴壌土	37.5 ～ 50.0%	わずかに砂を感じるが、大部分が粘土でかなり粘る
埴土	50.0%以上	ほとんど砂を感じず、ヌルヌルした粘土の感じが強い

土性は、一般的には粘土含量の少ない順に砂土（さど）、砂壌土（さじょうど）、壌土（じょうど）、埴壌土（しょくじょうど）、埴土（しょくど）に分けられる。粘土の割合が多くなると、養分や水を保つ力は大きくなるが、排水性や通気性は悪くなる。粘土の割合が少なく砂の割合が多くなると、養分や水を保つ力が小さくなる。こうした土性の相違は施肥法に影響し、例えば砂土では、追肥回数を多くするなどの対応が必要となる。

③ 土壌の種類、土性とマッチした作物生産が望ましい

土壌の種類や土性は、作物栽培の適地を診断する場合の重要な要素となる。土壌特性と作物の生育特性がマッチした場合に収量、品質の良いものが収穫できる。

黒ボク土の多くは表層の腐植含量が高く、土層が深くてやわらかい。しかも地下水位が低いので、地中で生産物が肥大するダイコンなどの根菜類、サツマイモなどイモ類、ラッカセイなどが栽培しやすい。また、こうした特色から、これらの作物の産地は黒ボク土地帯に多く形成されている。

灰色低地土やグライ土は低地にあることから地下水位が高く、特にグライ土は湛水状態にあることが多いことから土壌が還元状態にあり、土色がグライ色（鉄が二価鉄となり青灰色）を呈している。こうしたことからこのような土壌では水稲が多く栽培されている。

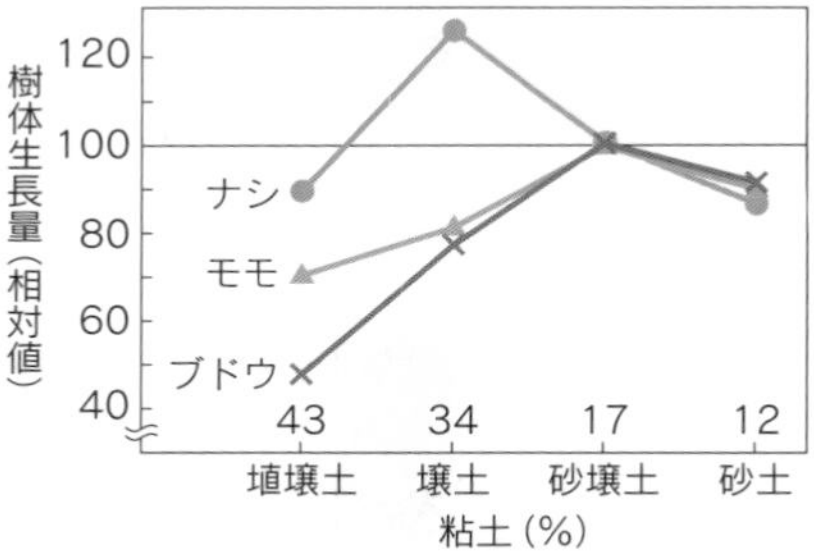

土性の相違によるナシ、モモ、ブドウ別の苗の生長量

資料: 小林、富久田1955より秋元が作図

土壌の特性を生かした作物生産

土壌の種類・土性	特色	適作物の例
灰色低地土・グライ土	地下水位が高い	水稲
黒ボク土	地下水位が低い	ダイコン・ニンジン
土性(砂土)	乾燥しやすい	サツマイモ・ラッキョウ
土性(砂壌土)	排水が良い	モモ・ブドウ

砂土では耐干性の強いラッキョウ、サツマイモ等が多く栽培されている。

また、果樹のような永年性作物は一度植栽すると長期間収穫するものだけに、生育特性に合った土壌の種類、土性の圃場で栽培することが重要である。

土性の相違によってナシ、モモ、ブドウは生育が異なり、ナシは壌土(粘土含有34%)が最も生育が良く、モモ、ブドウは砂壌土付近(粘土含有17%)が最も良い。

日本ナシは、モモ、ミカン、ブドウと比較して水分要求度が高い。また、過湿、過乾を嫌うので比較的粘土分が多く、保水性の高い土壌で生育が優れている。モモ、ブドウは通気性の良い土壌を好み、モモの根は過湿状態になると根腐れを起こしやすい。岡山県のモモ園の土壌調査によると、土壌の透水性が低くなるほど、また、土壌硬度が高くなるほど糖度の低い園地の割合が増加する傾向にある。

◇土壌の種類、土性の分布は土壌図で見ることができる

土壌の種類と土性は狭い地域の範囲でも異なることが多く、作物の生育に適した土壌環境に改良する必要がある。例えば黒ボク土地帯ではリン酸が土壌に吸着されやすく、リン酸不足によって生育不良となりやすいので、リン酸を多く施用する必要がある。

水田では水稲以外の作物の生産が進められているが、灰色低地土やグライ土で排水不良の圃場が多く、排水対策を行う必要がある。

土壌の種類やどの土性の土が分布しているかを把握するためのものとして、土壌図がある。土壌図は、作物栽培の適地診断や施肥設計などの基礎資料として活用できる。

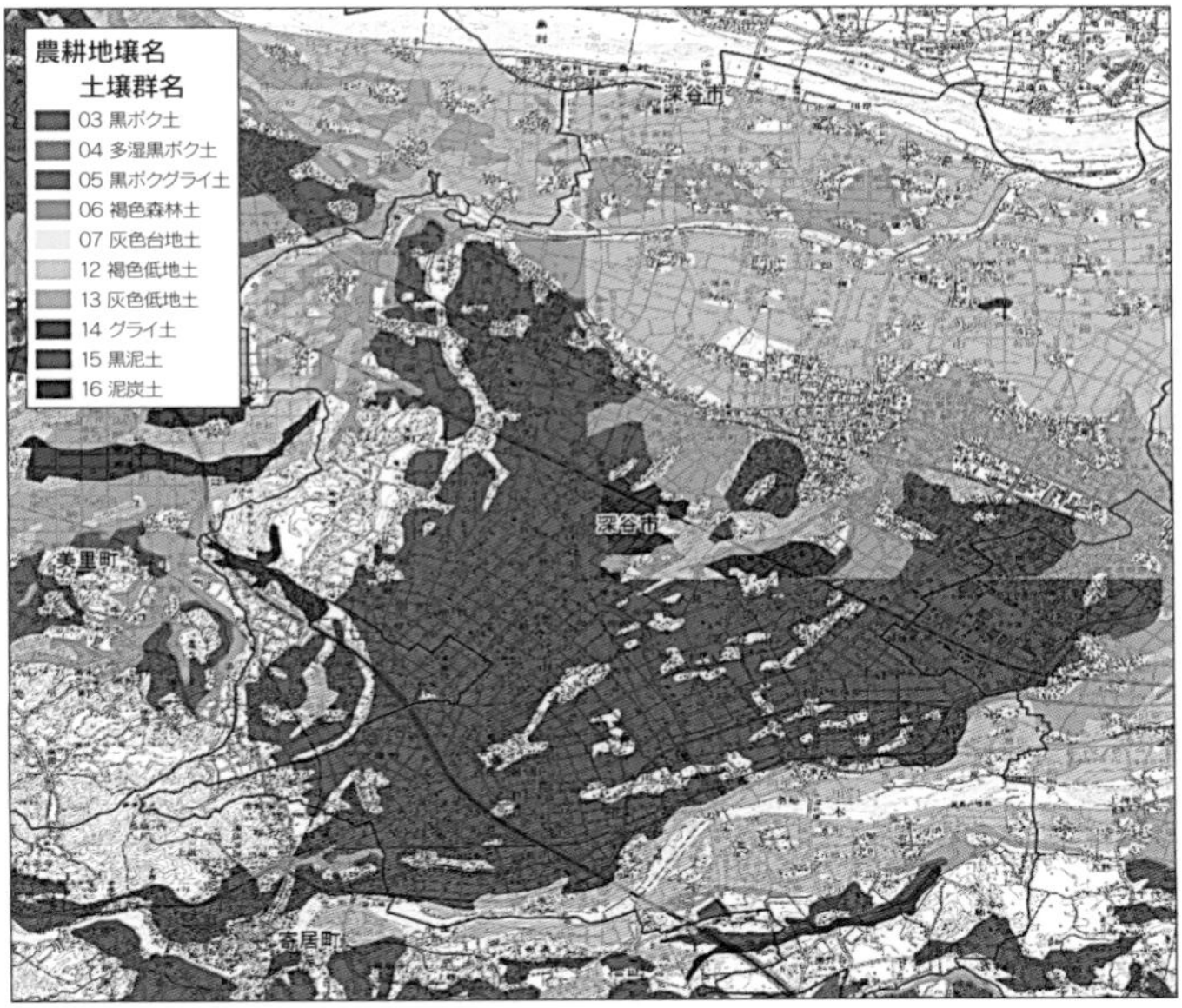

土壌図の例（埼玉県深谷市、本庄市周辺）

＊土壌図は農研機構がデジタル土壌図を公開している他、土性分布等より詳細な土壌図については（一財）日本土壌協会が販売している（ホームページ www.japan-soil.net）。

埼玉県北部の農業地帯である深谷市、本庄市周辺の土壌の種類の分布状況を表した土壌図を上に示す。利根川（図の上部）に近い地域は、上流から運ばれてきた土が堆積してできた褐色低地土や灰色低地土が多く分布している。また、利根川から離れた地域では火山灰によってできた黒ボク土が多く分布している。

比較的排水の良い褐色低地土、黒ボク土地帯はネギ、ブロッコリーなど野菜の産地となっており、灰色低地土地帯では水稲が生産されている。

作物生育にとって好ましい土壌環境

❶ 野菜などの生育に好ましい土壌環境に改良

多くの圃場では、栽培する作物の生育に適した土壌に改良しないと収量・品質が向上しないことが多い。そのため、土壌改良して各作物に適した土壌環境に近づけていく必要がある。野菜、草花、畑作物の生育には一般に、①根の生育に酸素を多く必要とするとともに、適度な土壌水分も必要とする、②肥料養分を多く必要とする作物が多いなどの条件がある。

◇通気性、排水性、保水性が良い土壌に改良

野菜、草花、畑作物が順調に生育できる土壌にしていくためには、根に酸素や水とともに、養分が十分供給できるようにしていく必要がある。

土壌の通気性、排水性、保水性を満足させるためには、土壌を団粒構造にしていくことが必要である。土の粒子が集合した塊を団粒といい、団粒が多く形成されている状態を団粒構造という。団粒構造が発達すると土には大小様々なすき間が形成され、土がやわらかく、孔隙率が高まり、水と空気が適度に保たれる。

土壌を団粒構造にするためには、堆肥などの有機物を施用する必要がある。また、土壌団粒は農業機械による踏圧や降雨による衝撃、過湿、乾燥時の耕うんなどによって破壊されやすいので、堆肥などの施用で維持されるようにする必要がある。

土壌は固相（土壌粒子、腐植など）、液相（土壌溶液）、気相（空気）から成り立っており、固相は養分を保持し、液相に適量の養分供給を行っている。液相と気相とは水と空気を根に供給している。こうした三相の比率が適当な割合に保たれると、根の発達が良い。

土壌の気相と液相は一般に相反する性格を有しており、例えば、

滞水すると気相のほとんどが液相となるが、時間が経つと地下浸透や作物への吸収により、気相の比率は増大する。このように気相率には土壌の透水性、排水性が影響している。根の活動を盛んにする気相率は作物の特性によって異なるが、野菜などで20％以上が望ましく、一般に18～40％の範囲にあれば理想的とされている。

◇やわらかく、浅い層に硬盤層がない土壌に改良

土層中に根が自由に伸びていくためには土壌が硬くないことと、根の伸びていく範囲に硬い硬盤層がないことが必要である。重い大型農業機械を利用して年間何回もロータリ耕を繰り返すと、作土の下に硬盤層ができてくる。硬盤層が特に浅い場合は根の伸長範囲が制限され、生育に影響を与える。また、根菜類では根が深く伸びることができず、商品価値を失うこととなる。そして硬盤層ができてくると、排水性が悪くなり、湿害を受けやすくなる。また、表層土壌に塩類が集積しやすくもなる。

土壌の硬さを測定するため、山中式土壌硬度計*が使用される。その硬度計の読みで18～20㎜前後までは細根が発達しうるが、25㎜以上になると根の分布を認めることが困難な例が多い。生育不良と生育良好な野菜畑で土壌硬度を比較してみた結果、生育良好な畑では土層の深さ20～40cm間の土壌硬度

*山中式土壌硬度計…土の硬さを測定するハンディタイプの器具、土壌断面に尖った先端を直角に押し込み、土の硬さに応じてバネが押し戻される距離（㎜）を読み取るというもの。数値が大きいほうが硬い土壌となる。

山中式土壌硬度計での硬度測定

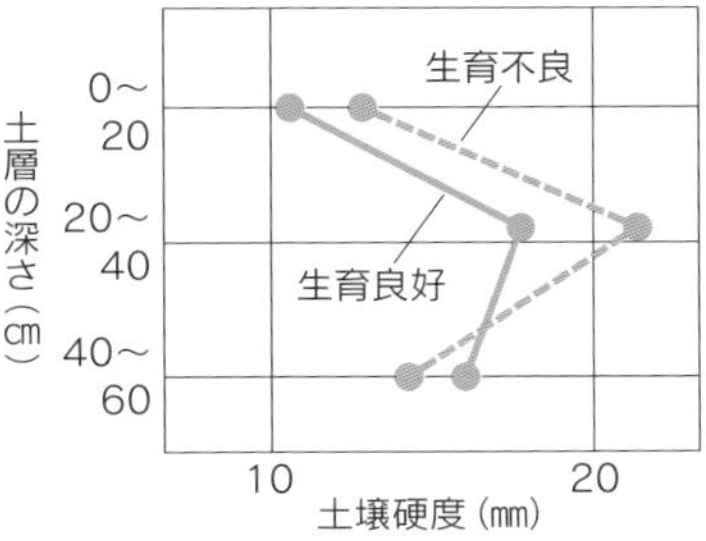

生育不良野菜畑の
層位別土壌硬度測定
（全農グリーンレポート〈2005〉より）

が20㎜以下に保たれていたという結果がある。

作土の厚さは一般に25㎝以上あることが望ましいが、ダイコン、ニンジンなど根菜類では30㎝以上、ゴボウでは60㎝以上確保することが望ましいとされている。作土の土をやわらかくするためには、耕うんを行うとともに、有機物を施用して団粒構造にしていく必要がある。

◇肥料養分濃度が適度で養分バランスが良い土壌に改良

野菜作の場合、特に肥料を多く必要とする作物が多く、多肥栽培されることが多い。こうしたことから、土壌の塩類濃度が高まりやすい。特にハウス栽培では降雨による養分の流亡がないため、硝酸塩、硫酸塩などの塩類が集積しやすい。塩類が集積してくると、根の吸水阻害、養分吸収阻害が起こり、葉が萎れるなど生育に影響する。またコマツナ等のように、播種して栽培する作物では発芽率が悪くなる。

作物に濃度障害が発生しやすいかどうかを見るためには土壌の電気伝導度（ＥＣともいう）＊を測定する。濃度障害のリスクは土性や作物の種類、土壌中の水分含量などによって異なるが、施肥前の土壌では電気伝導度（ＥＣ）が０・３mS／㎝以下が望ましいとされている。

＊電気伝導度（ＥＣ）…土壌中の塩類濃度の目安となるもの。数値が高いと塩類濃度が高く、ＥＣ２・０mS／㎝以上になると多くの作物で生育に影響が出るといわれている。

土壌溶液が酸性になっているかアルカリ性になっているかを見るpHも、作物生育に影響する。雨の多い日本の露地では、降雨により石灰などの塩基類が溶脱するとともに、窒素肥料の多施用にともない、酸性物質である硝酸イオンが増加しやすい。こうしたことから畑地では酸性に傾きやすい。

野菜類の望ましい土壌物理性と化学性（主な指標）

	土壌物理性	土壌化学性
キャベツなど	作土：25cm以上	pH6.0～6.5 EC作付け前：0.3mS／㎝
ダイコンなど	作土：ダイコンは25cm以上、ゴボウは60cm以上 固相45～50% 液相・気相各20～30%	

土壌の酸性が強くなると、作物に有害なアルミニウムが溶出してくるとともに、マンガン等の微量要素も溶出し、過剰障害の発生リスクが高まる。一方、土壌のアルカリ性が高まると、土壌中の微量要素であるマンガンやホウ素が溶出しにくくなって欠乏症の発生リスクが高まる。適正なpHは野菜類などの種類によって異なるが、一般にはpH6・0〜6・5程度（pH7・0が中性）の弱酸性が望ましい。

また、野菜類などでは連作されることが多く、肥料養分が蓄積するとともに、養分バランスが崩れやすい。肥料三要素である窒素、リン酸、カリ以外に野菜・畑作物に多く吸収される元素としてカルシウム、マグネシウム、硫黄がある。これらの肥料要素のなかで、養分バランスが崩れることによって生理障害が出やすい要素としてカリウム、マグネシウム、カルシウムの塩基類がある。これらの塩基類の間には、カリウムが土壌中で多くなるとマグネシウムやカルシウムが吸収されにくくなるといった拮抗関係があるので、養分バランスを適正に保つ必要がある。

◇土壌中が多様な生物相になるように改良

野菜類では同じ種類の作物を同じ畑に連作することが多いが、連作にともなってその作物の収量・品質が低下する現象を連作障害という。連作障害の多くは、土壌病害やセンチュウ害によるものであることが明らかになっている。

同じ種類の作物が連作されれば、その根に侵入できる菌が増殖し、残根上で生き残り、そこから新しい根に感染して増殖するというサイクルを繰り返して病原菌が集積する。特に野菜の場合、収穫から次の作付けまでの期間が短く、連

キャベツの根こぶ病

健全株（左）と被害株の根（右）

作にともなう病原菌や有害センチュウの集積は加速される。

　根圏土壌（根の周りの土壌を指す）の微生物相が多様であると、非病原微生物と病原微生物との間で餌や棲み場所を巡って競合したり、拮抗微生物がいると、土壌病原微生物の増殖が抑制されることが知られている。良質な堆肥等有機物施用により、多様な微生物の棲む環境にする必要がある。

　また、単一作物の連作ではなく、前作と異なった科に属する作物を導入した輪作体系で栽培したり、土壌病原菌が繁殖しやすい排水不良の状態を改善することも必要である。

❷ 果樹、茶の生育にとって好ましい、下層土を含めた改良

　果樹、茶は永年作物であり、長期間、安定して収量、品質の良い生産物が得られる土壌環境にしていくことが重要である。

　土壌環境としては、①根が土中深く入るので、根がかなり自由に深く貫入できる土壌であること、②根群の分布する土壌の通気性や保水性が良好であること、③果樹は樹体に養分を蓄積し翌年度の開花、結実に利用されるので、それにあった養分供給があること、が挙げられる。果樹等は長期間にわたって生育するので、下層土を含め、根が健全に生育できる物理的条件の維持が重要である。

◇根群が深く入りやすい土壌に改良

　果樹の根は土壌条件さえ良ければ、２ｍ以上の深さにまで達し、広い範囲から養水分を吸収する。したがって、主要根群の分布する土壌範囲はもちろん、根が伸びていくそれより下層の土壌硬度なども果樹の生育に影響を及ぼす。

　根が十分に発達していくためには、土壌孔隙が多く土がやわらかいことが必要で、ナシでの例では、山中式土壌硬度計で20㎜以下では細根の発達が良く、硬くなると急速に根の分布が少なくなる。したがって、一般に細根が70～80％以上分布する主要根群域における土壌硬度は山中式土壌硬度計で20㎜以下、根の伸びていく範囲の土壌硬度で22㎜以下が望ましい。

根の伸びることができる好適な有効土層の深さは樹種によって異なるが、一般的には60cm以上が適当とされている。ナシ、クリ、カキなどの深根性の樹種では、好適な有効土層の深さは最低でも60～70cm必要であり、理想的には100cmが必要とされる。また、ミカン、モモ、ブドウは一般に浅根性の樹種で、主要根群域は30～40cmにある。根が伸びることができる有効土層は60cm以上が望ましく、排水性と通気性の良い圃場ほど根張り、品質が良くなる。

◇排水性・通気性・保水性が良い土壌に改良

樹園地の排水性、通気性、保水性は、果樹等の生育に大きく影響する。特に排水性の悪い圃場では、根が湿害により傷むとともに、雨量の多い年には新しい枝の伸長が成熟期に至っても停止せず、果実の品質は著しく低下する。

果樹の樹令が進み、細根が土層深部に到達し始めると、下層土の影響を強く受ける。下層土の土壌の物理性が悪いと次第に樹勢が弱り、収量、品質が低下してくる。

また、傾斜地に分布している樹園地では有機物に乏しい土壌が多いため、土壌流亡による養分不足が問題になりやすい。そのような樹園地では有機物の補給、土壌流亡防止、根による土壌の孔隙量の増加などが期待できる、草生栽培法の導入が望ましい。草生栽培は、牧草やその他の草を生やして年に数回刈り取り、常に土壌表面を覆う方法である。

◇肥料養分、養分バランスが良い土壌に改良

果樹の場合には特に食味が重視される。食味に最も影響するのが窒素であり、窒素が多いと果実の糖度が低下するとともに、着色不良となり品質が低下する。なかでも、果実肥大期から着色期の窒素の効き過ぎの影響が大きい。特に果実肥大期は気温が上昇する時期となるものが多く、土壌中の有機物が微生物によって盛んに分解されて、無機態窒素が多く発現（地力窒素ともいう）する時期と重なりやすい。

果樹は、地力窒素の吸収量が施肥窒素よりも多いことから、施肥窒素のみでなく、地力窒素の発現量も考慮した窒素供給とする必要がある。

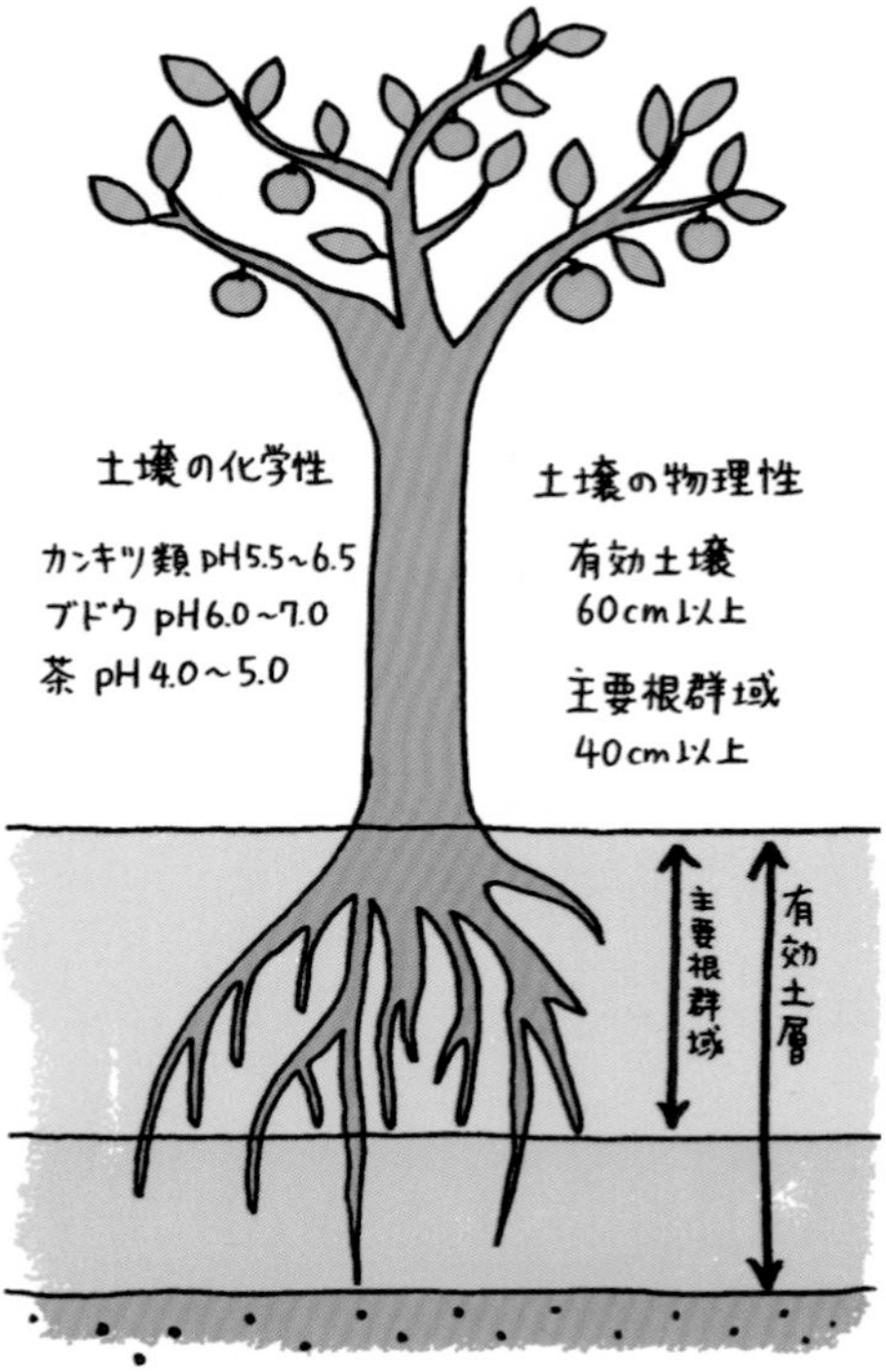

果樹・茶の望ましい土壌物理性と化学性（主な指標）

適正な窒素含量については土壌条件、樹種、樹齢によってかなり異なるので一概にはいえないが、地力窒素発現の基となる堆肥などの有機物は多量に施用すると窒素コントロールがしにくくなる。堆肥等有機物の施用は野菜類と比較して少なめが良く、ブドウでは牛ふん堆肥で年間10a当たり1t程度の施用が望ましいとされている。

また、果樹は永年性作物で、翌年の開花などは前年度に樹体に蓄積された養分による。樹体に蓄積された養分が少ないと隔年結果（果実がたくさんなる年と少ししかならない年とが交互に現れること）になりがちである。一般にお礼肥と呼ばれる果実収穫前後の葉がある状態で肥料養分を補給するような養分管理が望ましい。

果樹の場合、養分バランスの崩れやpHの酸性、アルカリ性への偏りにより、生育障害が発生しやすい。適正pHは、カンキツ類はpH５・５～６・５、石灰要求度の高いブドウはpH６・０～７・０が望ましいとされているが、茶は酸性土壌を好みpH４・０～５・０が望ましい。茶の場合は、葉のアミノ酸含量などを高めて品質向上を図るため、一般に窒素が多く施用される。これにより地下水等の汚染につながるので、必要以上に窒素含量を高めないことが望ましい。

土壌環境の問題と環境保全型農業の推進

❶ 野菜などでは塩類集積、連作障害、排水不良などが問題

一般に野菜類は多量に施肥されることが多いことから養分過剰の圃場が多く、塩類集積や養分バランスの崩れによる生育障害の発生が問題となっている。なかでもハウス栽培では降雨の影響がなく、ホウレンソウ等では年間数回作付けされることがあることから塩類集積が進みやすく、より重要な問題となっている。

また、畑地については、野菜を中心に同一作物が連作されることが多く、連作障害の発生が大きな問題となっている。

1960年代以降、従来、麦、大豆などを中心に作付けしていた地域が収益性の高い園芸作物の栽培に転換して産地化が進んだ。同じ種類の作物が連作されれば、その根に侵入できる菌が増殖し、そこから新しい根に感染して増殖するというサイクルを繰り返して病原菌が集積する。このようにして連作障害が問題となってきたが、これが大きな問題となってきた要因としては、①単一作物の栽培の進行、②養分バランスの崩れ、地力の低下などによる作物側の抵抗力の低下、③排水不良な水田転作地への野菜の栽培の普及（土壌病原菌のなかには根こぶ病のように鞭毛により水中を移動して蔓延するものもある）などが挙げられる。

さらに、大型農業機械で効率的に作業を行うようになってきたこ

水田転作地での大豆の生育障害

隣接水田からの水の侵入もあり、湿害で大豆の発芽が良くない（写真手前付近）。

野菜・草花・畑作物の生育にとって好ましい土壌環境と現状の課題

土壌環境	現状	課題
肥料養分濃度が適度で養分バランスが良い	ハウスを中心に塩類集積 養分バランスの崩れ	生理障害が発生しやすい 土壌病害などの被害を受けやすい
土壌の根圏生物相が多様である	同一作物の連作で病原微生物などの密度が高まっている圃場が見られる	土壌病害やセンチュウ害の発生が増加しやすい
通気性、排水性、保水性が良い（団粒構造の土）	圃場によっては排水不良なども見られる（水田転作畑など）	排水不良圃場では湿害の被害（麦、大豆など）を受けやすい 土壌病害の蔓延（水が媒介）
土がやわらかく、浅い層に硬盤層がない	露地では硬盤層が発達している圃場が見られる（農業機械の圧密など）	排水不良となり湿害を受けやすい 土壌病害の蔓延（水が媒介） 根菜類を中心に作物の収量、品質が低下する

とから作土層下に硬盤が形成されやすくなるとともに土壌が硬くなってきた。こうしたことから排水不良となり湿害が発生する例が見られている。また、水田については畑利用が進められてきているが、水田転作畑を中心に排水不良圃場が多く見られている。こうしたことから排水不良による湿害の発生や隣接水田からの水の侵入による湿害の発生も見られている。

連作障害が原因で発生したハクサイ根こぶ病

❷ 樹園地では排水性、通気性、肥料養分のバランスなどが問題

果樹の安定生産のためには、特に土壌の通気性、排水性等、物理性の改善が重要である。果樹園のなかには樹齢を経ると新梢の勢い

が弱まり、果実も小さくなるなど早く衰弱するケースが見られる。こうした場合の要因としては、土壌が硬くなったり排水性が悪くなったりすることなどによって、根の量が減少してきている場合が多い。

　土壌の物理性の改善については、苗を定植する時点での土壌改良も重要であるが、成木後も毎年の農業機械による踏圧によって通気性、排水性が低下してくるので、継続して改善していく必要がある。特に下層土の物理性の改善が根域の拡大のために重要なので、部分深耕し有機物を施用していくことが重要である。また、牧草などを園地に植えて年に数回刈り取る草生栽培は、根による深耕効果、有機物補給などの効果が期待でき、有効な方法である。

　近年は、果実の食味や着色向上が重視され、これに最も影響する窒素施肥量が減少している。しかし、全国的に見てリン酸、カリのように養分のなかには過剰なものがあり、必ずしも養分バランスが取れているとはいいにくい。

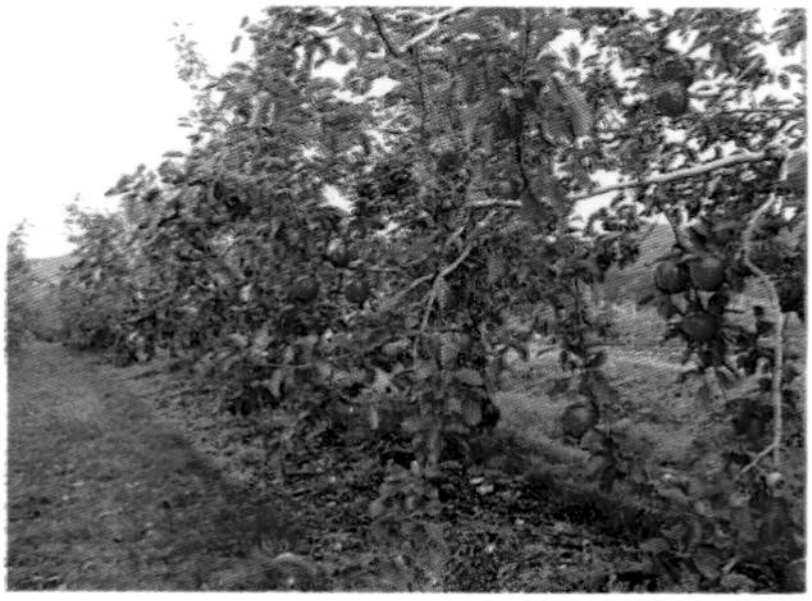

リンゴの草生栽培園

　こうしたなかで、養分バランスやpHの崩れなどが要因となった生理障害が発生している。

　例えば、リンゴでは果皮下の果肉部に3～5㎜の褐色斑点を生じる石灰欠乏によるビターピット症、ブドウについては果房が着色不良等となるマンガン欠乏症などが見

リンゴ　ビターピット症
（石灰欠乏）

写真提供：工藤農園

果樹、茶の生育にとって好ましい土壌環境と現状の課題

好ましい土壌環境	現状	課題
有効土層（60㎝以上）や主要根群域が広い(30～40㎝) 排水性、通気性、保水性が良い	土壌が硬くなり排水性、通気性が低下してきている圃場が見られる（スピードスプレヤーなどの踏圧による）	樹勢が低下してきている圃場が見られる
肥料養分濃度が適度で養分バランスが良い	果樹で養分バランスの崩れている圃場が見られる 茶では窒素施用過剰により水環境汚染が懸念される地域が見られる	生理障害の発生している圃場が見られる（石灰、ホウ素、マンガン欠乏など）

られている。

また、茶については、旨み成分であるアミノ酸含量が重視され、これを高めるために窒素肥料が大量に施用されてきた。このため、硝酸態窒素による地下水などの汚染が問題になったことから、現在ではかなり窒素施肥量を減らしてきている。しかし、品質との兼ね合いで必要以上に窒素が施肥されているケースも見られ、適正施肥が求められている。

③ 水稲では作土の深さ、窒素、ケイ酸等の施用減などが問題

近年、水稲生産については食味の良い米を生産することが求められており、食味に最も影響する窒素施用量が少なくなってきている。それとともに、コストの問題から従来土作り資材として投入されてきたケイ酸、含鉄資材、堆肥の施用が少なくなった。一方、作業の効率性重視のなかで、水田の作土深は以前と比較して浅くなってきている。このような土壌環境の変化は、近年問題となっている高温障害を受けやすくしており、玄米の一等米比率の低下が見られる。また、全国で増加傾向にあった水稲の10a当たり収量も、近年では横ばい傾向となっている。

④ 環境保全型農業の推進

農業は化学肥料や農薬の施用と

水稲生育にとって好ましい土壌環境と現状の課題

好ましい土壌環境	現状	課題
土壌の硬さ、作土深が適度（15～20㎝）であること	作土深が浅くなってきている（10～12㎝）	高温障害を受けやすい（根張り浅い）
肥料養分が適度であること	窒素施用がかなり減少してきている（良食味志向） ケイ酸、遊離酸化鉄不足が見られる（資材投入の減少）	高温障害を受けやすい（窒素、堆肥、ケイ酸不足）
保水性・透水性が適度であること	地域によっては排水不良田、漏水田が見られる	排水不良田では稲わらなど、分解遅延から初期生育不良となりやすい 漏水田では秋落ち現象見られる

ともに、機械化、品種改良等により、収量、品質が大幅に生産性が向上してきた。肥料については、堆肥など有機質肥料から施肥効率の高い化学肥料への依存度が高まるとともに、過剰に施用されるようになり、水質汚濁などが問題となっている。農薬についてもその依存度を高めていくなかで、水質や周辺自然生態系への影響が問題となってきた。また、畜産についても規模拡大のなかで、家畜排せつ物の不適切な処理などによる水質汚濁や悪臭が問題化されている。

本来、農業は堆肥など有機物の循環利用により営まれるなど、生態系と調和した形で継続してきたが、不適切な農業生産活動により環境に負荷を与えるようになってきている。このようなか、近年、物質循環機能を生かしつつ環境の負荷軽減を図る、環境保全型農業の取り組みが広がっている。環境保全型農業の取り組みの広がりの背景には、環境に配慮した農産物への消費者ニーズの高まりがある。

消費者の安全・安心な農産物への関心の高まりに対応して、化学肥料や化学合成農薬を使わず、または減らして栽培した農産物が市場に出回るようになった。こうしたなかでこれらの表示のあり方が問題となり、化学肥料や化学合成農薬を使用しない有機農産物については、ＪＡＳ法改正（１９９９年）により有機ＪＡＳ規格の適合検査で合格したものでないと「有機栽培トマト」、「有機納豆」などの表示をしてはならないとされた。また、化学肥料や化学合成農薬を減らした農産物の流通については、農林水産省の「特別栽培農産物に係る表示ガイドライン」（２００１年制定）に基づき取り引きが実施されるようになった。

有機農産物と特別栽培農産物との大きな違いは、有機農産物が播種前2年以上および栽培期間中に対象となる農薬・化学肥料を使用しなかった農産物（一年性作物の場合）のことであり、これに対して特別栽培農産物は、栽培期間中に対象となる農薬や化学肥料の窒素成分を減じて生産されたもののことである。

特に肥料について注意する必要があるのは、化学肥料の１／２ではなく、化学肥料の中の窒素成分の１／２を減じて栽培を行ったものを特別栽培農産物という。

環境保全型農業については、いわゆる土作り、化学肥料、化学合成農薬の使用低減に一体的に取り組む「エコファーマー」の認定制度ができている。一方、有機農業の推進については、「有機農業の推進に関する法律」（２００６年制定）に基づき、有機農産物の生産拡大が図られている。

特別栽培農産物の化学肥料と化学合成農薬の使用

土壌の化学性と作物生産

❶ 必須元素と有用元素

植物の生育に不可欠で、欠乏すると生育が抑制、あるいは停止する元素を「必須元素」という。植物が必要とする量から便宜上、多量要素と微量要素に大別されている。必須多量要素は炭素、水素、酸素、窒素、カリ、カルシウム、マグネシウム、リン、硫黄の9元素である。必須微量要素はマンガン、ホウ素、鉄、銅、亜鉛、モリブデン、塩素、ニッケルの8元素である。必須元素はもともと16種類であったが、近年ニッケルが加わり、現在17種類となっている。

植物が必要とする元素のうち炭素、水素、酸素は大気中の二酸化炭素、あるいは水から供給されるため、通常は肥料として施用されることはない。窒素、リン酸、カリウムは土壌中で不足することが多く、肥料として施用したときの効果が現れやすいので「肥料3要素」という。また、マグネシウム、カルシウム、硫黄も多く必要とされ、窒素、リン酸、カリウムと合わせ多量要素といわれる。これに

稲の長期施肥実験。無肥料（右）、無窒素（中）、三要素（左）
（提供：兵庫県農林水産技術総合センター）

対してマンガン、ホウ素、鉄、銅、亜鉛、モリブデン、塩素、ニッケルの8元素は植物生育には不可欠であるが、ごく微量あれば良いので「微量要素」といわれる。

また、必須元素以外にも特定の植物にとって生育に必要な元素があり、それを「有用元素」という。

有用元素の代表的なものとして、稲、麦など単子葉植物の耐倒伏性、病害虫に対する抵抗性などに効果が認められているケイ素（Si）がある。ケイ素は、肥料としての施用効果があることから、「肥料の品質維持に関する法律」（旧肥料取締法）でも普通肥料（ケイ酸質肥料）として取り扱われている。

多量要素と植物体内での主な働き

元素	植物体内での主な働き
①炭素（C）	植物体のすべての有機化合物（炭水化物、タンパク質、脂肪など）の構成元素である。
②水素（H）	同上
③酸素（O）	同上。呼吸作用上不可欠である。
④窒素（N）（肥料３要素）	タンパク質構成元素などで、植物の生育・収量に最も大きく影響する。
⑤リン（P）（肥料３要素）	核酸やリン脂質の構成元素で、植物の分げつ、根の伸長、開花、結実を促進する。
⑥カリウム（K）（肥料３要素）	多くの酵素の活性化などに関与しており、デンプンの蓄積、ショ糖の転流を促進する。
⑦カルシウム（Ca）	ペクチン酸と結合し、植物細胞膜の生成と強化に関与している。
⑧マグネシウム（Mg）	葉緑素の構成要素である。リン酸の吸収、移動に関与している。
⑨硫黄（S）	タンパク質、アミノ酸などの生理上重要な化合物の構成元素である。

微量要素と植物体内での主な働き

元素	植物体内での主な働き
①鉄（Fe）	葉緑素の生成に関与している。欠乏すると葉が黄白化（クロロシス）する。
②マンガン（Mn）	葉緑素の生成、光合成、ビタミンCの合成に関与している。
③亜鉛（Zn）	植物ホルモンであるオーキシンの代謝、タンパク質の合成に関与している。
④銅（Cu）	葉緑体中に多く、光合成や呼吸に関与する酵素に含まれる。
⑤モリブデン（Mo）	硝酸還元酵素（硝酸をアンモニア態窒素にする）の構成金属として窒素代謝に役立つ。
⑥ホウ素（B）	細胞壁生成に重要な役割を持ち、カルシウムの吸収、転流に関与している。
⑦塩素（Cl）	酸素発生に関与する他、デンプン、リグニン、セルロース合成に関与している。
⑧ニッケル（Ni）	尿素をアンモニアに分解する酵素であるウレアーゼの構成元素である。

❷ 生育異常の防止やコスト低減対策には土壌診断が重要

必須元素の土壌中での過不足は作物の生育に大きく影響する。しかし、作物に必要な元素が十分土壌に供給されていても、根から吸収される量は土壌の保肥力（陽イオン交換容量）、pHの変化、塩基バランスなどによって異なり、過不足が生じる場合がある。

例えば、保肥力（陽イオン交換容量）の小さい砂土と保肥力の高い埴壌土では、同一養分量を施用しても保肥力の小さい砂土では流亡しやすく、根が吸収できる養分量は少なくなる。作物の生育との関係で土壌診断する場合は、養分の過不足のみではなく土壌の特性

主な土壌の化学性診断項目と内容

区 分	診断項目と内容
土壌の特性把握	・陽イオン交換容量（CEC）…土壌の保肥力の目安となる指標。 ・リン酸吸収係数…リン酸が土壌中で固定される割合を把握する指標。 ・腐植…土壌中の有機物の蓄積量を表すもので、地力窒素発現の目安となる指標。
土壌の酸性・アルカリ性	・pH…pH7.0が中性で、それより小さい値は酸性、大きい値はアルカリ性。
土壌の塩類濃度	・電気伝導度（EC）…塩類濃度、根の濃度障害の目安となる指標。
土壌養分の過不足	・窒素（全窒素、可給態窒素、無機態窒素［アンモニア態窒素、硝酸態窒素］） ・有効態リン酸（または可給態リン酸） ・硫黄 ・塩基類（交換性カリ、交換性マグネシウム、交換性カルシウム） ・微量要素（マンガン、ホウ素等８元素）
塩基飽和度と塩基バランス	・塩基飽和度、石灰飽和度、苦土飽和度、カリ飽和度…塩基飽和度は土壌の陽イオン交換容量（CEC）の何%がカリウム、マグネシウム、カルシウムで満たされているかを見る指標で、作物によって適正な値がある。 ・苦土／カリ比、石灰／苦土比…カリウム、マグネシウム、カルシウム間に拮抗作用がある。苦土／カリ比（当量比）は一般に２～６が適正、石灰／苦土比（当量比）は一般に４～８が適正である。
水田で重視される診断項目	・有効態ケイ酸…水稲の受光態勢の改善などにより、米の品質や収量向上に効果がある。近年、水稲の高温障害改善効果で注目されている。 ・遊離酸化鉄…土壌中で発生する硫化水素、有機酸などによる水稲根への障害を守る働きがある。近年、砂壌土水田では不足気味である。

や塩類濃度、塩基バランスなどを診断する必要がある。

土壌の特性把握

1 陽イオン交換容量（CEC）

土壌中の粘土と腐植によって構成されている土壌コロイドは、通常電気的にマイナスの性質を示し、陽イオンのカルシウム、マグネシウム、カリウム、アンモニウム、水素などを保持する。土壌が陽イオンを保持できる最大量が陽イオン交換容量（CEC、または塩基置換容量ともいう）である。単位は通常乾土100g当たりmg当量（meqまたはme）で示す。

陽イオン交換容量（CEC）は土壌の種類、土性、腐植含量によって異なり、その値の大きい土壌は塩基類を保持する力が大きい。いわば、保肥力の目安となる指標である。

作物は、肥料を与えると塩類濃度が急激に上昇する、いわゆる緩衝力の小さい土壌で根傷みを起こしやすい。土壌の緩衝能は作物栽培にとって重要であるが、その緩衝能に大きく影響を及ぼすのが土壌の持つ陽イオン交換容量（CEC）や保水力である。

陽イオン交換容量（CEC）が小さい土壌（砂土など）では、養分過剰の場合、根が濃度障害を受けやすく、施肥する時には1回の施肥量を少なくし、追肥で補給するような対応が必要となる。また、養分保持力が弱いため、ゆっくり肥料養分が溶け出す緩効性肥料を用いたり、根が養分吸収しやすいよう作土を深くしたりする必要がある。

一方、陽イオン交換容量（CEC）の大きい土壌では、根の濃度障害のリスクは少なくなり、作土を特に深くしなくても根は持続的に養分吸収することができる。

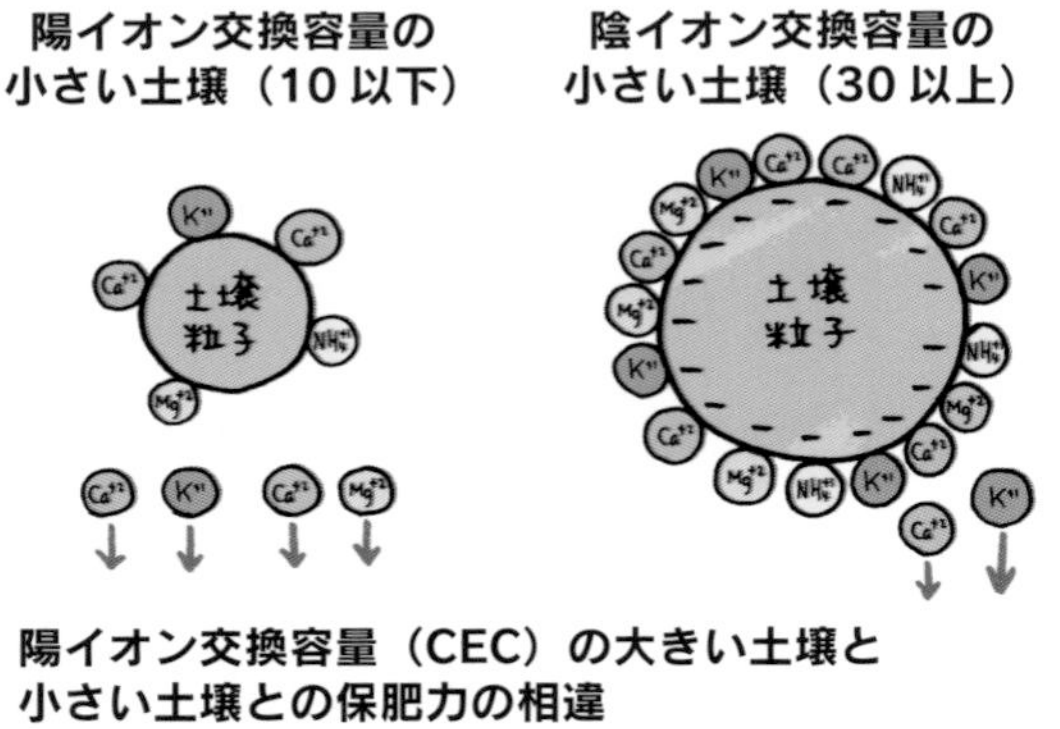

陽イオン交換容量（CEC）の大きい土壌と小さい土壌との保肥力の相違

陽イオン交換容量（ＣＥＣ）の大きい土壌の種類は黒ボク土などで、小さい土壌の種類は黄色土などである。土性については砂土で小さく、埴粘土含有の高い植土で大きい。陽イオン交換容量（ＣＥＣ）を高めるためには、有機物を施用して腐植含量を増加させたり、土壌改良資材のゼオライトを施用したりすると良い。

2 リン酸吸収係数

施肥したリン酸はマイナスに荷電しているので、その大部分は土壌中でアルミニウム、鉄、カルシウムなどのプラスのイオンと結びつく。鉄やアルミニウムと結びつくと、水に溶けにくい難溶性のリン酸に変わるので、作物に吸収されにくくなる。pHもリン酸の固定に影響し、特にpHが低下してくると活性アルミニウムの溶出が多くなり、リン酸とアルミニウムとが結びつき、リン酸が吸収されにくくなる。また、リン酸は土壌の種類によって施用リン酸の固定化割合が大きく相違し、特に黒ボク土（火山灰土壌）はリン酸の固定化割合が高い。

このようなことから、リン酸肥料の施用量や肥効の評価にはリン酸の固定される割合を把握する必要があり、そのための指標としてリン酸吸収係数が設定されている。また、黒ボク土と他の土壌とを区別するためにも、リン酸吸収係数は重要な指標（リン酸吸収係数が１５００以上の土壌を黒ボク土という）となっている。

なお、リン酸吸収係数は、土壌１００ｇが吸収固定するリン酸の量を㎎で表したもので、通常㎎／１００ｇの単位はつけない。

3 腐植

腐植は、一般に土壌中に存在する有機物のうち、まだ明確な形が残る新鮮な動植物遺体（粗大有機物）を除いた無定形の褐色ないし黒色の有機物をいう。土壌中における腐植の存在形態としては、有機物粒子として単独で存在するものもあるが、多くは土壌の粘土粒子などと有機・無機複合体を形成し存在する。腐植の役割としては次のようなことが挙げられる。

①作物に供給する養分の貯蔵庫

有機物の形態で蓄えられた窒素やリン酸などが、微生物の働きによって無機化されて作物に吸収・利用されるようになる。

主な土壌の種類と CEC 代表値（分布範囲）

土壌群	CEC 代表値（分布範囲）
砂丘未熟土	4～7（2～27）meq／100g
黒ボク土	20～30（6～50）
多湿黒ボク土	30～40（13～50）
褐色森林土	10～20（7～48）
灰色台地土	15～25（11～80）
黄色土	10～15（4～28）
褐色低地土	15～25（8～46）
灰色低地土	15～25（11～36）
グライ土	20～30（10～60）
泥炭土	25～35（14～115）

資料：鎌田の表を一部改変

②土壌団粒の形成

腐植物質を餌とする微生物が生産する多糖類や糸状菌の菌糸の働きで、土壌粒子を結合し、団粒構造を形成する。

③土壌の陽イオン交換容量（CEC）の拡大による保肥力の増大

腐植物質の陽イオン交換容量（CEC）は、一般に粘土鉱物よりはるかに大きい。土壌の腐植含量は土壌の種類や有機物施用量により異なり、黒ボク土で高い。

❸ pHは作物の生育や養分吸収、土壌病害の発生に影響

pHとは、土壌溶液の水素イオン濃度と水酸イオン濃度の割合を示すもので、pH7・0が中性、それより小さい値は酸性、大きな値はアルカリ性となる。また、pHは作物の生育に適した値があるとともに、養分吸収、微生物の活性等作物生育に大きな影響を与えるので、土壌診断する場合の基本となる項目である。pHと作物生育の関係について次のようなことが重要である。

(1) 作物の生育に適したpHは作物の種類によって異なる

多くの作物はpH6・0～pH6・5の微酸性域で生育が良い。ホウレンソウ等はpH6・5～pH7・0の中性域で生育が良く、ブルーベリー等はpH5・0程度の酸性域で生育が良い。

(2) pHによって養分の欠乏症や過剰症が発生する場合がある

pH6・0～pH7・0で多くの養分の溶解性が良好であるが、pHがアルカリ性になるとマンガン、ホウ素などが根から吸収されにくくなり、欠乏症が発生しやすくなる。

また、酸性になると作物に有害なアルミニウムなどの溶解性が増し、生育に障害を与える。

pH と作物生育の比較（キュウリ）

(3) pHは土壌微生物の活動に大きな影響を与える

アブラナ科作物で大きな問題となる根こぶ病は、酸性域で多発し、

pH と作物生育の比較（トマト）

栽培のポイント！

pH の改善

土壌分析の結果、pH が低い場合にそれを向上させる資材として炭酸石灰、苦土石灰、消石灰、生石灰等がある。酸性中和力の最も高いのは生石灰で、次に消石灰、苦土石灰、炭酸石灰の順となる。pH を高めるための石灰の必要量は土性や腐植含量によって異なり、砂土では少なくて良いが、腐植含量の多い土壌では石灰の必要量は多くなる。
目標 pH に改善するための資材量を把握するためには、アレニウス表（注）を活用すると便利である。また、pH が高い場合は石灰類を無施用とするが、特に高い場合には、ピートモス、硫黄華、硫酸第一鉄のように pH を低下させる資材を施用する。
注：アレニウス表では土性や腐食含量に応じ pH を 6.5 にするために必要な炭酸カルシウム（炭カル）の量がわわる。

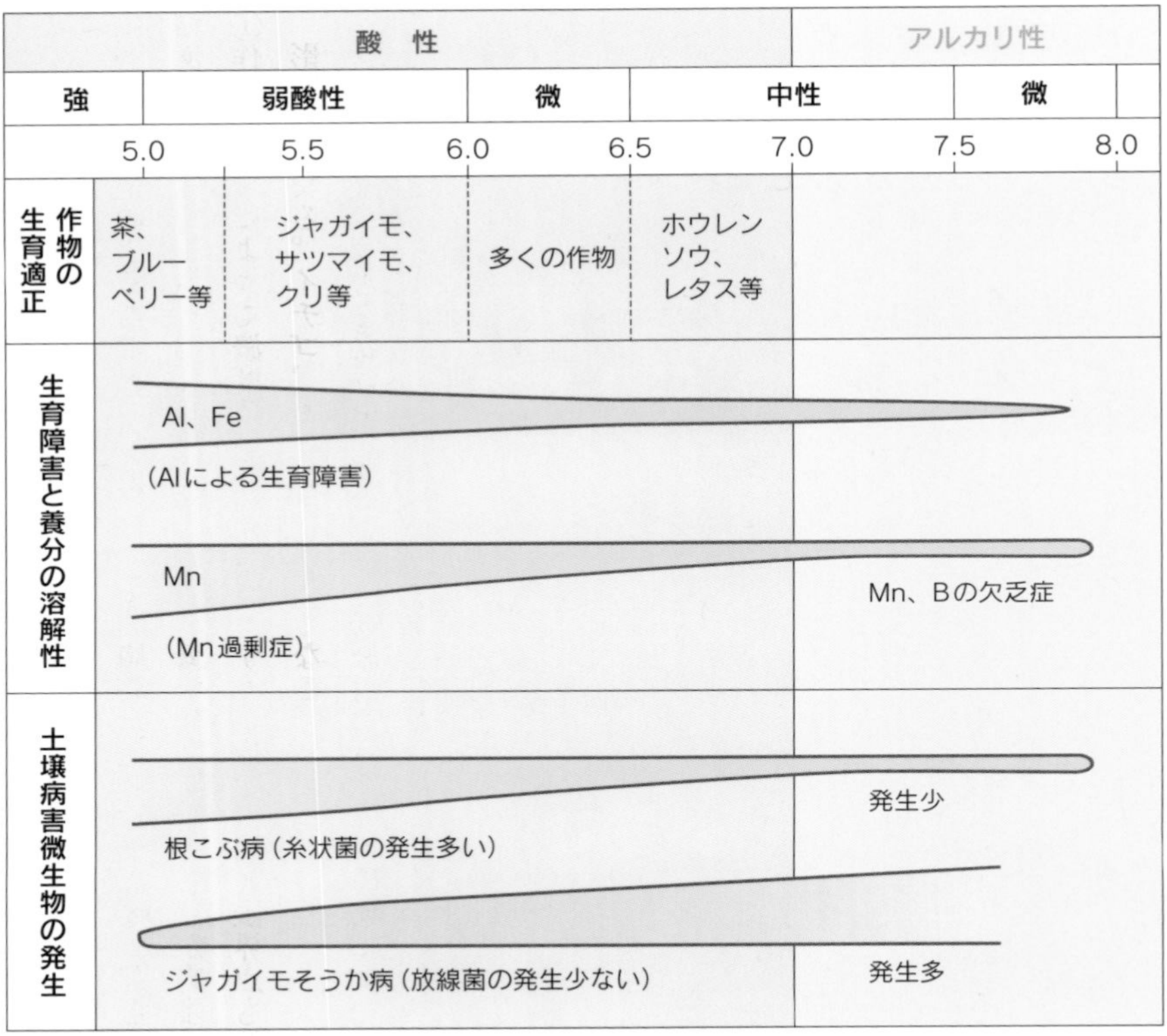

pH と作物生育、養分溶解性、土壌微生物の発生との関係

ジャガイモで大きな問題となるそうか病は、アルカリ性域で発病が激しくなる。

❹ EC（電気伝導度）は塩類濃度障害診断の目安

ECは電気伝導度ともいい、土壌中の塩類濃度の目安となるものである。塩類濃度が高いと根からの水分吸収が妨げられ、作物が枯れることもある。塩類濃度障害の原因は、①過剰な肥料や堆肥の施用による硝酸イオンやカリ等の蓄積、②化学肥料の副成分（硫酸イオン、塩素イオン）の残留などが挙げられる。また、施設栽培では、降雨による養分の地下への浸透が少ないため、化学肥料の副成分が

ECとキュウリの生育

ECが1.2 mS/㎝程度から生育が劣ってきている。

とどまりやすく、塩類集積が起こりやすい。ECと作物生育の関係については次のようなことが重要である。

①作物の種類によって濃度障害の影響は異なる。イチゴ、インゲンなどは濃度障害を受けやすく、ハクサイ、トマトなどは受けにくい。

②土壌の種類や土性によって濃度障害の影響は異なる。保肥力の低い砂質土壌でECが高まりやすく、作物の枯死限界点も低くなる。

③施用する肥料の種類によって濃度障害の影響は異なる。同一成分の施用量が同じである場合は、有機質肥料より無機質肥料がECを高めやすい。また、無機質肥料でも、硫酸化より塩化物がECを高めやすく、窒素肥料ではECを高めやすい順に、塩化アンモニウム（塩安）＞硫酸アンモニウム（硫安）となっている。

ECが高い場合は、施肥量を減らすとともに、特にECを高める塩化物や硫化物の無機質肥料の施用を控えることが大切である。また、ハウスではECが高まりやすいので、高い場合には吸肥力の高いソルガムなどクリーニングクロップを栽培し、塩類濃度を下げていくことが大切である。

❺ 収量・品質に大きく影響する窒素の濃度範囲

窒素は作物体の構成成分であるタンパクを作るのに必要で、作物の収量、品質に最も影響する。土壌中の窒素は有機態窒素と無機態窒素に大別され、作物が直接利用するのは、アンモニア態窒素や硝酸態窒素のような無機態窒素がほとんどである。

土壌中有機態窒素は土壌微生物によって徐々に分解され、無機態窒素に変化して作物に利用される。この有機態窒素のうち、無機態窒素に分解されて発現してくる窒素を地力窒素という。畑作物の多くは硝酸態窒素を好んで吸収する。畑圃場では、有機質肥料はアンモニア態窒素に分解され、硝化菌の働きで速やかに硝酸態窒素になる。窒素と作物生育の関係では次のようなことが重要である。

(1)窒素の適正含量は作物の種類により異なる

窒素が多過ぎると、生育、収量が低下する。適正な窒素含量は作物の種類によって異なり、キャベツ等は窒素を多く必要とする。窒素施用量が多いと、米のタンパク含量を多くし食味値を低下させる。ホウレンソウでは人の健康面で良くない硝酸態窒素含量が増加するとともに、総ビタミンCが低下する。

(2)窒素過剰で生育に障害が起きることがある

果菜類の窒素過剰障害としては、トマトやナスの落蕾、トマトの乱形果、スイカのつるぼけ、イチゴの花芽分化の遅延などが挙げられる。

(3)窒素が多過ぎると病害虫に罹りやすくなる

窒素が多過ぎると軟弱徒長気味に生育し、病害虫に罹りやすくなるとともに、過繁茂となることによって風通しが悪くなり、病気に罹りやすくなる。

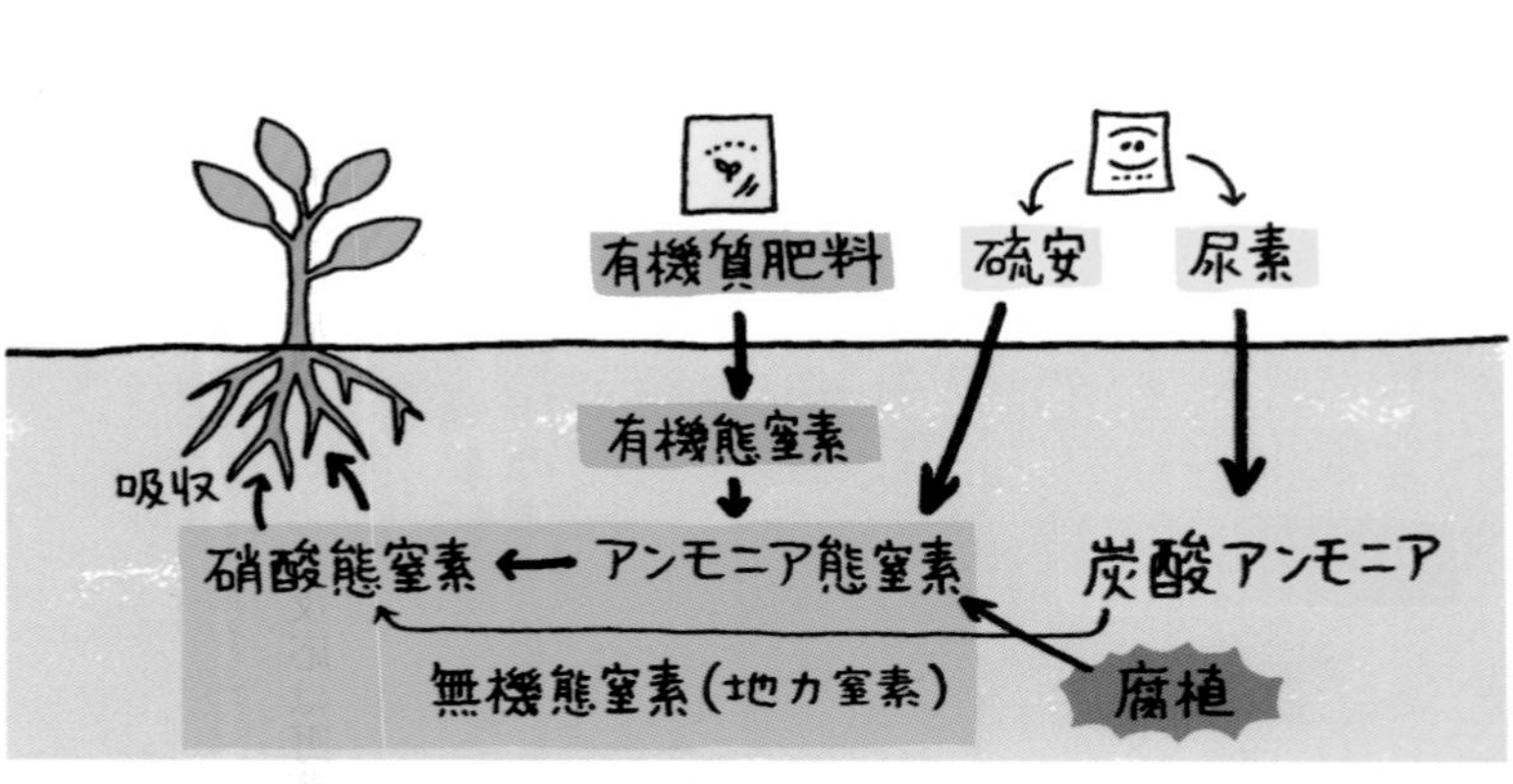

土壌中での窒素発現と根からの吸収

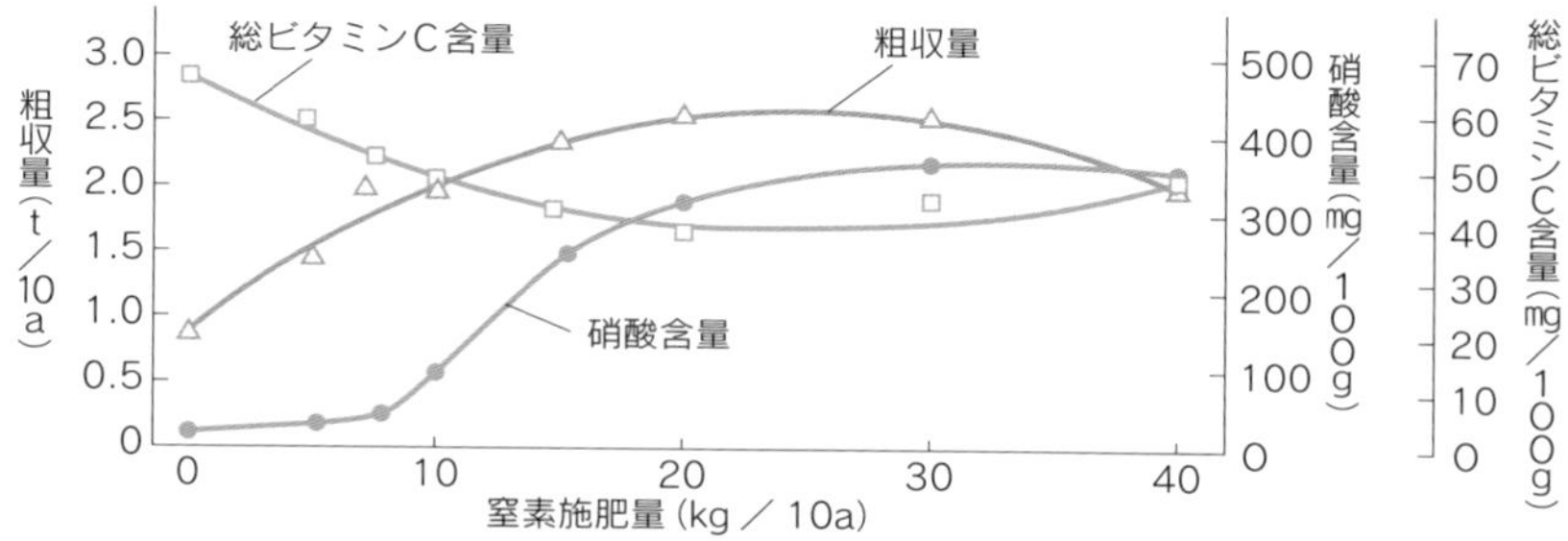

窒素施肥量とホウレンソウの収量および硝酸、ビタミンC含量との関係
資料：北海道立農試、目黒一部改変

❻ リン酸には生育に適した濃度範囲がある

リン酸は、窒素に次いで生育に影響することが多い。根の発達や分げつ等に必要な養分であることから、一般に、作物の生育初期に多く必要とされる。リン酸は土壌中で石灰やアルミニウム、鉄と結合した形態となりやすく、アルミニウムや鉄と結合したリン酸は作物に利用されにくい。土壌の種類で最も多くリン酸を固定するのは黒ボク土である。

また、リン酸の吸収は地温の影響を受け、低温では吸収されにくいことから、温度の低い地域や温度の低い時期の作型ではリン酸を多めに施用する例が多い。リン酸と作物生育との関係については次のようなことが重要である。

(1) 作物によって生育、収量が最大となるリン酸含量がある

リン酸施用に対する反応は野菜の種類によって異なる。リン酸の施用効果の高い野菜としてはタマネギ、レタスなどがあり、低い野菜としてはコマツナ、ダイコンな

栽培のポイント！

窒素施肥改善

窒素が過剰の場合は窒素施肥量を減らすことが最も重要で、過剰の場合はクリーニングクロップを作付けして窒素を吸収させたり、ハウス栽培の場合には作付け期間以外は雨にあてたり、湛水除塩等を行う。湛水除塩等は、周辺の水質環境に影響がない場合に行う。

どがある。レタスは土壌中の有効態リン酸含量（作物に利用可能なリン酸形態のもの）でほぼ１００mg／１００gで最高収量となり、それ以上では減収する。

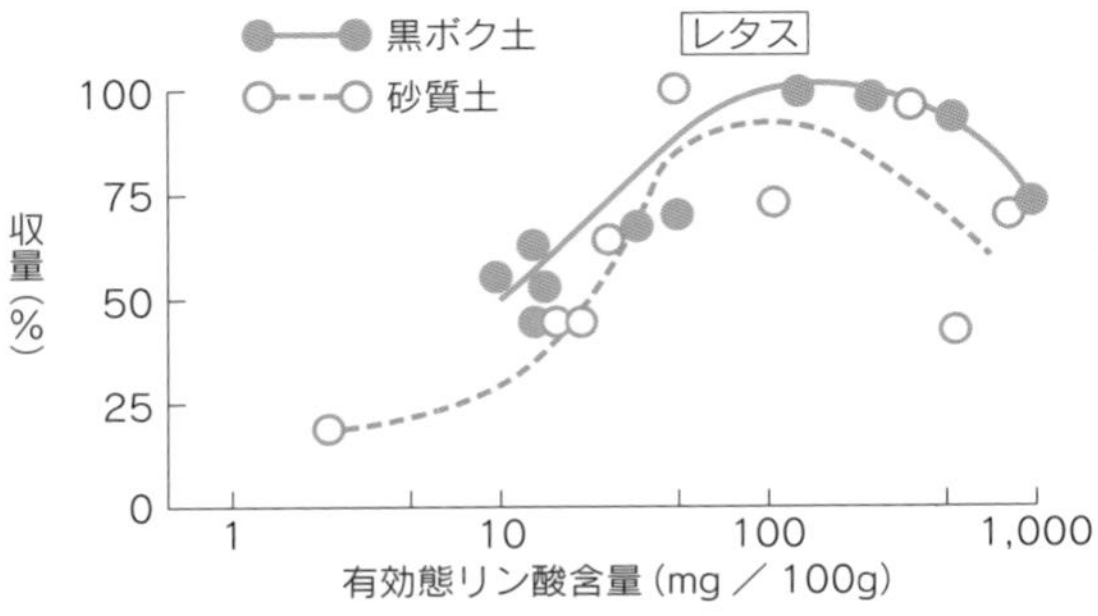

有効態リン酸含量とレタス収量との関係

資料：千葉県農林総合研究センター一部改変

(2) リン酸過剰で障害が起きることがある

リン酸の過剰障害はこれまで発生しにくいとされてきたが、最近いくつかリン酸の過剰障害が報告されている。施設栽培のスイートピーでは、葉の白化症状が見られている。

> **栽培のポイント！**
>
> **リン酸施肥改善**
>
> リン酸不足の圃場ではリン酸を多めに施用するが、特にリン酸吸収係数の高い土壌では多めに施用する必要がある。また、土壌中のリン酸含量を低下させるには、流亡しにくいことから施肥量を減らすことが基本となる。

⑦ カリは果実やイモ類の肥大に影響

カリは同化産物の転流を促進する働きがあることから、同化産物を貯蔵する果実やサツマイモ等の肥大に影響する。カリと作物生育との関係については、次のようなことが重要である。

(1) 必要量は吸収量ほど多くはない

一般に果菜類、イモ類、マメ類はカリの要求度が高く、葉菜類は要求度が低い。カリは贅沢吸収をするといわれており、一般に根からの吸収量ほど生育に必要ではない。多くの作物では、土壌中の交換性カリウム（根から吸収されやすい形態のもの）で20～50㎎／乾土100g程度あれば十分とされている。

(2)適正含量では病害を抑制するが、過剰では病害の発生を促すこともある

カリはリグニン等繊維質を増加させ、作物の病害抵抗性を増すとされているが、過剰にあると病気の発生を招くことがある。ブロッコリーでは、カリウム過剰でべと病に罹りやすくなる（花蕾黒変症）ことが知られている。

(3)カリ過剰により品質、食味が低下する作物がある

カリ過剰であるとミカン、モモ等の糖度が低下するとともに、ミカンでは酸味が増す等、食味が低下することが知られている。

栽培のポイント！

カリの施肥改善

交換性カリウムを低減する方法としては、カリ施用量を減らすことが原則であるが、他にもクリーニングクロップの栽培や、雨にあたるように簡易ハウスにおける被覆資材の除去等が挙げられる。

8 マグネシウム欠乏症は他の塩基類の過剰によっても起きる

マグネシウムは葉緑素の構成元素であり、マグネシウム不足は一般に葉の葉脈間の緑色が退色するクロロシス症状を起こす。

マグネシウムと作物生育との関係

1マグネシウムの適正含量がある

作物の種類によってマグネシウムの要求性の高い作物があり、一般に大豆等油脂作物や果実のなる果菜類、ブドウなど果実類の要求度が高い。土壌中の交換性マグネシウムが通常10㎎／100g以下になると多くの作物に欠乏症が発生する。

キュウリマグネシウム欠乏症

（写真提供：HP埼玉の農作物病害虫写真集）

2 マグネシウム欠乏症は塩基バランスの崩れによっても発生する

塩基間のバランスでは、特にマグネシウムとカリウムのバランスが重視されており、マグネシウムの比率が低下すると欠乏症が発生しやすい。マグネシウムの欠乏症は、栽培管理の方法によっても発生することがあり、土壌消毒後に発生しやすく、また、果菜類では台木の種類や整枝の方法によって発生しやすくなることが知られている。

⑨ カルシウムは土壌の乾燥作物体内での難移動性から欠乏症が発生

カルシウムは作物に必要な必須元素として、細胞内各種膜構造体構成材料の働きとともに、土壌pHを調節する働きがある。カルシウムが欠乏すると、生長の最も盛んな頂芽、根の生育が抑制される。このため、その欠乏は農作物の生育や品質に大きな影響を与える。

カルシウムと作物生育との関係

1 カルシウム欠乏症の発生

カルシウムは作物体内で移動しにくい。カルシウム欠乏は、急激に生育が進んだ場合に生育の盛んな部位（ハクサイの心葉等）にカルシウムが供給されないため、その部位に障害が発生することがある。また、土壌水分不足、塩類濃度が高い場合には、カルシウムの吸収が阻害される。節水栽培によって糖度の向上を図るトマトでは、尻腐れ症が発生しやすい。カリなど塩基類が土壌中に多く存在し、バランスが崩れている場合にも、欠乏症が発生しやすい。このように、カルシウムは土壌中の交換性カルシウム含量が低い場合のみならず、土壌中に十分にあっても欠乏症が起きることがある。

2 カルシウム過剰の影響はpHの変化によって起きる

カルシウムは土壌pHを適正域に引き上げるために重要である。カルシウム過剰で問題となるのは多くの場合、交換性カルシウム濃度の高まりによる影響ではなく、土壌がアルカリ性になることにより、マンガン、ホウ素等の欠乏症が発生しやすくなることである。交換性カルシウムの必要量については、一般に土壌pHが適正域に維持され

トマト尻腐れ症

ていれば作物に必要な量である場合が多い。

⑩ 塩基飽和度と塩基バランスの適正範囲外では生育が低下

土壌の陽イオン交換容量（CEC）の何％が交換性陽イオンで満たされているかを示したものを塩基飽和度という。自然状態では、すべての土壌粒子等のマイナス荷電が塩基類で満たされていることはなく、一部は水素イオンによって占められている。塩基飽和度が100％を超える状態になると、土壌に吸着されず土壌溶液に溶け出している塩基類が多くなるので、当然EC（電気伝導度）も高まり塩類濃度障害が出やすくなる。

こうした塩基類の集積による土壌中の養分濃度の高まりや塩基類のバランスの崩れは、作物生育に影響することから土壌診断では塩基飽和度や塩基類のバランスの崩れを診断項目としている。

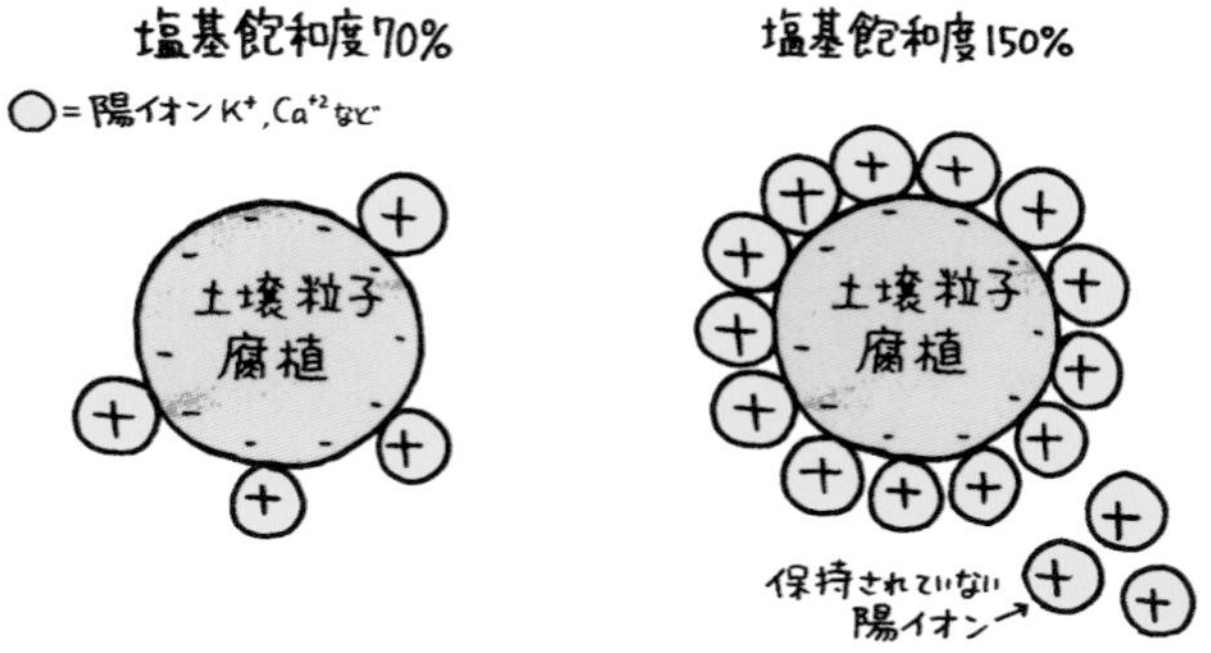

陽イオン交換容量（CEC）と土壌の養分供給

塩基飽和度や塩基バランスと作物生育との関係

1 適正な塩基飽和度は陽イオン交換容量の大小によって異なる

塩基飽和度の適正範囲は作物の種類によって異なり、ホウレンソウでは高く、サツマイモ、サトイモ、ダイコン等、根菜類の適正範囲は比較的低い傾向が見られる。
また、土壌との関係では、一般的な陽イオン交換容量の土壌の場合、塩基飽和度は60～90％程度で望ましい生育をする作物が多い。なお、陽イオン交換容量が小さい土壌（10me／乾土100g以下）では、作物に必要な養分が供給できないことから150％程度が望ましいとされている。

土壌の陽イオン交換容量別適正塩基飽和度と塩基別適正飽和度

陽イオン交換容量（me/100g）	塩基飽和度（%）	カルシウム飽和度（%）	マグネシウム飽和度（%）	カリウム飽和度（%）
10以下	100～170	80～150	16	6
10～20	80～100	60～80	16	6
20以上	75～80	50～60	16	6

資料：細谷、山口1988一部改変

2 望ましい塩基バランス

作物体のカリウム含量が高くなるとマグネシウム含量が低くなるといった拮抗関係がある。塩基バランス（塩基相互間の比率）は、一般に苦土／カリ比（当量比）や石灰／苦土比（当量比）が診断項目として用いられている。苦土／カリのmg当量比（1mg当量の重量はカリ（K_2O）47mgで苦土（MgO）20mgである）では2～6が望ましく、2以下では苦土欠乏症が発生しやすい。また、石灰／苦土比（当量比石灰（CaO）のmg当量の重量は25mg）については一般に4～8が望ましいとされている。

栽培のポイント！

塩基飽和度、塩基バランスの改善

塩基飽和度が高過ぎる場合には、カリ、苦土、石灰質肥料を減らしていくことが重要である。また、塩基バランスが崩れている場合には、バランスを補正するよう塩基の肥料を施用する。例えば、苦土／カリ比が２未満で塩基飽和度が低い場合には、苦土肥料を施用するが、塩基飽和度が適正範囲以上の場合には塩基肥料の施用は飽和度を高めるので、カリ肥料を減らしていくのが良い。

⑪ 微量要素（マンガン・ホウ素等）の欠乏・過剰症

微量要素は作物にとってわずか

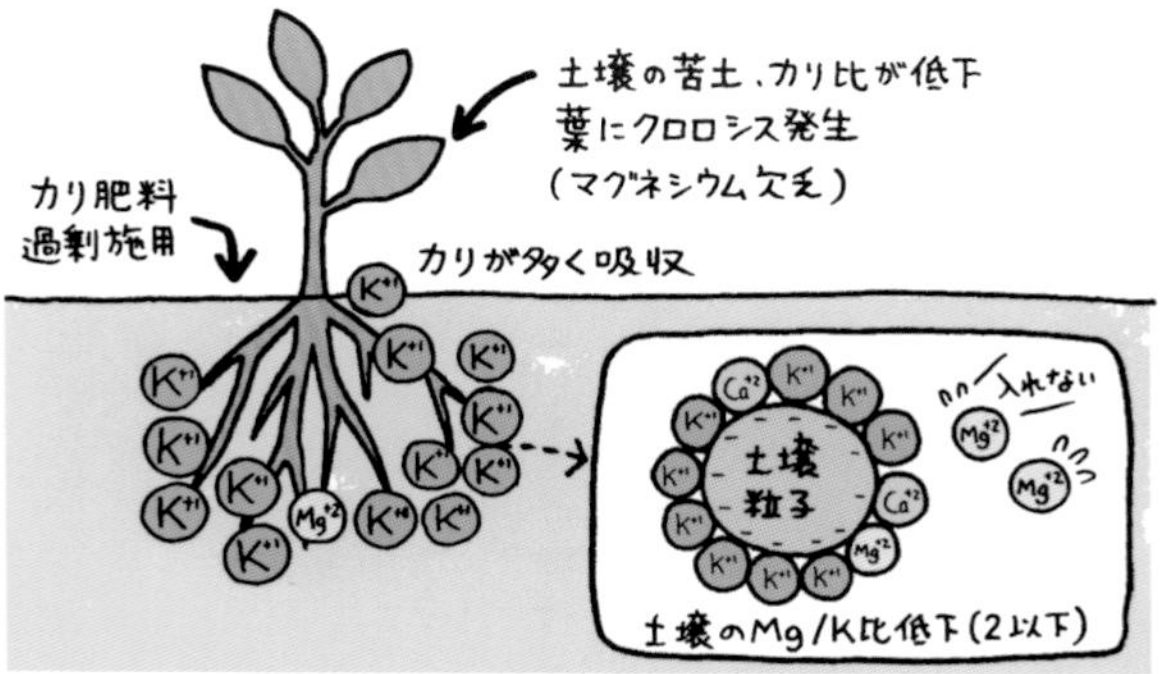

塩基類の量のバランスが崩れた場合の影響（カリ過剰の例）

しか必要としないが、作物体の構成元素、酵素の活性化因子等として重要であり、その過不足は作物の生育に影響を与える。微量要素のなかで特に欠乏症や過剰症の発生割合が多く、現地診断で問題になることが多いのは、マンガンとホウ素である。ホウ素は適正範囲が狭く過剰障害も起こりやすい。

近年、微量要素の欠乏症が多く見られるようになった原因として、①土壌のアルカリ化や養分バランスの崩れなどによって、土壌中に養分が十分あっても、根から吸収されにくい形態となり、障害が発生しやすくなっていること、②アブラナ科野菜（ダイコン、キャベツ等）はホウ素の要求量が多いが、これらの作物を中心とした周年栽培がなされるようになったことで、欠乏症が発生しやすくなっていること、が挙げられる。

特に微量要素の欠乏症や過剰症の発生が多く見られる要因としては、単に土壌中の存在量よりもpHの変化や圃場の乾湿条件、養分バランスの崩れなどによる場合が大きい。

ホウレンソウマンガン欠乏症

葉の葉脈に黄緑色の斑が発生。

ミカンマンガン過剰症

葉先や葉の縁に褐色の小斑点が生じる。（写真提供：清水武氏）

(1)マンガン

マンガンは葉緑体の形成に関与しているので、欠乏すると葉脈間の黄化などのクロロシス症状を生じる。

マンガン欠乏症が発生しやすい条件としては土壌のアルカリ化な

どが挙げられ、pHが6・5以上になると不可給態化し、根から吸われにくくなる。特に土壌が乾燥しているとこの変化が現れやすく、果樹に欠乏例が多い。野菜ではホウレンソウなどに欠乏例が多い。

一方、マンガン過剰症は、pHの酸性化や土壌が排水不良で還元状態になった時が多い。以前、カンキツでは酸性化の進んだ圃場でマンガン過剰による異常落葉の発生が問題となったことがある。

栽培のポイント！

マンガン欠乏症・過剰症の改善

マンガンの欠乏症、過剰症の対策としては、pHを適正にしていくことが重要である。土壌のアルカリ化が要因の時は、石灰を多く含む資材の施用を中止するとともに、硫安等の酸性化する肥料を用いる等、土壌pHを下げる。また、欠乏症の時は応急的にはマンガン質肥料を施用すると良い。

カブのホウ素欠乏症

根部の肥大が悪く、肌つや、形が悪くなって内部が部分的に淡褐色化する(左:ホウ素欠乏、右:健全)。
(写真提供:東罐マテリアル・テクノロジー株式会社)

(2) ホウ素

ホウ素は作物体内において細胞壁の構造維持に必要な元素で、ホウ素が欠乏すると細胞壁ができにくくなり、枝や根の先端、形成層、果実等の生長点で細胞分裂、組織の形成が進まなくなる。ホウ素の過剰障害は、葉のクロロシス、落葉等の症状を示すが、目に見える症状がなくても生育が低下し減収することも多い。ホウ素欠乏症が発生しやすい条件としては土壌のアルカリ化があり、pHが7・0以上となると根から吸収されにくくなり、欠乏しやすくなる。その他、高温、乾燥状態でホウ素は吸収されにくく、欠乏しやすくなる。

また、一般にダイコン、キャベツ等アブラナ科野菜でホウ素の要

栽培のポイント！

ホウ素欠乏症、過剰症の改善

ホウ素の欠乏症対策としてはpHを適正にしていくことが重要である。また、ホウ素欠乏症の発生は水分不足と結びつくことが多いので、根張りを深くするとともに、土壌が乾燥し過ぎないよう潅水することが重要である。ホウ素欠乏した場合の応急対策としてはホウ素質肥料を施用すると良い。また、過剰な場合はホウ素を含む資材の施用を中止する。

求性が高く、これらの作物を毎年作付けするところでは、ホウ素欠乏症が発生する例が多い。

一方、ホウ素過剰症は、ホウ素の要求量の適正範囲が狭いため、ホウ素入り肥料の連用で発生しやすい。

⑫ 水田で重視される診断項目はケイ酸と遊離酸化鉄

水稲の品質向上、安定生産が求められてきているなかで、ケイ酸や鉄が注目されてきている。ケイ酸はイネ科作物にとっては必須養分で、耐倒伏性の向上、受光態勢の向上による光合成の促進効果とともに、耐病害虫抵抗性の向上効果等が知られている。またケイ酸を施用した水田では高温障害による乳白米等白未熟粒の発生率が低いことが明らかにされてきている。

遊離酸化鉄（粘土に強く吸着されていない鉄）については、土壌還元条件下で発生する硫化水素による根の障害を防ぐ効果が知られている。また、水田では稲わらをすき込むことが多く行われているが、寒冷地では分解が遅れ、春先にガスや有害な有機酸等が発生して、水稲の根に影響を与える。含鉄資材を施用すると有害な有機酸濃度が減少し、水稲の収量が向上する。しかし近年、これらの資材については、米価低迷、労力不足等の影響で施用されなくなってきており、不足している圃場が多くなってきている。

栽培のポイント！

遊離酸化鉄の施肥改善

秋落ち水田などでの改善対策としては、硫化水素の発生の原因となる硫酸根肥料の施用を控え、含鉄資材（転炉さい、電気炉さい）を施用するのが良い。また、遊離酸化鉄と有効態ケイ酸は相乗的効果があるので、ケイ酸質資材も合わせて施用すると効果的である。

栽培のポイント！

ケイ酸の施肥改善

一般に、遊離酸化鉄が強度に溶脱されている老朽化水田（一般に透水性の良い砂土）では、ケイ酸も欠乏している水田が多く、ケイ酸の施用効果が高い。土壌診断により不足している水田には、ケイ酸石灰、ケイ酸カリ等のケイ酸質肥料を施用していくと良い。

土壌の物理性と作物生産

❶ 土層の深さ関係診断項目

土壌に起因した作物の生育異常の要因で多いのは、土の硬さ、排水性等といった土壌の物理性である。土壌物理性について、作物の生育に特に影響を与える主な診断項目としては、大きく分けて、①土層の深さ関係、②土壌の硬さ、通気性等の関係、③土壌水分関係の項目がある。こうした項目について診断し、問題があれば改善していく必要がある。

土層の深さに関係する診断項目としては、有効土層と作土層の深さ（厚さ）がある。

有効土層とは、作物の根がかなり自由に貫入しうると認められる状態の土層を意味する。有効土層は、作物の根が伸長する可能性のある全土層を指しており、作土層とは区別される。特に根の深く入る果樹等については、生育・収量に影響してくる。

一方、作土とは、作物の根が水分や養分吸収のために容易に伸長していくことのできる土層のことで、人為的な耕うんの影響を直接受けた膨軟な部分をいう。

作土層の深さ（厚さ）は耕起に使う農具あるいは機械によって異なる。一般にすきでは10～12cm、ロータリでは12～15cm、ディスクプラウ[*1]では20～25cm、ボトムプラウ[*2]では15～30cm耕起されるので、その深さが作土の深さとなる。

作土は人為的に作られる土層なので、作物の種類、耕うん方法、

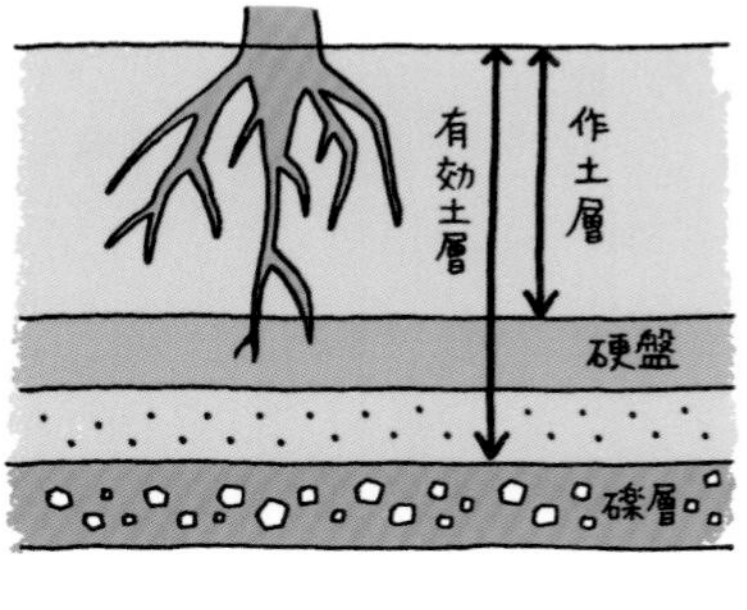

作土層と有効土層

利用する農業機械の種類、土壌管理の方法等により深さが変化しやすい。作土の深さは作物の生育・収量に影響し、その影響については作物の種類によって異なる。

◇作土深と作物生育との関係

●水稲は15cm程度の作土層が理想

水稲では土の保肥力との関係もあり、単純に作土が深ければ収量が向上するものではないが、一般に作土層が20cm程度までは、深ければ深いほど収量が向上した例が多い。福井県の調査では作土深10cmと15cmの圃場の比較で、作土深が15cmの水田の水稲収量が約30%増となっている。特に保肥力（陽イオン交換容量）の小さな圃場では、作土深が15~20cmある方が収量・品質向上の面で効果が高い。

●特に根菜類は作土が深くないと収量・品質が向上しない

畑土壌における作土について、北海道での調査結果を見ると、主な畑作物について作土層が深くなるとともに収量が増加し、25cm程度までは増加する傾向が見られている。

一般の野菜・畑作物では作土深が25cm以上あれば十分であるが、ダイコン等の根菜類では作土深が30cm以上、ゴボウでは60cm以上あることが望ましい。

*1ディスクプラウ…土を耕すための作業機の一種で、ディスク（円板）が自転するので土の摩擦抵抗は少ない。土が付着して完全な耕起作用をしない土質にも適する。土の反転についてはボトムプラウと比較して劣る。

*2ボトムプラウ…土を耕すための作業機の一種で、上層と下層の土を入れ替える反転耕を行う。地表面にある有機物を埋没させたり、雑草やその種子を埋没し、雑草の発生を抑制したりする効果がある。

❷ 土壌の硬さや孔隙関係診断項目（土壌硬度、仮比重、三相分布）

◇土壌硬度は根の伸長の難易の判定に用いられる

土壌の硬さ（土壌硬度または緻密度）は、根の発達に影響を与え

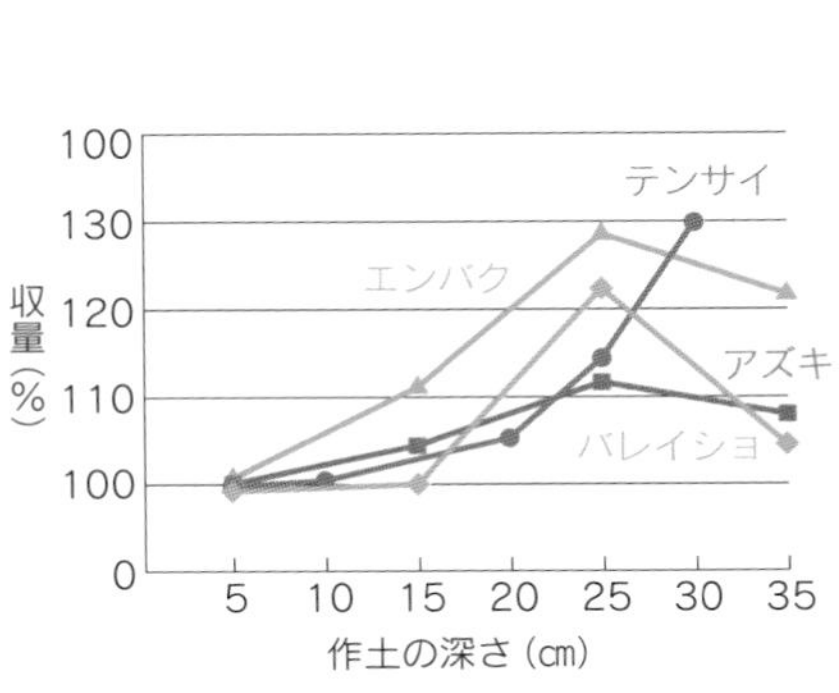

作土層の深さと作物収量指数

資料：北海道農協「土づくり」推進本部「やさしい土づくり」より

山中式土壌硬度計と、硬度測定の様子

る。土壌硬度が増大すると根の伸長は著しく阻害されるので、土壌硬度は根の伸長の難易の判定に利用される。

その硬さを測定するため、山中式土壌硬度計が広く使用されている。山中式土壌硬度計は土に挿入し、その硬さに応じてバネが押し戻される距離（㎜）を測定するものである。その硬度計の読みで18～20㎜前後までは細根が容易に発達しうるが、25㎜以上になると根の分布を認めることが困難な例が多い。一般には作土の土の硬さは硬度計で22㎜以下で根の分布が見られるが、作物の種類によってその適正範囲は異なる。

土層の深さごとに測定された土壌硬度から土壌の通気性や透水性の大小、硬盤層の存在位置やその硬さの程度を把握することができる。なお、土壌硬度を測定する器具としては、山中式土壌硬度計以外に、穴を掘らなくてもよい貫入式土壌硬度計がある。

◇土壌硬度と作物生育との関係

●土壌硬度が一定硬度以上になると根群の発達が阻害

多くの作物において、山中式土壌硬度計の読みで20㎜前後から根量は急激に減少する。ナシ園の場合、山中式土壌硬度計で、火山灰土において20～23㎜、非火山灰土では20～22㎜を境にして根群の分布が激減しており、約20㎜未満でよく発達する。サツマイモのような根菜類では10㎜程度以下が望ましい。

●硬盤層は作物の生育に影響

土層の深さ別の土壌硬度を測定することによって、硬盤層の存在する位置や硬さの程度が把握でき、根の発達阻害要因がわかる。特にダイコンのように根が深く入るものでは浅い位置にできる硬盤層の影響が大きい。セロリ圃場の例では、硬盤層のある圃場とない圃場では収量に格差が見られている。

◇仮比重（容積比重）、三相分布、孔隙率は土の硬さや通気性の良否を判定

土の硬さや通気性等、土の状態を表す指標の1つに仮比重（容積比重）がある。測定は採土管法が一般に用いられ、単位容積（100ml）当たりの土壌の固相重量の値で示される。膨軟な土ほど仮比重の値は小さくなる。また、土壌が圧密されていると仮比重の値は高くなる。

仮比重は土壌の種類によって異なり、同じ土壌の種類のなかにあっては有機物含量が高くなると仮比重の値は小さくなる。火山灰土の黒ボク土では0・8、非火山灰土では1・3～1・4を超えると根群の伸長が悪くなり、排水不良になるとされている。

また、通気性等、土壌の物理的性質を表す指標として三相分布や孔隙率がある。土壌は固相（土壌粒子、腐植等）、液相（土壌水）、気相（空気）の三相から構成され、各容積の割合（%）を測定し、数値化したものを三相分布という。

固相は、土壌粒子の他、腐植、微生物、小動物も含まれ、液相は、固相の土壌粒子間に入り込んだ水である。気相は、固相の土壌粒子間で土壌水に満たされていない部分をいう。

土壌の固相、液相および気相の割合は、作物の生育に影響する。三相のうち固相は養分の供給源と

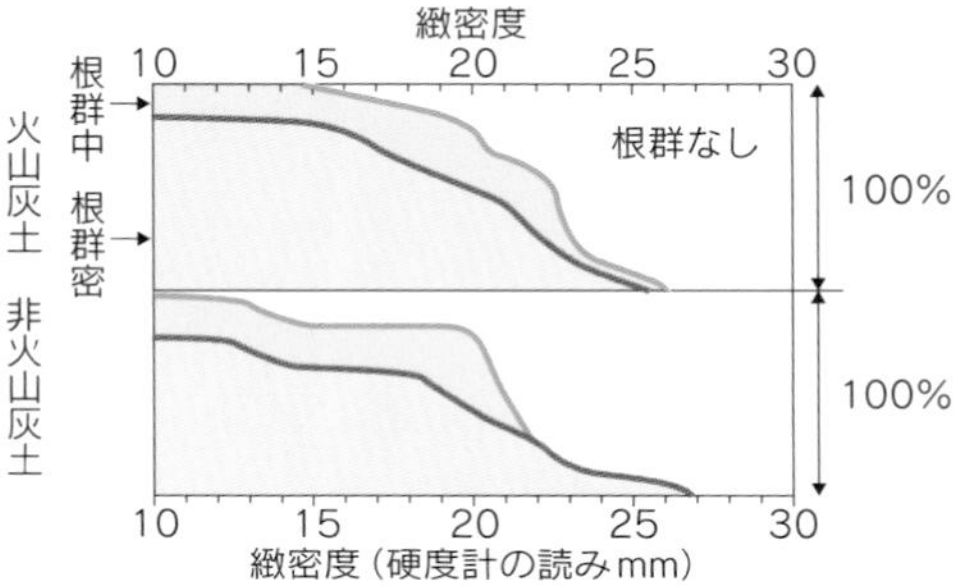

土層の緻密度とナシの根群分布

資料：千葉県農試（三好 1971年）

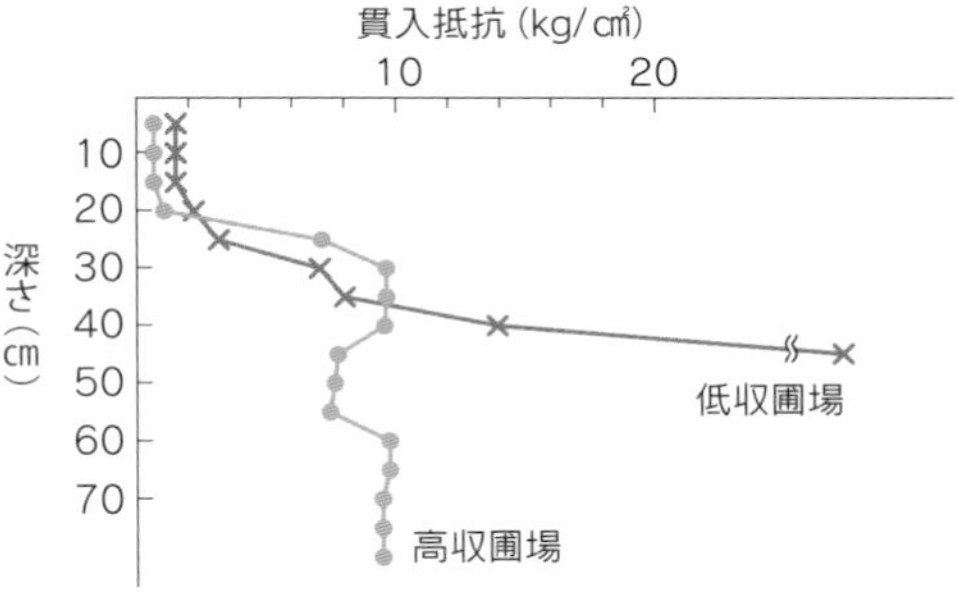

セロリの収量格差と貫入抵抗の相違

資料：静岡県農試

なるので重要であるが、固相の割合が大き過ぎると水と酸素の給源である孔隙の割合が不足するので、作物の生育は悪くなる。

気相と液相は、固相の土壌粒子間の隙間（孔隙）の部分であり、気相は根に酸素を、液相は水を供給する。液相率が多く気相率不足になると作物に湿害が発生する。

作物の生育にとって望ましい気相率は、通常20〜30％であり、10％以下では生育に障害が生ずる。

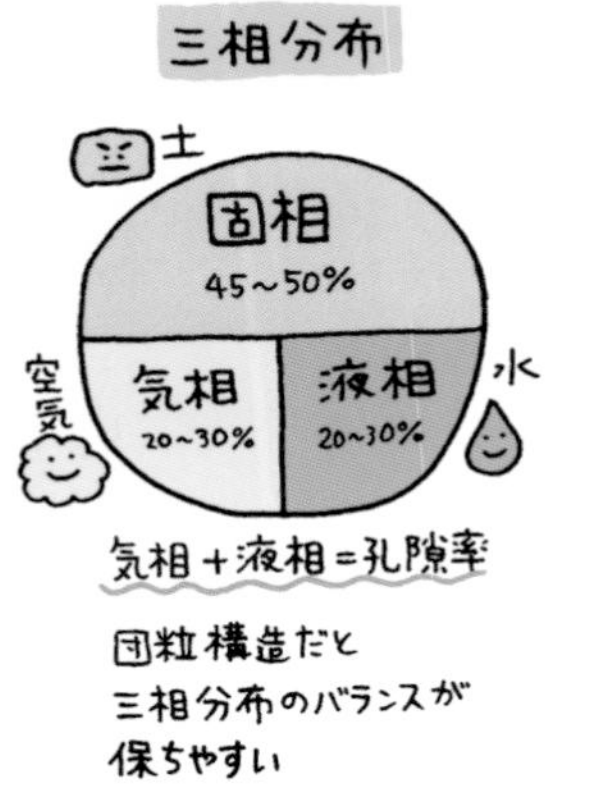

土壌の望ましい三相分布状態

また、固相間のすき間（孔隙）の比率は、孔隙率と表現されることがある。孔隙率は液相率と気相率の和で求められる。

◇三相分布、孔隙率の作物生育への影響

●適切な固相、液相、気相の割合

作物の生育に適する土壌の固相と液相と気相との容積割合は、非火山灰土の場合、一般に固相が45〜50％、液相、気相は各々20〜30％が望ましいとされている。

愛知県の半促成トマト産地で圃場の気相率と収量との関係を調査した例では、気相率が25〜30％の圃場の収量が高い傾向が見られ、気相率が低過ぎたり、高過ぎたりする圃場の収量は低い傾向が見られている。

❸ 土層の深さ、土壌の硬さ、通気性等の改善対策

土層の深さとともに土の硬さ等を改善するためには、農業機械、有機物、緑肥作物等を活用する必要がある。

作土層を深くしたり硬盤層を破壊したりするためには、専用の農業機械を用いる必要がある。一般に作土層を深くするためには、深耕ロータリやボトムプラウ等が用いられる。また、硬盤層破壊のためにはサブソイラなどが用いられる。有効土層の拡大には、バックホー等大型の機械が用いられている。

また、堆肥等有機物施用によって土壌の硬さ、通気性等を改善す

ることができるが、その改善効果は1～2年で現れるものではなく、年数を要する。耕作放棄地等、物理性の悪い圃場を借地して早期に作物生産を安定させるためには、当初1～2年、堆肥を多めに施用する必要がある。

　緑肥作物も土壌の硬さ、通気性等を改善するのに効果があるが、これを用いる場合にはその目的に沿った種類の作物（ソルゴー、青刈りトウモロコシ、ギニアグラス等）を選択する必要がある。

　土壌改良資材を利用する場合は、目的に合った資材を選択する。透水性、通気性等を改善する土壌改良資材としてはバーミキュライト、保水性等を改善する資材としてはパーライト等がある。

❹ 土壌水分と生育等との関係

◇土壌水分は生育だけでなく、品質や病害にも影響

　土壌の水分は作物の生育のために必要であるが、過剰な水分は根腐れが発生して枯れてしまう。適

ボトムプラウ（上）とサブソイラ（下）
（写真提供：スガノ農機株式会社）

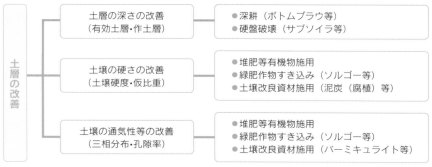

土層の改善	改善項目	対策
土層の改善	土層の深さの改善（有効土層・作土層）	●深耕（ボトムプラウ等） ●硬盤破壊（サブソイラ等）
	土壌の硬さの改善（土壌硬度・仮比重）	●堆肥等有機物施用 ●緑肥作物すき込み（ソルゴー等） ●土壌改良資材施用（泥炭（腐植）等）
	土壌の通気性等の改善（三相分布・孔隙率）	●堆肥等有機物施用 ●緑肥作物すき込み（ソルゴー等） ●土壌改良資材施用（バーミキュライト等）

土層の深さ、硬さ、通気性等の改善対策の方法

度な土壌水分が必要であるが、そのための診断方法がある。

水は作物体の生育に必要不可欠な成分で、土壌中の水分が不足すると根から吸収されなくなり枯死する。また、過剰な土壌水分は土壌中の酸素を減少させて、根の呼吸を阻害することから、作物体の維持ができなくなり枯死する。したがって、土壌は適度な保水性と通気性を必要とする。

畑作物の根は酸素を多く必要とする。水分が多い過湿状態であると孔隙中の酸素が不足し、根が障害を受けて生育が停滞、あるいは枯死する。しかし、作物の水分の必要性は畑作物と湿性作物である水稲とは大きく異なり、水分管理について畑作と水稲作とで異なった対応を行っていく必要がある。

一方、土壌水分は作物の生育だけでなく、作物の品質、土壌病害の蔓延、農業機械による作業性に大きな影響を及ぼす。

作物の品質に関しては、糖度の高い果実を生産するためにトマト、温州ミカン等では節水栽培が行われている。

土壌病害に関しては、根腐病菌等は水で移動*するため、排水不良圃場では周辺に広がり被害が拡大しやすくなる。また、根に被害を与えるセンチュウも水を好み、好適な土壌水分が多いと移動しやすくなる。

農業機械による作業性については、トラクタ等の走行、耕うん、整地作業の行いやすさに土壌水分が影響する。野菜、畑作では、農業機械による作業を容易にするためにも排水改善が必要である。

◇土壌水分の作物への影響

●作物の種類によって適した土壌水分がある

野菜の耐湿性について、一般に夏野菜については、サトイモ、ショウガなどが強く、インゲン、トマトなどが弱いとされている。また冬野菜については、ミツバ、フダンソウ、ゴボウなどが強く、ダイコン、ホウレンソウ等が弱いとされている。温州ミカン、トマトなどは食味が重視され、糖度を向上させるために節水栽培が重視されている。

*根腐病菌等は水で移動…根腐病菌、根こぶ病菌、疫病菌等は、土壌孔隙や地表の水のなかを遊泳する遊走子を形成し、それが病原菌の作物根への伝染の主な手段となっている。

●土壌水分は土壌病害の蔓延にも影響

土壌病害の発生は、土壌水分との関連が深く、おおむね通気の劣る排水不良土壌で発病が多い。特にアブラナ科作物の根こぶ病は、土壌湿度が最大容水量の80％以上で発病しやすく、40％以下の乾燥条件では発病しにくい。

●水稲は日減水深の範囲が収量に影響する

水稲は湿性作物で水分を好むが極度に酸素不足の状態になると養水分吸収力が低下するとともに、土壌中に種々の有害物質（硫化水素、有機酸等）が発生し根腐れを起こしやすくなる。一方、透水性の良過ぎる漏水田では養分の溶脱が著しい。こうしたことを防ぐには、水田に湛水機能とともに適度な透水性を持たせることが必要で、一般に1日に20～30㎜水位が低下（日減水深）する水田状態の時が最も収量が高い。

◇土壌水分関係診断項目

土壌水分の診断項目は畑地と水田とでは異なり、畑地の場合は土の湿り具合を表すpF（ピーエフ）が用いられ、水田の場合は田面の水位低下を示す日減水深が用いられている。

●pF（畑地）

土壌水分の状態を評価する指標としてpF値がある。pF値は、土壌中に保持された水を作物が利用するため、その土壌から水を引き離す力を表すものである。いい換えれば土壌と水が結びついている力の大きさを表すのがpFである。例

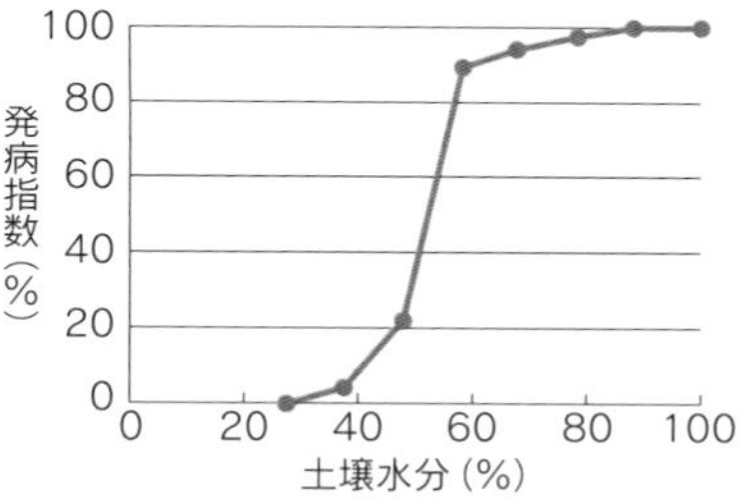

ハクサイ根こぶ病の発生と土壌水分の関係

注：土壌水分は最大容水量に対する％
資料：茨城県農業研究センター、小川

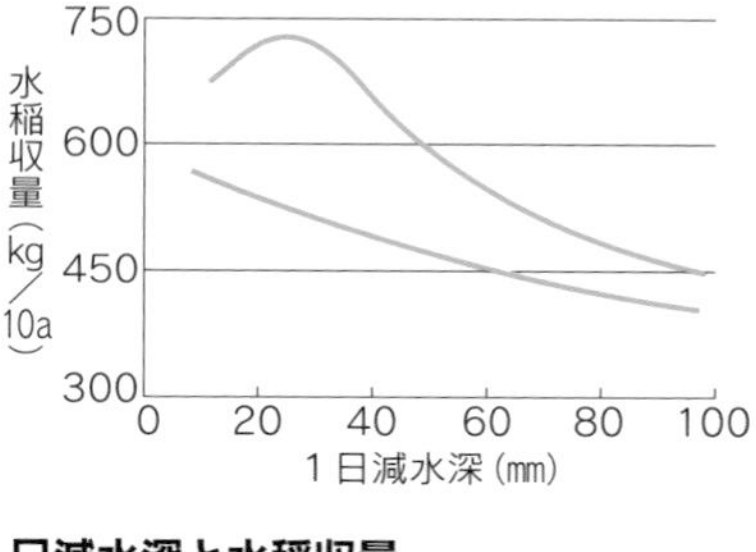

日減水深と水稲収量

資料：五十嵜1956

えばpF1・0というのは、10㎝の深さからストローで水を吸い上げるのに必要な力に相当し、pF2・0は1mに相当する。圃場の状態で見ると湛水状態の水田はpF0・0である。降雨や潅漑の後、24時間経過した時の水分量（圃場容水量）はpF1・5〜1・8で、これ以下のpFの状態では水が土壌から重力で失われる。すなわち、土壌水分が多い状態ではpF値が低くなり、少ない状態ではpF値が高くなる。

　土壌の水分状態は、温度、日射、降雨等で絶えず変動しており、作物の生育上大きな節目となる水分状態の変化点を、水分恒数と呼んでいる。

　作物が枯れ始める水分状態を「初期しおれ点」と呼び、通常はpF3・8に相当する。多くの作物が枯死する状態を「永久しおれ点」と呼び、pF4・2に相当する。

　作物が健全に生育できるのはpF1・5〜1・8からpF2・7〜3・0の範囲の水分でこれを「易効性有効水」（生長有効水）と呼ぶ。一般に「易効性有効水」（生長有効水）の土壌を手でにぎりしめると、手のひらにしっとりした湿り気が感じられ、手のひらに軽く濡れるか濡れないか程度の水分が残る。

　作物が有効に利用できる水分は、土壌粒子が粗粒な土壌より細かい土壌のほうが多く保持でき、また、堆肥等の有機物施用により団粒構造が発達している土壌で多く保持できる。

　畑作物への潅水開始は作物の種類や生育ステージ等によって異なるが、一般的にpF2・5（地表面

水分量	多い ←		→		少ない
pF値	0	1.5〜1.8	2.7〜3.0	3.8	4.2
土壌水分	重力流去水（過剰水）	有効水 易効性有効水（生長有効水）			無効水（非有効水）
水分恒数	最大容水量	圃場容水量	生長阻害点水分	初期しおれ点	永久しおれ点
作物生育	根が湿害		正常生育	枯れ始める	

pF 値と土壌水分・作物生育との関係

から深さ10㎝）前後で行われることが多い。なお、畑圃場におけるpFの測定は、pFメーター（テンシオメーター）によって行われる。

●日減水深（水田）

水田における適度の透水性、保水性を見る指標として、水田一筆の1日当たりの田面水位の増減を示す日減水深がある。適度な減水深がある水田では土壌中に常に酸素が供給され、生成する種々の有害物質が排除される。このような水田では根が健全に生育するので水稲の生育は良い。しかし、透水性が良過ぎると灌漑水量が多大に必要となり、寒冷地や山間部では冷水害の恐れが出る。また、肥料の損失が大きくなるなどの問題が生じる。

水田で湛水された水は、根による吸水、水面蒸発、地下への浸透等により次第に減少するが、日減水深は水が消費されて減少した水深（㎜／日）のことである。

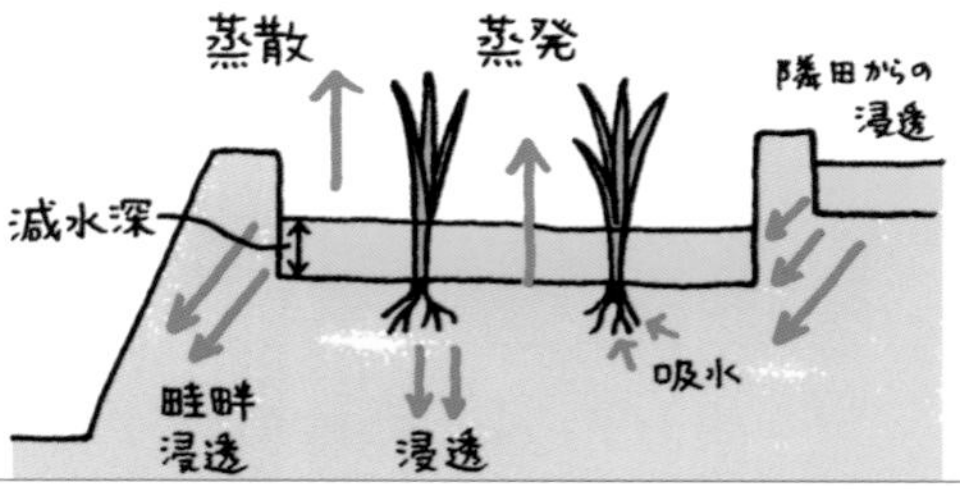

減水深＝蒸発散量（水面蒸発量＋葉面蒸散量）＋浸透量（畦浸透量＋降下浸透量）

湛水した水田での水の動き

❺ 土壌の排水性、保水性等の改善

土壌水分関係の改善対策については、畑作物と水稲とでは方法が異なる。

畑作地において地下水位が高く、土壌が粘質で排水性の悪い圃場については、明渠による表面水の除去や暗渠を組み合わせて、土層内の排水改善を行う必要がある。土層の浅いところに硬盤があると排水性が悪くなるので、硬盤がある場合には、サブソイラ等により硬盤層を破壊する。

また、土が硬く、通気性、排水性が悪い場合は、堆肥等有機物を施用するとともに、緑肥作物を栽培し土壌中にすき込むと良い。緑

- 土壌水分関係の改善
  - 畑の土壌水分状態改善（排水改善、保水性等改善）
    - ●明渠、弾丸暗渠
    - ●硬盤層破壊（サブソイラ等）
    - ●堆肥等有機物施用
    - ●緑肥作物すき込み（ソルゴー等）
    - ●土壌改良資材施用（パーライト等保水性）
  - 水田の日減水深改善
    - ●日減水深の大きい場合（丁寧な代掻き、床締め、客土、ベントナイト施用）
    - ・日減水深が小さい場合（暗渠、サブソイラー施工等）

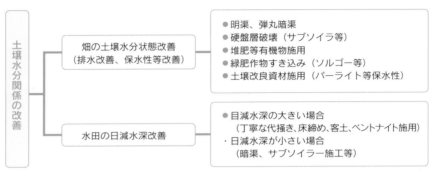

土壌の排水性、保水性等の改善方法

肥作物には物理性、化学性、生物性の改善効果を持つものがあり、利用目的に応じて緑肥作物を選ぶ必要がある。土壌の緻密性、通気性改善に適した草種としては、ソルゴー、ギニアグラス、青刈りトウモロコシ等の緑肥作物がある。

土壌の孔隙を多くし、排水性、保水性改良の効果のある土壌改良資材として、バーミキュライト（主に透水性）やパーライト（主に保水性）がある。鉢物の培土用として利用されるとともに、葉菜類、根菜類、果樹類等で、粘質な排水不良圃場の改良にも利用されている。

水田の場合、日減水深が大きい水田においては、丁寧な代掻き、床締めなどで硬盤を作る。砂質等の漏水田の改善には、客土や土壌改良資材のベントナイトを施用するとより効果的である。

日減水深の小さな水田の場合には、サブソイラ等で土層に亀裂を作り透水性を良くしたり、弾丸暗渠*などによって透水性、排水性の改善を行う。

*弾丸暗渠…直径6～10㎝の弾丸様の形状をした鉄製の円錐体を地中40～60㎝の深さのところを牽引して、被覆のない裸の円形暗渠を設けるものである。間隔は2～4mが適当であるが、この暗渠は補助的なもので、本暗渠と組み合わせて行うのが普通である。

土壌の生物性と作物生産

❶ 土壌生物の種類と土壌病害の発生

近年、作付け体系や土壌環境の変化のなかで、土壌病害や有害センチュウによる被害が多くなってきている。特に作物の連作障害*が多く発生している。研究機関による調査の結果、連作障害は土壌病原菌やセンチュウによる被害であることが明らかとなっており、連作障害問題の対応は土壌病害対策、有害センチュウの抑制対策が中心になっている。

*連作障害…同じ種類の作物を同じ畑に連作した時に、連作にともなってその作物の収量・品質が低下する現象。

土壌生物の種類と特徴

種類	特徴
糸状菌	カビやキノコのような菌糸をつくる菌類で、担子菌類(キノコ類)も含まれる。糸状菌の大部分は外見が糸状で、「菌糸」と呼ばれる部分と「菌糸」から分化して伸びる「分生子柄」とその先端にできる分生胞子とからなる。菌糸の直径2～10μmで、長さは環境が整えばかなり伸びる。自然界では有機物分解の中心的役割を担っている。
細菌	土壌生物のなかでも最も小さく、形状としては球状、桿状、らせん状のものもある。大きさは0.5～4μm程度で鞭毛、繊毛を持つものもある。
放線菌	放線菌は広くは細菌の仲間で偽菌糸を作るものが多い。放線菌の大きさは、糸状菌と細菌の中間で、各種の抗生物質を生産するものや特有の臭い（土の独特の臭い）を出すものがある。
原生動物	単細胞で運動性を有し、アメーバに代表されるような細胞壁を持たない。
藻類	主に土壌の表面近くに棲息しており、水田に多い。このなかには空中窒素を固定するものもある。
センチュウ類	センチュウ類の生活圏は広く、土壌中では細菌、カビ、微小動物、腐敗有機物などを食べて生きる種類と、動物や植物の体内でその栄養を奪って生きる寄生生活の種類がある。

◇土壌生物の役割と種類

土壌中には、微小な単細胞生物である多くの原生動物、微小藻類、センチュウ類、糸状菌、細菌、放線菌が生息している。土壌中に生息するこれらの微小生物を「土壌生物」という。微生物のなかには作物生産にとって有益なものや害作用を及ぼすものもあるが、土壌生物の自然界における最も大きな役割は、有機物を分解し物質循環を進めていることである。土壌生物の生息量や活性から細菌、放線菌、糸状菌、センチュウ類が重要視されている。

　土壌生物の量は、普通の畑には10ａ当たり平均して生菌体で約７００kg、乾燥菌体で約１４０kg存在するといわれている。このうちの70～75％が糸状菌、20～25％を細菌が占め、土壌動物は通常５％以下である。菌数では糸状菌より細菌が多いが、生体重で比較すると、細胞の大きさが細菌より糸状菌の方が大きいことから糸状菌の生体重の割合が大きくなる。

　土壌生物の餌は、大部分の微生物では有機物であるが、一部に無機物を餌とする微生物もある。有機物をエネルギー源とし、細胞成分を合成する大部分の土壌微生物にも、①別の生物体内（宿主）に侵入せず、有機物を餌にする腐生（ふせい）微生物と、②生きた別の生物の体内（宿主）に侵入し、有機物をもらう共生微生物・寄生微生物の２つのタイプがある。

　多くの微生物は腐生微生物で宿主に侵入しないが、なかには生きた宿主に侵入し、病原菌として作物の収量・品質に大きな影響を与えるものと、窒素固定をする根粒菌やリン酸を供給するアーバスキュラー菌根菌（以前はＶＡ菌根菌と呼ばれていた）などがいる。作物生産上影響の大きいものは、作物に病気を起こすフザリウム菌など糸状菌が多い。

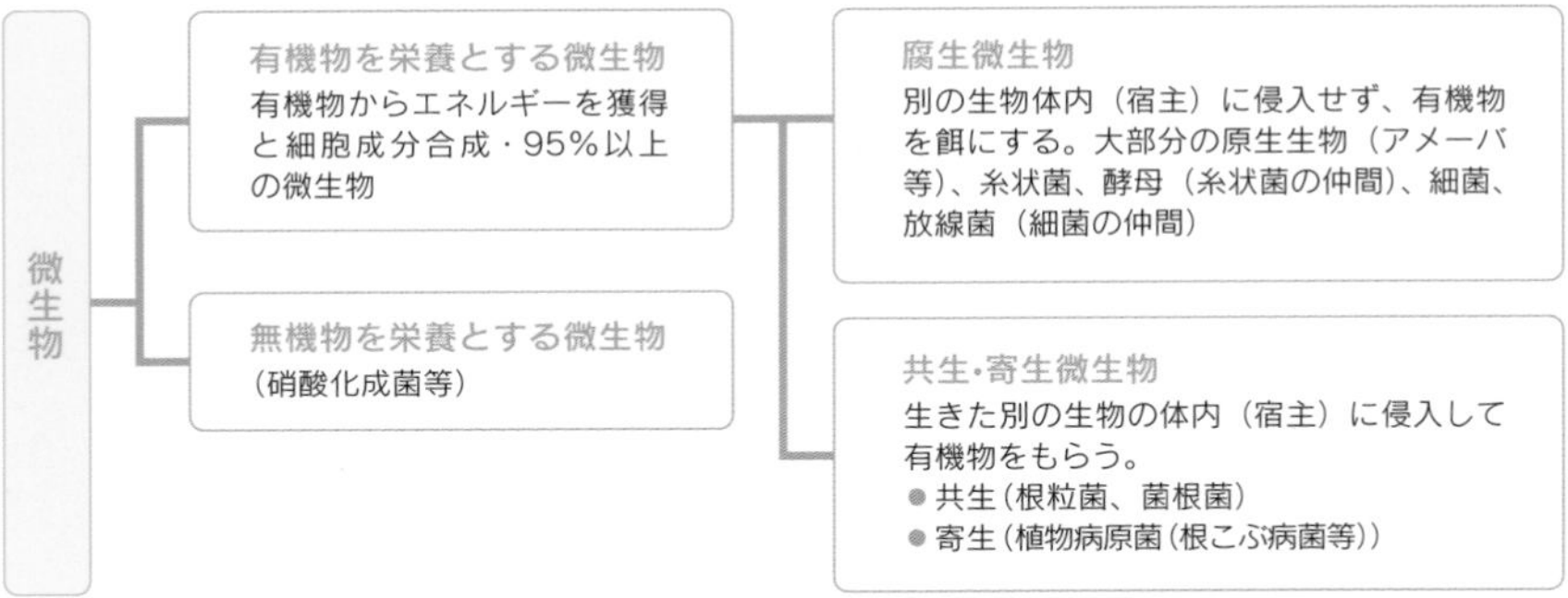

微生物
有機物を栄養とする微生物
有機物からエネルギーを獲得と細胞成分合成・95％以上の微生物
無機物を栄養とする微生物
（硝酸化成菌等）
腐生微生物
別の生物体内（宿主）に侵入せず、有機物を餌にする。大部分の原生生物（アメーバ等）、糸状菌、酵母（糸状菌の仲間）、細菌、放線菌（細菌の仲間）
共生・寄生微生物
生きた別の生物の体内（宿主）に侵入して有機物をもらう。
● 共生（根粒菌、菌根菌）
● 寄生（植物病原菌（根こぶ病菌等））

餌による土壌微生物の分類

◇土壌微生物相の多様性は病原微生物の侵入を阻む

作物の根はアミノ酸、有機酸、糖等を分泌するが、これらは土壌微生物にとって絶好の餌となり、根の周囲に群がる。根と根の影響の及ぶ範囲の土壌を根圏と呼ぶが、こうした根圏土壌では土壌微生物の密度が高い。

根圏微生物相が多様であると、病原微生物の増殖が抑制されることが知られている。これは、非病原菌と病原菌の間で餌と棲み場所を巡って競争が起き、素早く増殖した非病原菌が多く占めるとともに、病原菌と拮抗関係にある微生物が、少数の病原菌を排除するからである。実際に無菌状態にした作物に少量の病原菌を接種すると、ほぼ全部の作物体が病気になるが、同時に少量の非病原微生物を接種すると、病気になる作物体がかなり減る。

同様に、自活性センチュウのように作物に被害を与えないセンチュウが増加すると、作物に害を与えるセンチュウは増加しにくくなる。病原微生物の侵入を抑制するためには、根圏微生物相の多様化が重要で、そのためには、堆肥等良質な有機物の施用が効果的である。

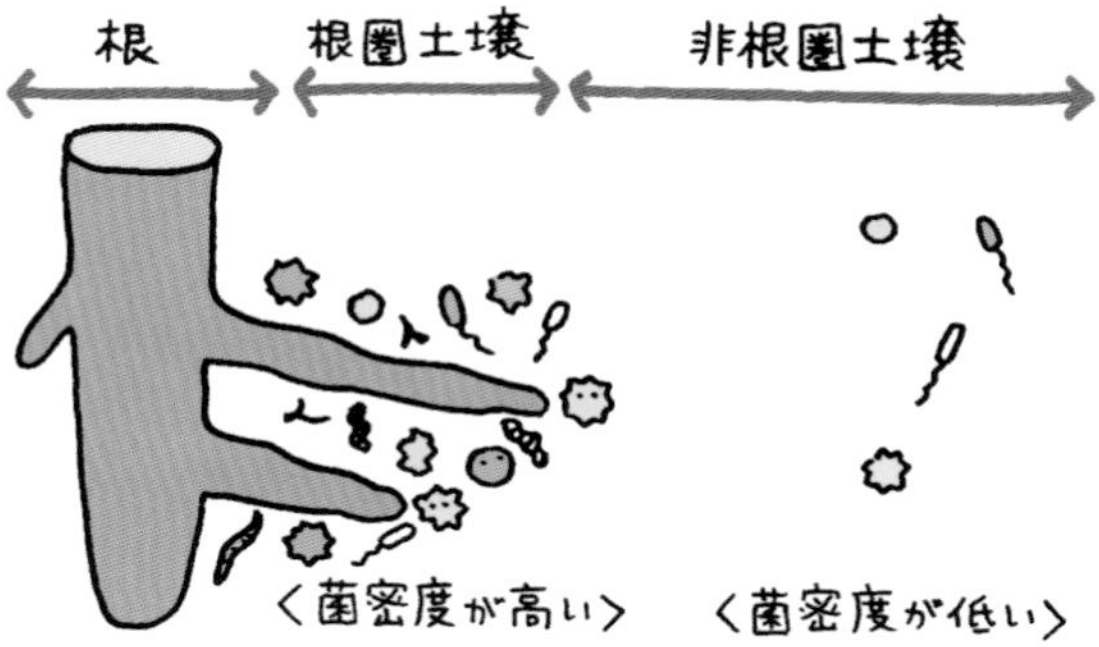

根圏土壌、非根圏土壌と土壌微生物の密度

◇病気を起こす土壌病原菌の多くは糸状菌

土壌微生物のなかには、作物体内へ侵入し、作物体内で増殖して病気を起こす菌がいる。こうした病原菌による作物への被害の特徴で病害の種類は、柔組織病、導管病、肥大病の3つに大別される。

柔組織病は、地下部の茎、根等に感染した病原菌で、組織が壊死を起こす。苗で発生すると苗立枯病、生育した作物では根腐病と呼ばれる。導管病は根等から感染した病原菌が導管で増殖し、導管の閉塞等で水の上昇が妨げられ、地上部が萎凋する。肥大病は、感染組織の細胞が異常に分裂、肥大するためコブ状の肥大を起こす。これらの病気を起こす土壌伝染性病原菌の種類には、細菌、放線菌、糸状菌があり、なかでも糸状菌による病気が多い。

◆病原微生物は餌や耐久体を形成し、感染源となる

病原菌の作物体への浸入経路は様々である。糸状菌の場合、感染源となるのは通常、胞子（厚膜胞子、休眠胞子、分生胞子）や菌糸の集合体としての菌核などの耐久体である。耐久体は、餌や水の乏しい状態で長期間生き残るための特殊な生命形態である。これらの耐久体は根が伸びてくると、根からの分泌物に反応して発芽し、菌糸を伸ばして根面に定着して浸入する。

作物体に浸入すると、その体内や表面で分生胞子などを形成して増殖する。その作物体（宿主）が枯死または収穫されると、遺体や残さ上でしばらく増殖しつつ耐久体を形成する。その後、餌の枯渇、乾燥や他の土壌微生物の攻撃を受けて死滅するものもあるが、生き残った耐久体が次に作付けされる作物への感染源となる。

この時、栽培間隔が短く、すぐに作物体（宿主）が栽培されれば耐久体だけでなく、菌糸や分生胞子等も感染源となり、感染率が高くなる。生きた作物のみで増殖でき、作物体（宿主）が枯れた後は耐久体のみで生き延びる根こぶ病などでは、それまでに形成された休眠胞子が次の栽培作物まで土壌中で耐えて感染源となる。

◆増加するセンチュウ害

センチュウは、①他の小さい生物を餌とするもの（捕食性センチュウ）、②動植物の遺体を餌とするもの（腐生性センチュウ）、③作物の根等に寄生するもの（寄生性センチュウ）があり、大多数のセンチュウは①と②である。農作物に大きな被害を及ぼすのは寄生性のセンチュウで、主なものとして①ネコブセンチュウ、②ネグサレセンチュウ、③シストセンチュウがあり、それぞれのセンチュウのなかにもいくつかの種類がある。

キュウリネコブセンチュウの被害
（写真提供：HPさいたまの農作物病害虫写真集）

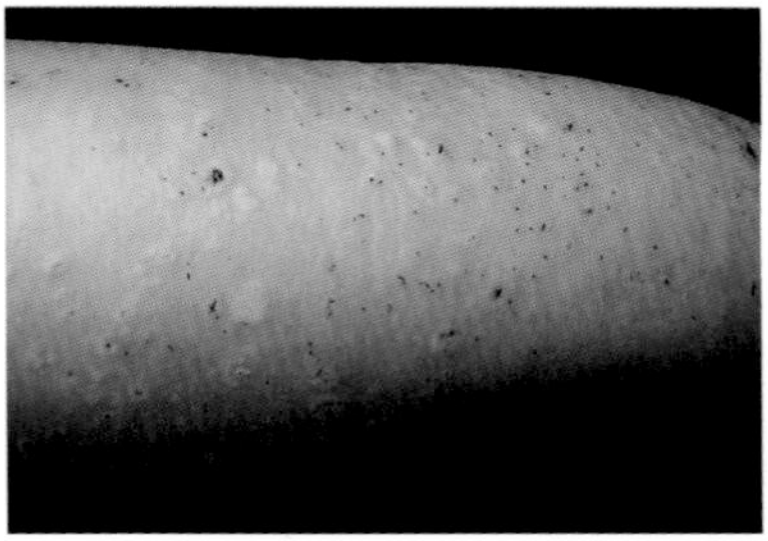

ダイコンネグサレセンチュウの被害
（写真提供：HPさいたまの農作物病害虫写真集）

センチュウによる作物被害は、最近、増加している。センチュウの被害が軽い時には、センチュウが寄生しても外観からは生育に変化が見られずに、徐々に生育が悪くなる。また、センチュウは、寄生の際にできた傷口から他の病原菌を感染、侵入させて発病を助長させる。こうしたセンチュウと病原菌との複合病が多く見られる。

ネコブセンチュウは、野菜、果樹、樹木など多くの植物に寄生し、根に瘤を作り、作物の症状としては草丈伸長の抑制、萎れなどが起こる。シストセンチュウは、ジャガイモに大きな被害を与えるジャガイモシストセンチュウでよく知られる。ジャガイモ等、特定の作物に被害を及ぼす。ネグサレセンチュウは、畑作物、樹木等の多くの植物に被害を起こす。宿主の根、塊茎、塊根等、感染部位に褐色の壊死病斑を生じさせ、被害が進むと根腐症状を呈し、根の発達が阻害される。

◇センチュウ類は地温上昇で卵が孵化し動き出す

センチュウ類は、冬は卵の状態や植物の根に寄生した成・幼虫で過ごし、地温上昇にともなって卵が孵化する。孵化した幼虫は、土中を移動して根の生長点付近から根のなかに侵入し、作物（寄主）に被害を及ぼす。

ネコブセンチュウは、地温10℃以上になると活動を始める。1世代は、夏で25～30日間位、卵は15℃以上で孵化し、年間数世代を経過し、作物体（宿主）に大きな被

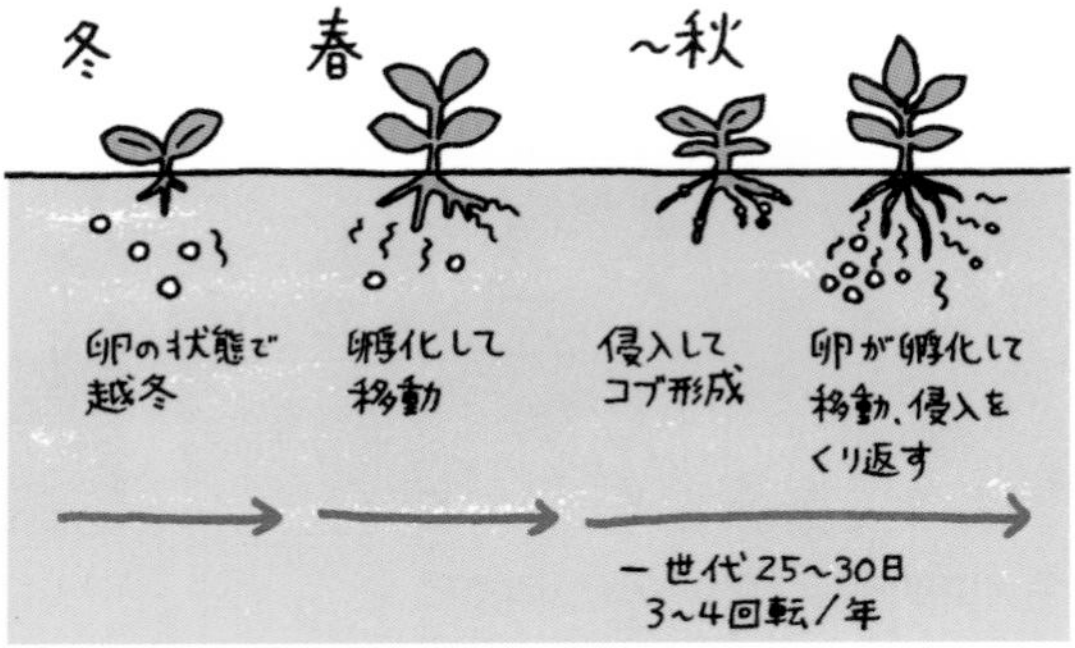

ネコブセンチュウのライフサイクル

害を与える。ネグサレセンチュウは、地温15℃前後から活動を始める。産卵は根の組織内で行われ、その孵化幼虫は根のなかを加害移動しながら成虫となる。成虫は根が腐敗したり、条件が悪くなるといったん組織外に出て、次々と新しい作物体（宿主）を求め、移動、侵入をくり返す。

❷ 土壌病原菌、有害センチュウの測定と診断方法

土壌病害、センチュウ害の被害に遭った場合には、その要因となっている病原菌や有害センチュウを特定する必要がある。また、被害を未然に防ぐには、土壌病原菌や有害センチュウの棲息密度を低下させたり、被害に遭いにくくする対応を行う必要がある。そのために土壌病原菌や有害センチュウの特定とともに、棲息密度を調べる必要がある。

土壌微生物やセンチュウの測定や診断は、専門の機関に依頼する。

◇測定法

細菌、放線菌、糸状菌の測定方法としては培地上に生育させ、そのコロニーを計数する希釈平板法や、直接顕微鏡下で計数する直接顕微鏡法などがある。希釈平板法は、生菌数測定に広く用いられている方法である。培地上で菌の培養後に出現するコロニーを肉眼、ルーペ、顕微鏡等により観察し、細菌、放線菌、糸状菌に分けて計数する。ナス等の青枯病については選択的に培養できる培地があり、土壌中の菌数を調べることができる。

センチュウの測定は、土壌から分離したセンチュウを、実体顕微鏡で観察しながら、ネコブセンチュウ、ネグサレセンチュウ、シス

トセンチュウと種類別に分けながら計数を行うもので、センチュウの種類とその密度を調べる。最近では、培養できない土壌微生物も測定できる、遺伝子分析による方法が普及してきている。

◇診断法

土壌微生物相の健全性を診断する方法として、土壌微生物の種類のバランスを見る診断法がある。植物の病気の多くは糸状菌が原因とされており、悪い影響を及ぼす糸状菌に対して、それを抑え込む細菌等の微生物が多く存在すると糸状菌による病気は少なくなる。こうしたことから、糸状菌、細菌、放線菌のバランスを見る方法が用いられている。

具体的には細菌数／糸状菌数（B／F）値や、放線菌数／糸状菌数（A／F）値を求め、微生物相の健全性を見る指標としている。放線菌数／病原菌（フザリウム菌）数と細菌数／病原菌（フザリウム菌）数との比は、大きいほど病原菌を抑え込む力が強いとの見方ができる。この他、土壌微生物多様性・活性を評価する方法や土壌、堆肥等が持つ土壌病原菌抑止力を評価する方法がある。土壌病原菌抑止力は、土壌や各種資材中に生存する微生物と病原菌を同時培養し、病原菌の菌糸伸長の範囲を測定し、菌糸伸長の抑止程度から抑止力を評価する。

さらに、最近では遺伝子分析により、土壌微生物相の健全性や病原菌、有害センチュウの特定を行う方法が普及してきている。

❸ 土壌病害、センチュウ害の抑制対策

土壌病害、センチュウ害の被害を抑制していくためには、まず土壌環境を健全にしていくことが基本である。そのためには、被害の発生を極力抑制する土壌管理、施肥管理が重要である。また、産地の事情等から導入が困難なこともあるが、極力連作しない作付け体系にしていくことも重要である。ハウス栽培のように連作せざるを得ない場合には、土壌病原菌、有害センチュウ密度が高まってくるが、そうした場合には熱による土壌消毒、抑制資材の活用、さらに被害が大きくなった場合には農薬による土壌消毒を行わざるを得な

い。この他の土壌病害等の耕種的対策としては、抵抗性品種や台木の導入がある。

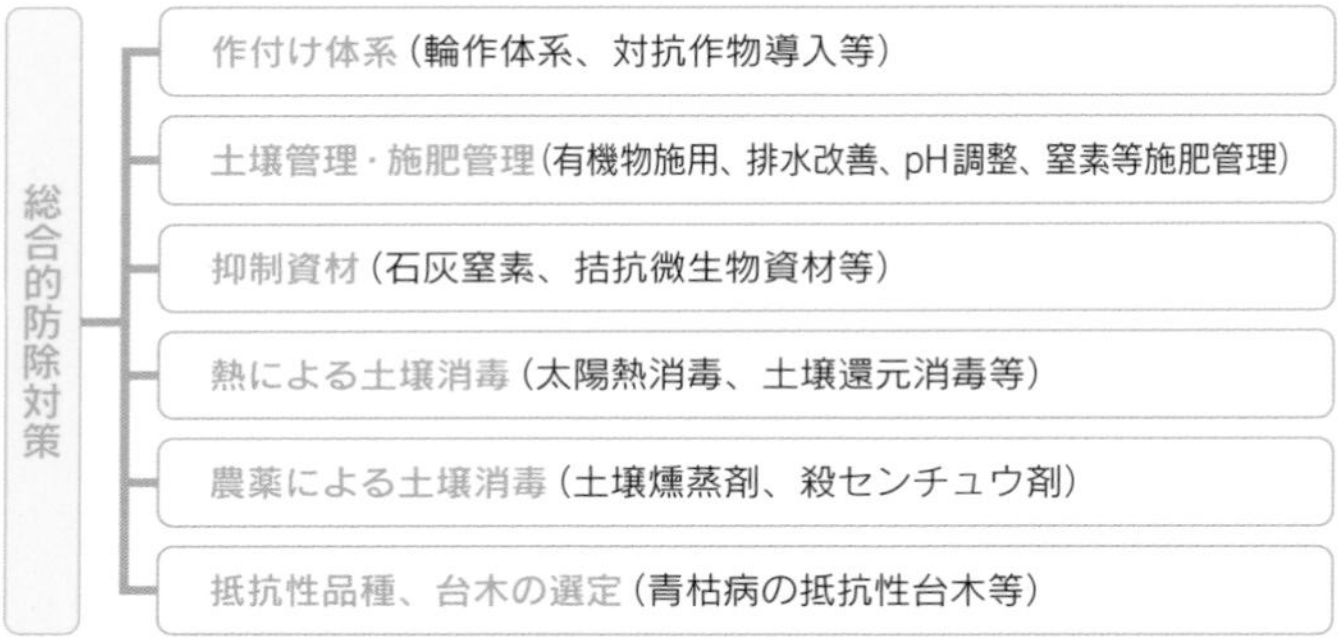
総合的防除対策
作付け体系（輪作体系、対抗作物導入等）
土壌管理・施肥管理（有機物施用、排水改善、pH調整、窒素等施肥管理）
抑制資材（石灰窒素、拮抗微生物資材等）
熱による土壌消毒（太陽熱消毒、土壌還元消毒等）
農薬による土壌消毒（土壌燻蒸剤、殺センチュウ剤）
抵抗性品種、台木の選定（青枯病の抵抗性台木等）

総合的土壌病害防除対策の体系

被害が拡大した場合には、土壌消毒によって土壌病原菌、有害センチュウの密度を下げてから密度の高まらない方法を採用し、被害の抑制を図ることが必要である。

土壌病原菌や有害センチュウは絶滅させることが困難なので、土壌病害、センチュウ害の対策を総合的に行い、密度を下げ発病を抑止していくことが重要である。そのための総合的な防除対策の体系を上の図に整理した。

◇作付け体系の改善

●輪作体系は病原菌等の密度を低下させる

輪作体系の実施は、連作による土壌微生物相の単純化や病原力の強化を防ぎ、病原菌密度の低下を図る効果がある。

また、輪作体系のなかで田畑輪換は微生物相の変化をともなうので、病原菌等の密度をより積極的に低下させることができる。

田畑輪換は、水稲と畑作物を数年ごとに交替利用する方式で、水田の雑草を抑制する効果もある。

しかし、病原菌のなかには休眠胞子等で長期間生存するものや宿主範囲の広い菌も存在し、センチュウも同様に宿主範囲の広いものが多い。こうしたことから、輪作体系のみで土壌病害、センチュウ害を抑止することは難しい。

一般に、病原菌密度が高い場合には輪作による発病抑制効果が発現するまで長期間を要する。輪作は土壌中から病原菌を完全に除去するものではなく、病原菌の密度を低いレベルに維持していくものなので、病気の汚染の進む前に輪作に踏み切る必要がある。

また、輪作体系は病原菌密度の低下のみならず、同一作物を連作した場合に一定の養分が蓄積しがちになるのを防ぎ、養分過剰や養分バランスの崩れによる生育障害を起こしにくくする。これによって作物が健全に生育し、土壌病害やセンチュウ害に罹りにくくする効果もある。

●対抗作物の導入も効果的

輪作体系に組み込む作物については、一般に異なった科の作物と組み合わせるのが良いといわれている。病原菌や有害センチュウの種類によっては多犯性のものもあるので、極力被害を受けにくい作物を選択することが望ましい。こうしたことなどから、一般にイネ科作物を組み込むと良いとされている。

輪作体系に組み込み、センチュウ害を積極的に抑制することのできる作物として対抗作物がある。対抗作物とは、それを栽培することによって土壌中のネグサレセンチュウやネコブセンチュウ等の有害センチュウ類を顕著に減少させる作用を持つ作物のことをいう。一般には、キク科のマリーゴールド（ネグサレセンチュウ）、マメ科のクロタラリア（ネコブセンチュウ、ネグサレセンチュウ、シストセンチュウ）、イネ科のギニアグラス、ソルガム（ネコブセンチュウ）、エンバク（ネグサレセンチュウ）等が知られている。この導入に当たっては、対抗作物の品種によって効果が異なるので品種の選定が重要である。

対抗作物は、ただ栽培すれば良いわけではなく、栽培期間が重要である。ネグサレセンチュウ対策としてマリーゴールドを栽培する場合には、少なくとも2～3ヵ月程度の期間、作付けする必要がある。

◇土壌管理・施肥管理による発生抑止対策

●pHの変化で病原菌の発生状況が異なる

土壌の化学性と土壌病害の発生については、特に土壌pHとの関連が深い。概して糸状菌による病気は、土壌pHが酸性で多発し、アルカリ性で少なくなる傾向にある。

アブラナ科の根こぶ病（原生生物）はpHの影響が大きく、土壌

pHを7・0程度に調整することで、遊走子の鞭毛が動けなくなり、感染しにくくなるといわれている。ジャガイモのそうか病（放線菌）はpHが中性域に近づく程発病が激しくなるので、主要産地の北海道、長崎県ではpH5・0前後にするよう指導している。

●肥料養分の過不足によって病害発生が相違する

肥料養分の過不足は土壌病害発生への影響がある。

●堆肥等、有機物は発病を抑制

堆肥を始めとして、良質な有機物の施用は一般に根圏微生物の多様性をもたらし、土壌病害を抑止する効果がある。施用した有機物の種類（鶏ふん、豚ぷん、牛ふん、バーク堆肥類、青刈り作物等）で発病が軽減される病害と助長される病害とがあり、一般に生の畜産廃棄物と比較して堆肥化したもので病害軽減事例数が多い。また、有機資材のなかでもカニ殻等キチン質を含むものはキャベツ萎黄病等の抑制効果が認められている。

◇土壌病害、センチュウ害抑制資材の活用

土壌病害、センチュウ害の抑制に効果のある資材が市販されている。古くからある石灰窒素をはじめとして最近では微生物資材、機能性堆肥などが開発されてきている。対象となる土壌病害、センチュウ害や作物の種類は限定されるが、環境負荷を与えにくい資材であり、他の対策と併用し、効果を高めるなどの使い方ができる。

石灰窒素は窒素肥料として知られているが、国産石灰窒素はハクサイ、キャベツの根こぶ病や野菜類、豆類、イモ類の有害センチュウ類に対して農薬登録されている。

この他、現在、適応作物や適応する土壌病害やセンチュウ害の種類は少ないが、微生物を活用した土壌病害やセンチュウ害の抑制資材が開発され農薬登録されている。

◇熱による土壌消毒

熱を利用する土壌消毒法としては、太陽熱土壌消毒、土壌還元消毒、蒸気土壌消毒、熱水土壌消毒がある。これらの方法は熱により病原菌、有害センチュウなどを死滅させるもので、残留性がなく耐性菌も発生しない、比較的環境に優しい方法である。

熱を利用する土壌消毒法のなか

肥料養分と土壌病害発生との関係

養分	土壌病害への影響
窒素	窒素過剰により作物体が軟弱に育ち、病害虫の被害を受けやすくなる。特に窒素過剰になると病害抵抗性に関与するフェノール化合物が減少し、リグニン含有率も低下する。
リン酸	多くの土壌病害において、リン酸過剰は発病を助長する傾向があるとされている。
カルシウム	作物体中のカルシウム含有率が低下すると、一般に病原菌に侵入されやすくなる。石灰施用で減少する病害には、キュウリ、スイカのつる割病、トマト、ゴボウの萎凋病等がある。
マンガン	マンガンは作物体のリグニンの生合成に必要な微量要素で、マンガンが不足すると土壌病害に罹りやすくなる。

では、太陽熱土壌消毒、土壌還元消毒が最も多く普及している。

太陽熱土壌消毒は、栽培休閑期に太陽熱を利用し、ハウス内を密閉して比較的低い温度(40℃以上)を長期間（おおむね14~20日）持続させ、有害な病害虫を選択的に死滅させる方法である。特に病原菌として多い糸状菌には、熱に弱いものが多く、こうした熱に弱い菌やセンチュウの密度を下げる効果が、あり、熱に強い放線菌や細菌が生き残る。

太陽熱利用の欠点は、高温が持続する夏場しか行えないことで、期間が限られていることや、寒冷地では温度が上がりにくいことである。そこで開発されたのが土壌還元消毒法である。

土壌還元消毒は、太陽熱土壌消毒より低温（35℃以上）で効果が得られる。これまでの太陽熱土壌消毒と異なるのは有機物を混入し、強い還元状態にすることである。いろいろな有機物を試験したなかではショ糖が最も効果が高く、次いでふすまとなっており、通常、ふすまや米ぬかが用いられる。

この両者の熱源は太陽熱であるが、土壌を湛水することが重要である。湛水することによって土壌中の酸素が欠乏した状態になり、酸素を必要とする病原菌や有害センチュウは比較的低温で死滅しやすくなる。また、水は熱の媒体として温度の上昇と蓄熱に役立つ。

太陽熱土壌消毒や土壌還元消毒は、化学合成農薬や蒸気消毒に比べるとややマイルドな消毒法で、有用微生物を全滅させるのでなく、有効菌もある程度生存させるので、消毒後の病原菌の再汚染防止効果が高い。

この他、熱利用による消毒法では、蒸気等利用による土壌消毒法がある。太陽熱土壌消毒の実施は高温の時期に限られるが、蒸気等を利用する場合は時期が限定されず、短期間に行えるメリットがあるが、重油を用いる等コストがかかる。

◇化学合成農薬による土壌消毒

土壌病原菌や有害センチュウの密度が高くなった場合の方法として、化学合成農薬の使用がある。これは太陽熱土壌消毒のように利用時期に制限されにくいという特色がある。化学合成農薬としてはクロルピクリンやD－D、メチルイソチオシアネート、ダゾメット、カーバム剤などがある。これらを利用するときはガス抜きが必要で、防毒マスクの着用が必要である。

作物の生育障害

❶ 土壌管理以外の要因も生育障害の原因となる

近年、農作物の生育障害（品質障害含む）の発生が多くなってきているとともに、その要因も多様化してきている。農作物の生育障害の要因は土壌管理のみではなく、気象環境の変化等、様々な要因が関係して発生している。このような生育障害が多く発生するようになってきた背景として、同一作物の連作の実施、耕盤形成等の不適切な土壌施肥管理が挙げられる。

一方、ハウス栽培の普及による作物生育環境の変化や、近年の温暖化など気象環境面が引き金となって生育障害が発生する例も多くなってきている。最近問題になっている高温による水稲の品質障害は、気象環境の変化とともに、作土深が浅くなっている等の土壌環境の変化も重要な要因となっている。土壌が関連する作物生育障害の発生タイプを図にした。

	生育障害の発生タイプ	内　容
生育障害の発生	土壌の化学性・物理性・生物性に起因する生育障害	・pHの異常、高塩類濃度、各種養分の欠乏・過剰 ・土壌の過湿、通気性不良、硬盤形成、作土の浅層化 ・土壌病害、センチュウ害の発生等
	資材の使用に起因する生育障害	・未熟堆肥等の使用による障害、施設内におけるアンモニアガス等の障害
	環境変化に起因する品質障害	・高温障害、樹勢と結実とのバランスの崩れによる障害

土壌が関係する作物の生育障害とそのタイプ

❷ 生育障害の要因が多様化

作物生育障害の要因は大きく以下の3つに分けることができる。

◇土壌の化学性・物理性・生物性に起因する生育障害

●土壌の化学性

近年、特に重視する必要がある診断項目は、土壌pHと電気伝導度（EC）である。

pHは酸性、アルカリ性に傾くことによって養分の溶解性に影響し、土壌中に必要な養分があっても吸収されにくくなったり、土壌病害の発生に影響したりする等、その影響の及ぶ範囲が広い。

電気伝導度（EC）も影響の及ぶ範囲が広い。ECの高まりは塩類濃度による生育障害のみではなく、カルシウム等の吸収を阻害する。

この他、塩基類は相互に拮抗作用があるのでそのバランスが重要

土壌の化学性、物理性、生物性に関する主な生育障害

区分	主な障害要因	土壌の化学性、物理性、生物性と生育障害
土壌の化学性	pH	・pHが高い…マンガン、ホウ素の欠乏障害、ジャガイモそうか病の発生拡大。 ・pHが低い…アルミニウムの溶出による障害、マンガン過剰症、根こぶ病等糸状菌による土壌病害の発生拡大。
	電気伝導度（EC）	・ECが高いことによる作物の萎れ、発芽障害、カルシウム欠乏症等。
	養分の過不足	・養分欠乏による作物の生育・収量に最も影響のあるのは窒素で、次いで一般的にリン酸の影響が大きい。 ・養分欠乏には、土壌中の養分が不足するのみでなく、土壌が乾燥すると吸収されにくくなり発生するカルシウムやホウ素のように、欠乏症が発生するものもある。 ・養分過剰で作物生育・収量に最も影響が現れやすいのは多量要素では窒素である。また、微量要素のなかではホウ素の適正濃度範囲が狭く、過剰障害が発生しやすい。
土壌の物理性	排水性、通気性	・排水性が不良な土壌は湿害が発生しやすい。土壌病害のなかで遊走子を持つ根こぶ病等は、排水不良地で被害が拡大する。
	硬盤形成	・土が硬く、根の張りが悪くなって生育が劣る。ダイコン等の根菜類については品質が低下する。
土壌の生物性	土壌微生物相単純化	・連作等の土壌微生物相の多様性低下などにより土壌病害、センチュウ害の被害が拡大しやすい。

で、バランスが崩れると欠乏症が発生しやすい。

●土壌の物理性

土壌の物理性では、畑地、樹園地において、特に圃場の排水性、通気性等が問題となっている。そうした問題圃場では根が湿害の被害を受けやすくなるとともに、野菜畑では根こぶ病、青枯病等の発生が多くなる。また、大型農業機械の普及により、作土層下に硬盤が形成される例が多い。硬盤が形成されると排水が不良になるとともに、根の伸びる範囲が狭くなり、生育が劣るようになる。特にダイコン、ゴボウ等根菜類では良品が生産できない。

●土壌の生物性

アンケート調査等によると、農家が現在、最も悩んでいる土壌の生物性の問題はネコブセンチュウ等のセンチュウ害であり、土壌病害ではトマト等の青枯病、キャベツ等の根こぶ病、コマツナ、キュウリ等の苗立枯病等である。こうした土壌病原菌や有害センチュウによる被害の拡大は、①連作が多くなってきたこと、②養分過剰やバランスの問題で病虫害に罹りやすくなってきたこと、③大型農業機械での不適切な作業による硬盤の形成、④水田転作地の排水不良圃場での作物栽培が広がってきたこと等が要因として挙げられる。

◇有機質資材による生育障害

有機質資材の品質や使用法に起因する生育障害がある。肥料による生育障害は、特に有機質資材が問題となる。有機質資材のなかで

有機質資材の品質や利用法が適切でないことによる作物の生育障害

区分	主な障害要因	有機質資材と生育障害
堆肥	未熟堆肥の施用	腐熟過程で発生する有機酸等の有害物質によって根が障害を受ける。
	C／N比の高い堆肥施用	C／N比25以上の堆肥等の有機質資材のみを施用した場合には、窒素飢餓が発生しやすい。
	ECの高い堆肥施用	ECが高い堆肥を育苗に利用すると発芽障害が発生することがある。
	堆肥の過剰施用	水稲では堆肥の過剰施用により倒伏し、収量、品質が低下しやすい。
有機質肥料	有機質肥料の利用方法	油かす等の有機質肥料を土壌に混和施用したすぐ後に播種を行うと、発芽障害が発生しやすい。
	ハウス内で生の有機質肥料の多量施用	有機物の分解によってできたアンモニアがハウス内温度の急激な上昇にともないガス化し、作物に障害を与える。

生産量の最も多い堆肥では、未熟堆肥の利用によって生育障害が発生する例が見られる。特に育苗や根菜類への利用では障害の発生が大きい。

堆肥の品質特性を確認しないで利用することによる生育障害もある。炭素率（C／N比）の高い堆肥を利用することによる窒素飢餓の発生や、電気伝導度（EC）の高い堆肥利用による発芽障害の発生等である。また、堆肥は多く施用すれば生育が向上すると考えて、必要以上に多量に施用して失敗する例も見られる。水稲では堆肥の多量施用によって倒伏し、収量、品質が低下しやすい。

有機質肥料については使用法が適正でないため生育障害が発生することがある。土壌中に生の有機質肥料を施用すると微生物による分解が開始され、発熱するとともに、有害な物質が発生し、発芽などが抑制されることがある。一定期間を過ぎて播種することが必要である。

この他、ハウス栽培で油かす等、窒素を多く含む有機質肥料を多量に施用し、ハウス内の温度が急激に上昇した場合には、有機物の分解過程で発生するアンモニアガスがハウス内に充満し、これによって作物の葉に障害が発生することがある。

このように、資材の使用に起因する生育障害は、資材の特性をよく理解していなかったために発生する。有機質資材の特性や適切な利用法については、特に理解を深めておく必要がある。

◇環境変化に起因する障害

作物の生育は基本的に気象環境の変化を受けやすく、温度条件、日照条件等によって作物の生育や収量、品質は大きく左右される。近年問題となっている障害は、水稲の高温による玄米の品質低下や、キュウリ、トマト等果菜類の環境変化にともなう果実の奇形果発生である。

●水稲の高温障害

近年、高温による水稲玄米の外観品質の低下が主に関東以西の広い地域で発生している。特に、玄米の胚乳部に白濁を生じる白未熟粒の発生は、1等米比率が低下する要因となるので大きな問題となっている。

高温障害が発生しやすくなった栽培環境要因としては、夏季の気

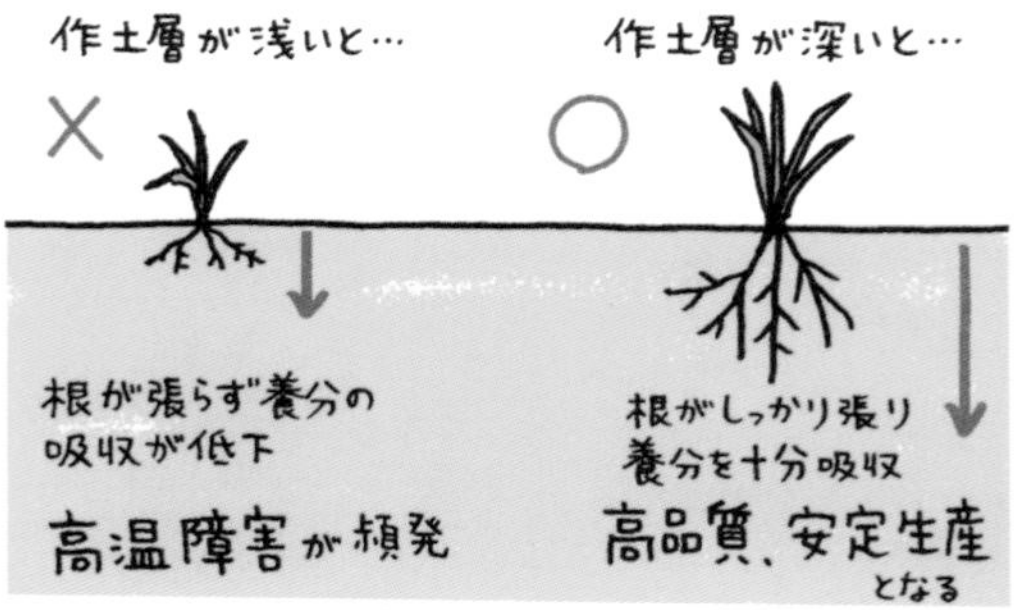

水稲の高温障害について

温の上昇と移植時期の前進により、登熟期がより高温の時期に遭遇しやすくなったことが挙げられるが、土壌環境の変化も高温障害を発生しやすくしている。

白未熟粒の発生には気象要因だけでなく、施肥管理や作土深も大きく関わっている。近年、良食味米志向が強まり、玄米タンパク質を低く抑えるために窒素施肥を控える栽培が一般化しており、こうした低窒素条件下で発生が高まる。また、堆肥等、有機質資材の施用量が減少してきていることも地力窒素の発現量を少なくしている。

近年、作業の効率性の向上等が背景となり作土深が浅くなってきているが、これも高温障害を受けやすくしている。作土層が浅いと根の張りが浅くなり、窒素の吸収が少なくなるとともに、温度の高い表層部に多く根が分布することにより高温障害を受けやすくしている。

●果菜類、果樹の生理障害

果菜類と果樹のように果実を収穫するものも、気象要因との関係で障害が発生しやすい。果菜類や果樹においては、果実の結実が作物体の樹勢と密接に関係していて、一般に樹勢が強過ぎると果実の品質は良くないといわれている。

高温、日照不足等、気象環境の変化とあいまって養水分管理が不適切であると、樹勢にばらつきが生じ、果実に障害が発生する。特にトマト、キュウリ等果菜類は栄養生長と生殖生長が並行して進む

トマトの乱形果

乱形果は果実が楕円形や分裂したようになって果形が乱れたものであり、乱形果の形状により窓あき果、チャック果等がある。（写真提供：HP埼玉の農作物病害虫写真集）

気象環境と土壌環境の変化によって発生する品質障害

作物	主な障害要因	品質障害の発生と土壌管理の変化
水稲	高温傾向と土壌管理の変化	水稲登熟期の高温により、玄米の胚乳部に白濁を生じる白未熟粒の発生が多く見られる。土壌環境面では作土深が浅くなってきていることや、窒素施肥を控えるようになってきたこと、ケイ酸施用が少なくなっていることが発生を多くしている。
果菜類・果樹	樹勢と果実結実のバランスの崩れ	果菜類ではトマトで樹勢が強過ぎ、低温が続くと乱形果が発生しやすい。キュウリでは日照不足や養分不足等で樹勢が低下すると、曲がり果が発生しやすい。 果樹のリンゴでは、排水不良で樹勢が強いとつる割れ果が発生しやすい。

ことから、そのバランスが重要である。

トマトでは樹勢が強過ぎ、花芽分化期に低温が続くと乱形果が発生しやすくなる。樹勢は窒素過剰等、養水分管理が不適切であると強くなり過ぎる。トマトでは、こうした養水分管理や気象の変化が要因となり樹勢と果実結実とのバランスが崩れることによって発生する障害が多い。

キュウリも、樹勢と果実結実とのバランスが崩れることによって発生する障害が多い。キュウリで多く見られる曲がり果は、樹勢が弱ってきた時に発生しやすい。曲がり果は、株が若く、草勢の強い収穫初期には発生は少ないが、日照不足や乾燥条件とあいまって肥料不足の状態になると、樹勢が弱まり発生しやすくなる。

果樹でも樹勢と果実結実とのバランスが崩れることによって発生する障害が見られる。リンゴのつる割れ果は、近年、主力品種「ふじ」を中心に多く発生しており、問題となっている。8月に雨量が多い年に発生が多く、また、排水不良園、リンゴの樹勢の強い園ほど発生が多くなる傾向が見られている。このように、つる割れ果の発生には土壌管理が関係しており、排水対策や窒素の適正施肥が重要となっている。

土壌改良と有機物利用

❶ 圃場の選定

◇圃場選定の考え方

一般に土作りの観点から土壌改良の課題から入っていくのが通常であるが、土壌の通気性、排水性に問題があって簡易な土壌改良で改善できないようであれば、別の圃場を選ぶ必要がある。

また、土壌病害やセンチュウ害が発生している圃場の場合も、土壌病原菌等に汚染されていない圃場を選定するか、問題のない作物を栽培するのがよい。このように圃場の選定はその後の栽培管理を容易にするために大変重要なことである。

◇圃場選定の留意点

作物栽培するに当たって「圃場の選定」が重要なのは、露地栽培の野菜、草花、畑作物とともに、果樹栽培で苗木を新植したり改植したりする場合である。

特に圃場の排水性は土壌の種類、土性、地形、地下水位等が関係しており、こうした特性はその後、排水対策を行っても改善が困難な場合が多い。野菜、草花は一般に通気性、排水性の良い圃場を好む。したがって、野菜類等の栽培は、排水の良い圃場を選択して行う必要がある。野菜類のなかで

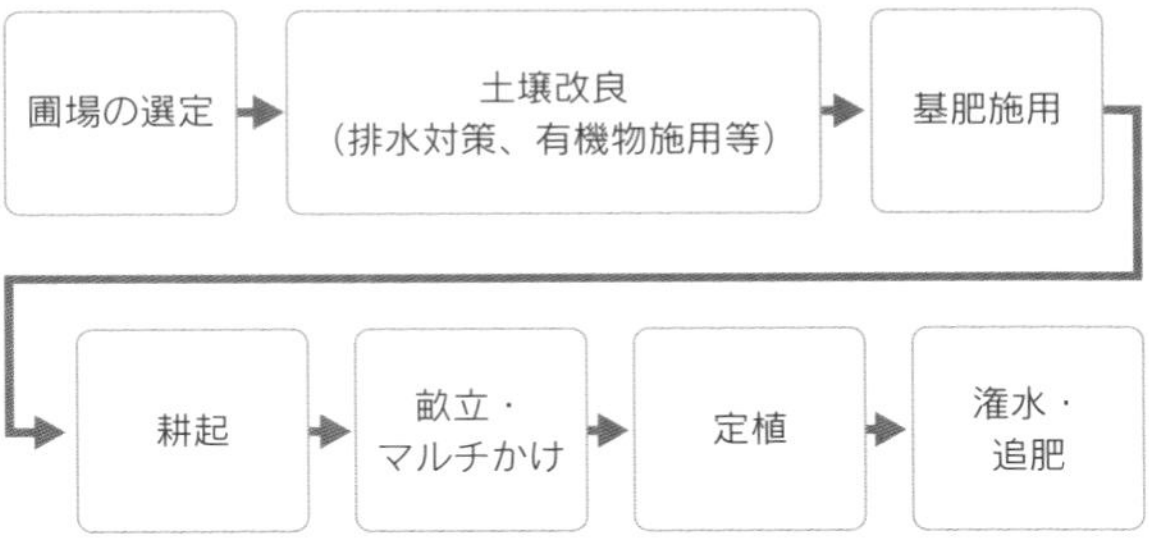

作物栽培で土壌・施肥管理が関係する作業
（野菜・畑作物中心の場合）

比較的、水分が多い状態でも生育するのはサトイモ等であり、やや排水の悪い圃場ではこうした作物を選択する必要がある。

主な土壌、施肥管理の内容と留意事項

作業区分	内　容	留意すべき事項
圃場の選定	圃場の排水性、土壌病害、センチュウ害の発生状況等	作物特性との関係で適圃場の診断
土壌改良・耕起	硬盤破壊、明渠、弾丸暗渠（水田）、湛水除塩等 堆肥等有機物施用、緑肥作物すき込み、石灰等施用、深耕、高畝栽培等	適切な機械の種類等 堆肥や緑肥作物の種類別特性、施用方法等
基肥施用	全面全層施肥、局所施肥等 肥料の特性を踏まえた施肥等	基肥肥料の種類と施用量
追肥・潅水	追肥の時期、肥料の種類等	追肥に適した施用法（施肥、潅水同時施用等）

　畑作物では麦、大豆は湿害に弱い作物であるので、排水の良い圃場を選ぶ必要がある。特に麦、大豆は比較的排水に問題の多い水田転換畑で作付けされることが多く、湿害が発生しやすい。

　なお、水田で麦、大豆といった畑作物を栽培する場合は、隣接水田から水が浸み込んでくるので、団地的に麦、大豆を作付けすることが望ましい。

湛水田の隣の圃場で発生した麦の湿害

（写真提供：（独）農研機構中央農研提供）

　また、ダイコン、ゴボウ等の根菜類は、下層に礫が多い圃場では良品の生産は望めず、有効土層の深い圃場を選択する必要がある。

　土壌病原菌、有害センチュウについては、作物栽培後も病原菌やその胞子、センチュウ等が残存している。このため、土壌病害やセンチュウ害の発生が多く見られている圃場については、その寄主となるような作物の栽培を避ける必要がある。

　永年性作物である果樹では、いったん、苗木を植えるとその圃場で長年栽培することとなるので、圃場の選定が重要である。果樹苗木の新植、改植に当たって、特にモモ、ブドウ等は排水の良い土壌を好むので、そうした圃場を選定する必要がある。

なお、施設園芸では施設が固定している場合が多く、圃場選定がしにくく土壌改良が中心になる。また、水稲の場合も水田で栽培されることから、圃場を選ぶのではなく土壌改良が中心となる。

❷ 土壌改良の対応方法

◇畑地、水田、樹園地別の土壌改良方法

●畑地（露地）

畑地では排水性や通気性の改善が重要である。畑地における排水対策の方法としては、地表面排水対策と地下部排水対策とがある。

地表面の排水対策には、雨水を速やかに圃場外へ排出するため明渠を掘ったり、高畝栽培により地表面に湛水しないようにしたりする方法がある。地下部の排水対策としては、土層内の水を抜くため下層土に亀裂を作り、水の縦浸透を促す弾丸暗渠や心土破砕の方法がある。

土層内に硬盤があることにより圃場の排水性が悪い場合は、深耕、サブソイラなどにより硬盤破砕を行う。

また、通気性を改善するためには、堆肥等有機質資材を施用し、団粒構造の土壌にしていくことが重要である。

畑の栽培期間に余裕があれば、緑肥作物を栽培してすき込むことも土壌の物理性改善に効果がある。緑肥作物は地力増進、物理性改善等、利用目的によって種類を選ぶ必要があり、土壌物理性改善効果の高い緑肥作物としてはソルゴー、青刈りトウモロコシ、ギニアグラ

硬盤破砕前

硬盤破砕後

サブソイラ施工による硬盤破砕による透水性の改善

ス等がある。

作土深については、通常、野菜・畑作物の栽培には25cm以上の作土深が望ましいが、根菜類を栽培する場合は30cm以上、ゴボウでは60cm以上の作土深が必要である。そのため、有機質資材の施用と合わせて深耕することが重要である。

耕起作業は土を膨軟にして通気性、保水性を良くし、雑草の発生を抑え、作物種子の発芽条件を整える役目を果たす。通常行われているロータリ耕は耕起、砕土等を効率的に行うことができ、作業性は良いが、作土下が締め固められて不透水層ができやすい。こうしたことを改善するためには、プラウ等による深耕や反転耕を行うことが効果的である。深耕は深耕ロータリ、反転耕、深耕はボトムプラウにより実施できる。

●施設栽培

ハウス栽培においては、降雨の影響がないことから、土壌表層への塩類集積が起こりやすい。塩類集積がしない施肥管理が重要であるが、大型化したハウスでは、一般に周年野菜等が連作されることが多く、塩類が集積しやすい。

塩類が集積した場合の主な対策としては、次のようなことが挙げられる。

①クリーニングクロップ（ソルゴー等）による除塩
②深耕による希釈
③ハウス被覆資材除去し、降雨による除塩
④湛水（かけ流し）、湛水処理による除塩等

特に④の方法は硝酸態窒素が地下水等に溶脱しやすいので、環境影響が懸念される場所では注意する必要がある。

また、土壌改良に当たっては石灰資材を慣例的に施用する例が多い。石灰資材や鶏ふん等、石灰を多く含む資材を連用してpHが高くなり、マンガン欠乏症が発生している例も見られる。土壌診断を行い、対応する必要がある。

●水田

水稲を作付けする水田では、特に作土深と日減水深に留意する必要がある。作土の浅層化は根域を狭めることとなり、養水分供給力の低下にともない、高温障害の影響を受けやすくする。また、作土層は深ければ深いほど良いものではなく、土壌の保肥力と関係し、保肥力が普通の植壌土では15cm程

度、保肥力の小さな砂質土では15～20㎝程度が良いとされている。

日減水深は根の生育や肥料の流亡等に影響し、20～30㎜／日が好適範囲とされる。日減水深が大きい漏水田では、丁寧な代掻きやブルドーザーによる床締め、畦からの横浸透防止のため丁寧な畦塗り、畦シートの活用が漏水防止に効果的である。また、砂質土のような土性の場合の漏水防止には、客土や水を含むと膨らむ土壌改良資材のベントナイトの施用が効果的である。日減水深が小さい場合には、サブソイラ等によって鋤床層に亀裂を入れる方法が効果的である。

水田転換畑として畑利用する場合には、特に排水対策が重要である。稲わらすき込みや堆肥施用により土壌を膨軟にするとともに、明渠、弾丸暗渠による排水対策が効果的である。

●樹園地

果樹園では農薬散布のため、スピードスプレヤーなどの大型農業機械が頻繁に園内を走行するため、土壌が硬くなりやすい。また、長期間のうちに腐植の分解も進んでくるので、植栽後7～10年目くらいから計画的な深耕を行うと同時に、有機質資材を土とよく混ぜて埋め戻し、根域の拡大を図ることが必要である。そのための方法としては、樹木の周辺でたこつぼ状に穴を掘ったり、溝状に穴を掘って有機物等を投入したりすることが行われている。たこつぼを掘り下げるにはホールディガー等が使用されており、溝状に深耕するためにはトレンチャやバックホーが使用されている。

果樹園の土壌表面管理法として草生栽培が行われている。これは傾斜地の土壌流亡を防ぐとともに、草刈りによる有機物補給、根による土壌孔隙量の拡大効果がある。

ホールディガー

部分深耕するトラクタの作業機で、ネジ状のものを土中に突き刺して穴を掘るので根を傷めにくい。果樹園で用いられている。（写真提供：長野県南信農試）

❸ 有機質資材の種類と特徴

土壌管理には欠かせない有機質資材がある。堆肥等、有機質資材は土壌の団粒構造の形成などを通じ土壌を膨軟化するとともに、地力窒素の発現等、土壌を肥沃にしたり土壌微生物相を多様にしたりする。

有機質資材には多種多様のものがあり、その特徴を理解して利用する必要がある。一般に有機質資材といわれているものとしては、①稲わら等粗大有機物、②牛ふん堆肥等堆肥、③大豆油かす等有機質肥料、④ソルゴー、レンゲ等緑肥作物がある。緑肥作物は一般に栽培した後、圃場にすき込んで利用される。

有機質資材はその施用効果として一般に、①土壌の通気性、透水性等、物理性の改善（物理性改善効果）、②作物の生育に必要な肥料養分の供給（化学性改善効果）、③土壌中の微生物の種類や数を豊富にし、特定の病原微生物のみが増加するのを抑制する働き（生物性改善効果）があるが、資材の種類によってそれぞれ特徴があり効果は異なる。

	種類	特徴・用途
有機質資材	粗大有機物（稲わら、麦わら、落葉）	・炭素率（C／N比）が高く、分解が遅い、主として土壌の物理性改善効果
	堆肥（家畜ふん堆肥、バーク堆肥）	・家畜ふん、樹皮、食品廃棄物を原料とし、腐熟させたもの種類により分解特性は異なる ・土壌の物理性、化学性、生物性改善効果、堆肥の種類により効果の重点は異なる
	有機質肥料（油かす、魚かす、骨粉等）	・炭素率（C／N比）が低く、分解が早い ・主として肥料効果（化学性）、他に生物性、物理性改善効果（団粒形成）もある
	緑肥作物（ソルゴー、クローバ類、クロタラリア、ヘアリーベッチ）	・種類により物理性、化学性、生物性の改善効果が異なる ・物理性改善（ソルゴー、ギニアグラス等） ・化学性改善（肥沃化：ヘアリーベッチ、レンゲ等、クリーニングクロップ：ソルゴー等）

有機質資材の種類とその特徴・用途

④ 有機質資材の分解特性と炭素率（C／N比）

有機質資材は土壌中の微生物に分解されて作物に養分供給したり、腐植となって物理性を改善したりする。炭素率（C／N比）は、有機質資材に含まれる有機体の窒素が無機態窒素になる早さを評価する指標として用いられる。炭素率（C／N比）が小さいと無機態窒素が早く発現し、炭素率（C／N比）が大きいと無機態窒素の発現が遅くなる。すなわち、作物は無機態窒素を吸収して生育するので、無機態窒素が早く発現する有機質資材を施用すると作物は早く生育する。炭素率（C／N比）はおおむね20を境として、それより小さいと、微生物による分解により窒素が放出されてくるので肥料効果が高くなる。一方、炭素率（C／N比）がおおむね20以上の資材は、土のなかの窒素が微生物の増殖の際に取り込まれ、土壌中窒素が少なくなる。

稲わら等、炭素率（C／N比）の高い有機質資材を定植前に多量に施用すると、作物の生育が抑制されることがある。炭素率（C／N比）の高い有機質資材を施用すると分解初期に微生物が急激に増殖するため、土壌中の無機態窒素が微生物に取り込まれ、作物が利用できる窒素が一時的に不足することがある。この現象は窒素の有機化または窒素飢餓という。こうした生育障害を回避するためには、腐熟の進んだものを施用するようにするか、または窒素肥料も同時に施用するようにする。

炭素率（C／N比）と有機質資材の種類との関係については、炭素率（C／N比）10以下のものは

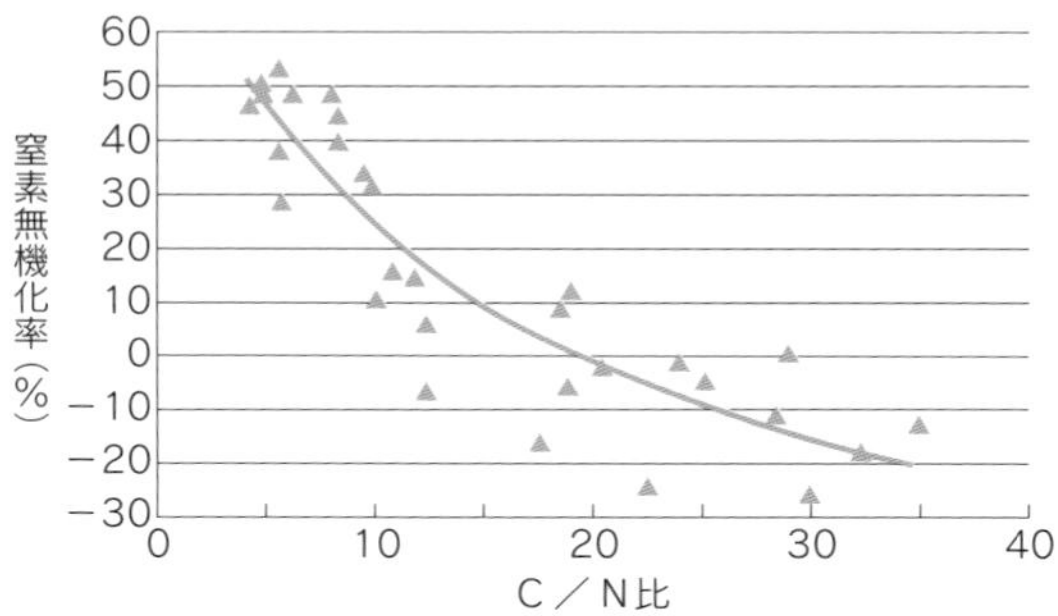

炭素率（C／N比）と窒素無機化率との関係

大豆油かす等有機質肥料が該当し、炭素率（C／N比）が10～20については牛ふん堆肥等堆肥が、炭素率（C／N比）が20以上のものは稲わら等、粗大有機物が該当する。炭素率（C／N比）の高い有機質資材は有機物の分解が遅いため、土壌腐植含量の増加に寄与し、土壌の物理性改良効果が高いといえる。

主な有機質資材の炭素率（C／N比）

	資材名	C／N比
有機質肥料	魚かす	3.6
	大豆油かす	4.3
堆肥	鶏ふん（採卵）堆肥	9.5
	豚ぷん堆肥	11.4
	乳用牛堆肥	17.6
	バーク堆肥	22.3
粗大有機物	稲わら	66
	麦わら	123

注：堆肥は多くのサンプルの平均値であり、その他は分析例である。

❺ 主な有機質資材の特性と利用

◇堆肥

有機質資材のなかで最も多く用いられるものとして堆肥がある。堆肥は、その原材料や製造方法により肥料効果が大きいものや土壌改良効果の大きいものなどがある。

●堆肥の種類と特性

堆肥は従来、稲わら等、作物残さと家畜ふんを原料としたものが主体であったが、近年は様々な原料の堆肥が製造されるようになってきている。このなかで家畜ふん堆肥が最も多く生産されているが、腐熟を促進するためおが屑等が用いられるなど、原材料が変化してきている。また、いろいろな製造方法によって堆肥化されるようになってきて、家畜ふん堆肥の成分は多様化してきている。

また、食品廃棄物の堆肥化が推進されるようになり、食品リサイクル堆肥も多くなってきている。下水汚泥コンポストも堆肥的な利用がなされてきたが、有害成分の監視が必要なことから「肥料の品質の確保等に関する法律」（旧肥料取締法）上登録が必要な普通肥料となって、堆肥の範疇ではなくなっている。現在、生産・販売されている主な堆肥の種類と成分特性は次のページのとおりである。

主な堆肥の種類と成分的特性

区　分	堆肥の種類	成分特性
家畜ふん関係	牛ふん堆肥	カリがやや高い。堆肥の分解はやや遅い。
	豚ぷん堆肥	リン酸が高い。堆肥の分解はやや早い。
	鶏ふん堆肥	リン酸が高い。採卵鶏堆肥についてはリン酸とともにカルシウムが高い。堆肥の分解はやや早い。
食品関係	食品リサイクル堆肥（原料中10%以上食品廃棄物を含むものをいう）	窒素が多くリン酸、カリが低い。堆肥の分解は平均的。
林業関係	バーク堆肥	窒素、リン酸、カリのすべてが低い。堆肥の分解は遅い。
排水汚泥関係	下水汚泥コンポスト（普通肥料）	窒素、リン酸が高く、カリが低い。堆肥の分解は早い。

堆肥の窒素肥効については、同一種類のなかでも成分が異なることが多いので、堆肥の袋等に表示してある成分票の炭素率（C／N比）や全窒素含量等を見て判断することが望ましい。

●堆肥化の目的

堆肥化は、①有機物の分解過程で出てくる有害な有機酸等を分解し無害なものとする、②発酵熱により病原菌や雑草の種子等を死滅させる、③発酵によって悪臭をなくすとともに、含水率を下げ保存性や取り扱い性を良くする目的で行われる。

●堆肥化のプロセス

微生物の働きやすい環境作りのため、牛ふん等の有機質資材にもみ殻等の副資材を加えて通気を良くするとともに、適度な水分条件にしてスタートする。その後、撹拌したり通気して酸素を供給し発酵を促進する。当初、発酵熱により、発酵物の温度が60℃以上に上がるが、その後、分解が進むと温度が低下してくる。温度が上がりにくくなったら堆肥の完成で、通常約3ヵ月かかる。

堆肥化施設

ダイコン未熟堆肥施用

ダイコン完熟堆肥施用

●堆肥の品質

堆肥の利用者からよく問題にされるのは堆肥の品質であり、特に腐熟度が重視される。堆肥利用者が堆肥選択で重視する項目としては、①腐熟度、②取り扱い性（乾燥度合い、固まりの大きさ等）、③肥料成分の安定性（施肥設計の時に問題）、④土壌物理性改良効果（肥料成分の蓄積している圃場や少肥を好む作物栽培では肥料成分が少なく、腐植含量が蓄積していくような堆肥が好まれる）が挙げられる。

堆肥の肥料効果や物理性改良効果を判断するためには、炭素率（C／N比）が目安となる。一般に堆肥は炭素率（C／N比）が10～20のものが多く、炭素率（C／N比）が20に近いものほど施用当年の無機態窒素の発現は少なく、有機物（腐植）として土壌中に残り、翌年以降にも無機態窒素が発現してくる。

また、堆肥が未熟であると、有機酸等作物の生育に有害な物質が残っていて、作物の根に悪影響を与える恐れがある。特にダイコン等の根菜類については、未熟な堆肥施用により岐根が発生し、商品価値を著しく損ねる。

堆肥連用年数の相違によるレタスの生育状況
レタスは堆肥の施用効果の現れやすい作物の１つである。

●堆肥の効果と作物の収量・品質

堆肥施用により作物の収量が向上する効果については、多くの試験結果がある。その主な要因としては①堆肥連用により保肥力

（CEC）が増すことや、②地力窒素が発現してくること、③土壌が団粒化して根の張りが良くなること、などが挙げられている。

なお、有機物施用と作物品質向上との因果関係については不明のところが多いが、土壌有機物の増加にともなう適度な土壌水分の保持、窒素の緩効的な肥効は品質の向上につながるとされている。ハクサイ等については日持ち性が向上したとする例などがある。

●堆肥の施用方法

堆肥は作物の収量、品質に寄与する資材として重要であるが、土壌条件に応じた施用が重要である。

堆肥は多く施用すればするほど良いものではない。堆肥を毎年多量に施用すると土壌中の有機物含量が高まり、地力窒素の発現が多くなり、水稲では倒伏し収量、品質が低下する。野菜類でも軟弱徒長し、病害虫に罹りやすくなる。果実では窒素過剰により、食味や着色が悪くなることがある。

地力のない痩せた圃場では、牛ふん堆肥で当初10ａ当たり５～10ｔ程度必要であるが、ある程度腐植含量が高まった場合には堆肥施用量を減らしていく必要がある。

また、水田で排水の悪い圃場では堆肥の分解が遅く、地力窒素の発現が遅れてくるとともに、腐植が土壌中に溜まりやすい。こうした圃場では堆肥の施用量を通常より少なくする必要がある。

堆肥施用のポイントを２つ挙げる。以下、まず１つ目は、堆肥を連用していく場合、養分過多にならないよう基肥等を減らしていくことである。堆肥を連用して腐植含量が高まってきた圃場では、地力窒素の発現が多くなってくるため、窒素施肥量を減らす必要がある。また、堆肥の種類により牛ふん堆肥等、カリ成分の多いものや、鶏ふん堆肥等、リン酸成分の多いものなどがあるので、時々土壌診断し、過剰に蓄積した成分については施肥の際に減らしていく必要がある。

２つ目は、土壌中の腐植含量を維持していくための堆肥施用量は水田で１ｔ／10ａ程度、畑で２～３ｔ／10ａ程度にするということである。安定的に地力窒素を発現させていくことが、作物の安定生産のために重要で、堆肥等を連用し、腐植含量が低下しないようにしていく必要がある。腐植含量を維持していくための牛ふん堆肥の施用量は、これまでの堆肥連用試験結果から見て、灰色低地土水田で1t／10a程度である。また、有機物分解の早い畑地では、黄色土で3t／10a程度、黒ボク土で2t／10a程度である。

❻ 緑肥作物

土壌改良のための緑肥作物が利用されている。緑肥作物は土壌改良の面からは、①通気性、透水性など土壌の物理性改善、②土壌の肥沃化や塩類集積の軽減（クリーニング効果）など化学性の改善、③センチュウ発生の抑制など生物性の改善の効果がある。

この他にも。緑肥作物は雑草抑制、景観美化のために栽培されることがある。

緑肥作物を導入する場合に重要なのは、利用目的に応じて緑肥作物の種類を選択することである。土壌の物理性、化学性などの改善目的で緑肥作物を利用する場合は、その目的に合った緑肥作物を選ぶ必要がある。土壌の通気性、透水性改善のためにはソルゴーなどを導入する必要がある。肥料として窒素肥沃度を高める目的で導入するのであれば、マメ科作物のヘアリーベッチ、レンゲなどの導入が適当である。

また、土壌中の塩類集積を改善する場合にはソルゴーなどが適当である。

ソルゴーなどの栽培によって低下する項目はEC（電気伝導度）と硝酸態窒素が中心で、石灰、リン酸等はあまり低下しない。クリ

ヘアリーベッチ

ソルゴー

クロタラリア

緑肥作物の土壌改良効果と主な該当作物

効果	内容	該当作物
物理性の改善	通気性、透水性など	ソルゴー、青刈りトウモロコシ、ギニアグラス等
化学性の改善	土壌の肥沃化	クロタラリア、レンゲ、クローバ類、ヘアリーベッチ、セスバニア等
	クリーニングクロップ	ソルゴー、青刈りトウモロコシ、ギニアグラス等
生物性の改善	ネコブセンチュウ	クロタラリア、ギニアグラス、ソルゴー等
	ネグサレセンチュウ	マリーゴールド、クロタラリア、エンバク野生種等

ーニングクロップとして栽培する時は、ソルゴーなどを十分に育成させた後、刈り取って圃場外へ持ち出す必要がある。圃場内にすき込むとその後残さが分解して、土壌中に再び養分が放出される。

また、有害センチュウが発生した圃場で、その抑制のために導入する作物としてはクロタラリア、マリーゴールドなどがあるが、これらはセンチュウの種類によって抑止力に差がある上、品種によってその効果が異なってくる。したがって、センチュウの種類に応じた緑肥作物の種類の選択と、そのなかの品種の選択が重要である。

7 土壌改良資材

土壌改良するに当たって、一般に土壌の通気性、排水性、保水性や保肥力などに問題がある場合に土壌改良資材が利用される。土壌改良資材は物理性、化学性の改善等の利用目的によって選択することが望まれる。

土壌改良資材は「地力増進法」によって定義や品質表示の基準が定められている。土壌改良資材とは土壌に施用し、土壌の物理的性質、化学的性質あるいは生物的性質に変化をもたらして、作物生産に役立つ資材とされている。

一般に広くいわれている土壌改良材のなかには、「肥料の品質の確保等に関する法律」の肥料に該当するものや、「地力増進法」の政令で指定された資材ばかりでなく、そのいずれにも該当しないものも含まれる。例えば、土壌改良材のなかに「肥料の品質の確保等に関する法律」で肥料に該当する石灰質資材、ケイ酸質資材、熔成りん肥、堆肥などを含めて取り扱うことがある。ケイ酸質資材、熔成りん肥など、肥料であって土壌改良にも役立つものを特に「土作り肥料」と呼ぶことがある。

販売されている土壌改良資材と称するものの種類は極めて多く、なかには性質や効果がよくわからないものもある。このため地力増進法の政令では、その効果などが明確で、品質表示の基準が定まっている土壌改良資材を指定している。

現在、地力増進法の政令で指定されている土壌改良資材は、泥炭（ピート類）、バーク堆肥、腐植酸質資材、木炭、珪藻土焼成粒、ゼオライト、バーミキュライト、パーライト、ベントナイト、VA菌根菌、ポリエチレンイミン系資材、ポリビニルアルコール系資材の12資材である。

これらの政令指定土壌改良資材の主な効果は次のとおりである。

土壌改良資材は圃場での使用の他、園芸用土や育苗培土としても多く利用されている。透水性、保水性改良の効果のある資材として、バーミキュライトやパーライトなどは比較的広く園芸用に利用されている。

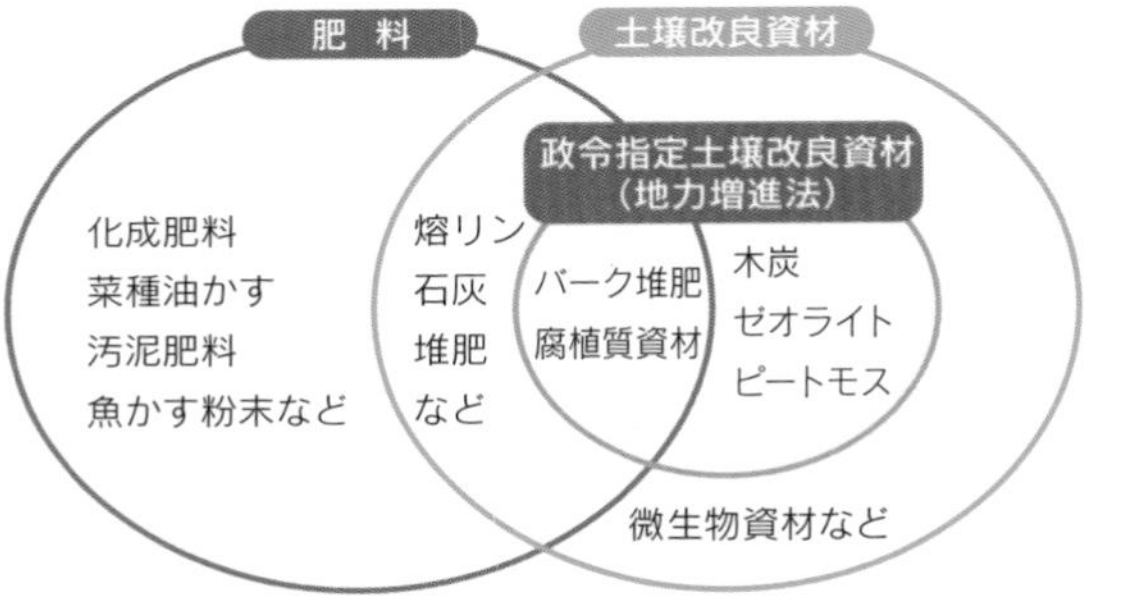

土壌改良資材と肥料（肥料の品質の確保等に関する法律）に含まれる資材

政令指定土壌改良資材の主な効果と資材名

主な効果	資材名
透水性改善	バーミキュライト、 木炭、珪藻土焼成粒
保水性改善	泥炭（腐植酸の含有率70%未満）、パーライト
土壌の団粒形成	ポリエチレンイミン系資材、ポリビニールアルコール系資材
土壌の膨軟化	バーク堆肥、泥炭（腐植酸の含有率70%未満）
漏水防止（水田）	ベントナイト
保肥力改善	ゼオライト、泥炭（腐植酸の含有率70%以上）、腐植酸資材
リン酸供給能改善	VA菌根菌資材

バーミキュライトは多孔質で非常に軽く、土壌の通気性や透水性の改善に効果がある。園芸用の培養土に多く利用されている他、粘質地や排水不良の芝生地などの改良にも利用されている。園芸用培土としては、ピートモスや赤玉土などと混ぜて利用される他、ほぼ無菌なので挿し木用土、種播き用土としても使われている。植木鉢の培養土や育苗床などには、土壌に20~50%程度混入して多く利用されている。

パーライトは白い顆粒状の多孔質の素材で、軽く、水に入れると浮く。園芸培土などの土壌保水力改善に多く利用される他、干害を受けやすい砂土~砂壌土の保水力改善などに利用される。特に水分条件が急激に変化しやすい鉢植えなどでは、安定した湿度条件を整えるために用いられている。

バーミキュライト

パーライト

肥料の種類と特徴

❶ 肥料の種類

◇肥料の種類と特性

肥料は肥料の品質の確保等に関する法律で植物の栄養に供することを目的として使われる資材とされており、土壌に施されるものだけではなく、葉面散布などの形で施されるものも肥料と呼んでいる。

肥料は普通肥料と特殊肥料とに分けられており、普通肥料の生産販売に当たっては、農林水産大臣の登録を受ける必要がある。特殊肥料は販売を開始する前までに、都道府県知事に届出をしなければならない。

普通肥料には化成肥料など、主要な肥料が含まれている。普通肥料は保証成分量（窒素、リン酸など、主要な成分について含有されている最低量）や正味重量を記載した保証票の添付が義務づけられている。特殊肥料には米ぬか、魚かすのような、農家の経験と五感によって識別できる単純な肥料や堆肥が含まれる。

肥料の分類やそのなかに含まれる肥料の種類を左に示した。

◇肥料の種類と利用目的

利用目的で肥料の種類を分けた場合、①硫安のような単一肥料成分を主成分とする肥料、②化成肥料のような窒素、リン酸、カリなどが含まれている複合肥料、③油かすなどの有機質肥料、と大きく3つに分けることができる。それぞれ次のような目的で利用される。

●単一肥料成分を主成分とする肥料の利用

追肥で必要な成分のみを施用する目的で用いられる他、土壌診断の結果、不足した成分を補う目的で使用するのに利用しやすい。代表的肥料としては、硫安、過リン酸石灰、硫酸カリがある。

●複合肥料の利用

基肥で施用する場合には窒素、リン酸、カリの三要素を施用することが多く、そうした場合に配合の手間を省くことができて利用しやすい。

●有機質肥料

肥料効果のみではなく、土壌の団粒構造形成、土壌微生物の多様性の確保を図る目的で利用することができる。

◇近年の肥料の需要変化

肥料のなかでは、以前は硫安のような単一肥料成分を主成分とする肥料が多く用いられてきたが、近年は配合の手間がかからないことから窒素、リン酸、カリなどが含まれている複合肥料が多く用いられるようになった。そのなかで

- 肥料
  - 普通肥料
    - 次のものを主成分とする肥料
      ●窒素質肥料、●リン酸質肥料、●カリ質肥料、●石灰質肥料、●ケイ酸質肥料、●苦土肥料、●マンガン質肥料、●ホウ素質肥料
    - ●複合肥料（三要素〔窒素・リン酸・加里〕の２成分以上を含む肥料）
      - ・化成肥料（肥料または肥料原料を単に混ぜ合わせたものでなく、これに化学的操作を加えたもの）
      - ・配合肥料（化学的操作を加えず原料を配合した肥料で、粒状配合肥料（BB肥料）、有機配合肥料としての流通が多い）
    - ●有機質肥料（大豆油かす、魚かす粉末、骨粉等）
    - ●その他（汚泥等を原料とした肥料、特定普通肥料（現在該当肥料なし）、農薬その他の物が混入される肥料）
  - 特殊肥料
    - ●堆肥、魚かす（粉末にしていないもの）、米ぬか、草木灰、くず大豆、コーヒーかす等

肥料の分類と種類

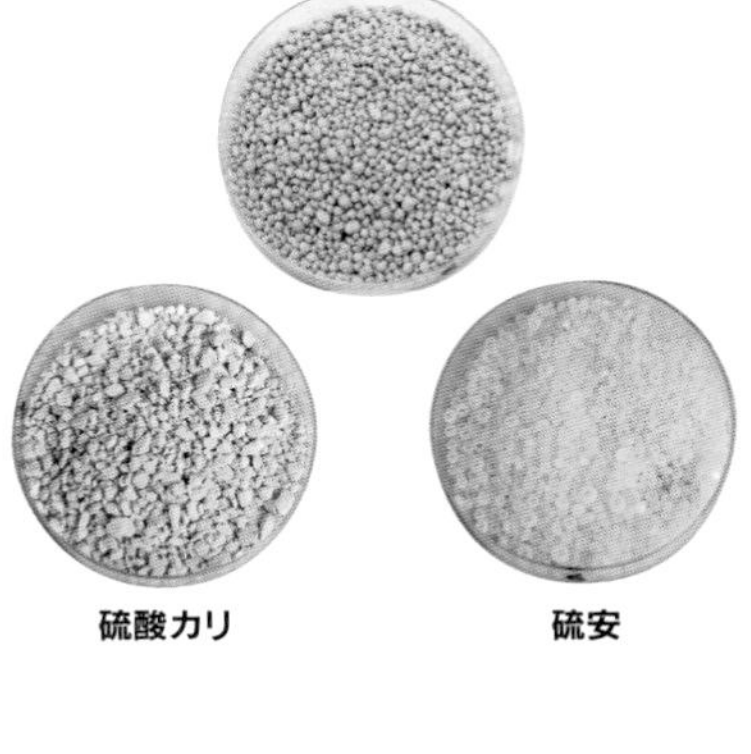

も施肥回数の省力化を図ることができる緩効性肥料の占める割合が高まってきている。

肥料の需要は、近年、農作物の作付面積の減少や環境保全型農業の推進などにより減少傾向にある。特に、平成19年～20年にかけて肥料価格が高騰した影響で急激に需要が低下してきたが、最近やや回復してきている。肥料需要は、化成肥料など化学肥料を中心に減少してきているが、そうしたなかでも、土作りの基本資材である堆肥や、流亡が少なく環境にやさしい被覆窒素肥料は増加傾向にある。

❷ 単一肥料成分を主成分とする肥料の種類と特性

単一肥料成分を主成分とする肥料は数多くあり、単体として利用されるものの他、リン安などのように主として化成肥料などの原料として利用されるものもある。

また、単一肥料成分を主成分とする肥料のなかには、熔成リン肥のようにリン酸と苦土を含むもの

単一肥料成分を主成分とする主な肥料の種類と肥効特性

肥料の種類	速効性	緩効性
窒素質肥料	硫安、塩安、尿素、硝酸石灰、リン安など	石灰窒素、被覆窒素*1、IB窒素*2、CDU窒素*3など
リン酸質肥料	過リン酸石灰（過石）	熔成リン肥（熔リン）など
カリ質肥料	硫酸カリ、塩化カリなど	ケイ酸カリなど
苦土肥料	硫酸苦土肥料(硫マグ) など	水酸化苦土肥料（水マグ）、腐植酸苦土など
石灰質肥料	（硝酸石灰など）	生石灰、消石灰、炭酸石灰、苦土石灰、貝化石など
ケイ酸質肥料	シリカゲル肥料	鉱さいケイ酸質肥料（ケイカル）など
（微量要素）硫酸マンガン肥料	マンガン質肥料	
ホウ素質肥料	ホウ酸肥料	

＊1 被覆窒素…肥料粒の表面を水の浸透が遅い被膜で被覆（コーティング）することにより、成分の溶出をコントロールする肥料である。窒素の溶出タイプとして、リニア（直線）タイプ、シグモイド（S字）タイプがある。肥効の発現には地温の影響を受けるので、利用に当たっては施用時期などに注意する必要がある。

＊2 IB窒素…尿素などを原料として縮合させた緩効性肥料で、土壌中における反応としては、加水分解により有効化する。粒の大小が窒素肥効の長短を決定し、大粒のものほど緩効的な肥効となる。

＊3 CDU窒素…尿素などを原料として縮合させた緩効性肥料で、微生物分解により有効化する。地温の高低が窒素肥効の長短を支配し、地温13℃以下ではほとんど窒素が発現しない。

や、硝酸石灰のように窒素と石灰を含むものなど、2成分以上の主成分を含むものもある。ただし、窒素、リン酸、カリの肥料三要素のなかの2成分以上を含むものは複合肥料に分類されている。

これらの肥料のなかで石灰質肥料については、肥料としての効果とともに、酸性矯正の目的で利用される。

また、単一肥料成分を主成分とする肥料のなかには肥効が速効的なもの、遅効的なもの、その中間的なものがある。

リン酸質肥料はその溶解性の特性により水溶性リン酸、可溶性リン酸、く溶性リン酸があり、く溶性リン酸は根酸により溶解吸収されるため、緩効性である。リン酸は黒ボク土のようにリン酸吸収係数の高い土壌では吸収されにくくなることから、そうした土壌ではリン酸の施用量を多くしたり、堆肥に混ぜて施用すると良い。

現在、流通している主な単一肥料成分を主成分とする肥料の種類と肥効特性は表のとおりである。これ以外にも多くの肥料があるので、目的に応じて利用すると良い。

❸ 肥料施用した後の土壌pHの変化による肥料の区分

単一肥料成分を主成分とする主な肥料を土壌に施用する場合に注意すべきことは、施用後に土壌pHが酸性に傾くもの、中性のままのもの、アルカリ性に傾いてくるものがあることである。肥料は主成分とともに副成分を含んでおり、アンモニアと硫酸の化合物である硫安であれば、副成分として硫酸根を含んでいる。土壌中では作物の根から主成分の窒素が多く吸収

生理的酸性肥料、生理的アルカリ性肥料、生理的中性肥料の内容

区分	内容
生理的酸性肥料	化学的には中性であるが、植物に肥料成分が吸収された後に酸性の副成分が残るような肥料で、硫安、塩安などがある。
生理的アルカリ性肥料	植物に肥料成分が吸収された後にアルカリ性の副成分が残るような肥料で、熔成リン肥、石灰窒素などがある。
生理的中性肥料	植物に肥料成分が吸収された後に土壌に酸性やアルカリ性になる副成分を残さない肥料で、尿素、過リン酸石灰などがある。

されるので、副成分の硫酸根が土壌中に残り酸性化してくる。

このように、肥料を土壌中に施用した後のpHの変化から酸性になるものを生理的酸性肥料、アルカリ性になるものを生理的アルカリ性肥料、中性のままのものを生理的中性肥料と呼んでいる。

④ 複合肥料の内容と特徴

肥料の三要素のうち、2つ以上を含む肥料を複合肥料といい、その代表が化成肥料と配合肥料である。

化成肥料は化学的操作を加えたもの、あるいは肥料の種別の異なる肥料を混合し、造粒、成形などを行った肥料をいい、窒素、リン酸、カリ成分の含有率の合計が30%以上のものを高度化成、30%未満のものを普通化成という。

配合肥料は原料肥料を物理的に混合した肥料で、登録された普通肥料どうしを配合した指定配合肥料と米ぬかなど、特定の特殊肥料も加えた配合肥料がある。配合肥料として利用されているものの多くは指定配合肥料で、有機配合肥料や粒状配合肥料（ＢＢ肥料（ＢＢはバルク（粒）ブレンディング（配合）の略））として流通するものが多い。なお、利用目的によりペースト状、液状にした複合肥料もある。

⑤ 肥効調節型肥料の特徴と効果

近年、肥料として需要が増加してきているものとして緩効性肥料があるが、なかでも肥効調節型肥料が伸びてきている。また、肥効が緩効性であり土壌の物理性、生物性の改善効果も期待できる有機質肥料も需要が伸びてきている。

◇肥効調節型肥料

肥効調節型肥料は、肥効を持続させるために様々な方法で肥料成分の溶出をコントロールできるように製造された化学肥料で、緩効性肥料とも呼ばれている。肥効調節型肥料は①被覆肥料（コーティング肥料）、②化学合成緩効性窒

主な肥効調節型肥料の種類と特徴

種類	タイプ等	特徴
被覆肥料(コーティング肥料)	樹脂系被覆肥料	樹脂系被覆肥料の溶出は土壌の種類、微生物活性、酸化還元電位等に殆んど影響されないが地温に大きく影響される。
	(熱可塑性樹脂で被覆)	硫黄コートは被膜が微生物により分解されるので、地温が高温条件である場合や畑状態では溶出が早い。溶出のコントロールは樹脂系被覆肥料と比較してやや劣る。
	硫黄コート(無機系硫黄およびワックスで被覆)	溶出パターンにより次の2つに分類される。
		①リニア型(肥料成分が直線又は放物線的に溶出する)
		②シグモイド型(施肥後、一定期間溶出を抑えてから溶出する)
		このなかでも70日、100日タイプ等溶出期間により色々なタイプのものが開発されている(溶出期間は被覆肥料を25℃の水中に静置して保証成分の80%が溶出する日数で算出)。
化学合成緩効性チッ素肥料	IB、CDU、ウレアホルム(UF)、グアニル尿素(GU)、オキサミド	油かす等天然の有機質肥料と似たチッ素肥効を現すように開発されたものである。
		IBは主に加水分解によって分解される。大粒のものほど緩効性である。
		CDU、UF、GU、オキサミドは主に微生物によって分解される。
		CDUは細菌、放線菌を増やし糸状菌を抑える効果がある。
		GUは土壌還元が進むと徐々に分解し肥効が発現する。

肥効調節型肥料の効果

効果	内容
省力効果	肥効は緩やかで長期間溶出が継続するので、基肥時に追肥分もまとめて施肥することができる。
施肥量削減と省力化	側条施肥(局所施肥)に活用することで施肥量をさらに削減できる 苗箱全量施肥法(水稲)、育苗ポット施肥法(畑)では初期溶出を一定期間抑制できるシグモイド型被覆肥料を使って育苗から収穫までの肥料を一発基肥施肥することができる
収量・品質の向上	作物の生育ステージに見合った窒素吸収に類似の溶出パターン(リニア型またはシグモイド型で作物の窒素吸収パターンに合致したタイプ)を選定すれば、収量、品質は慣行栽培とほぼ同等以上が得られる
発芽障害、濃度障害、ガス障害の回避	リニア型またはシグモイド型の肥料で利用目的に適したタイプを選定すればこれらの障害リスクは避けられる。

素肥料、③硝酸化成抑制材入り肥料の3種類に分類される。肥効調節型肥料のなかでも特に被覆肥料の普及が拡大しており、そのなかで最も流通量の多いのは被覆尿素である。

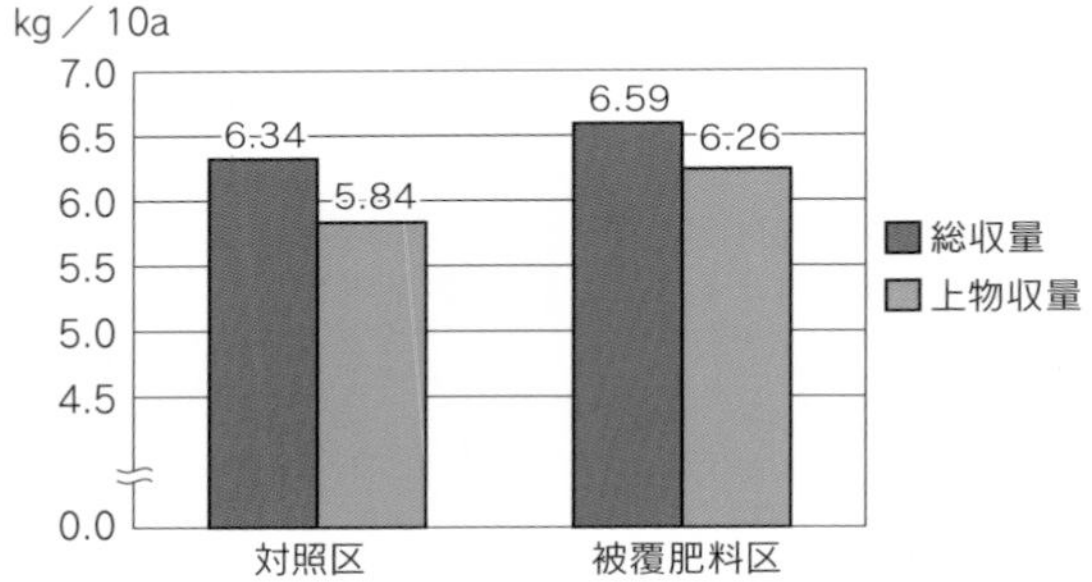

被覆肥料を用いた抑制キュウリの収量・上物比率の比較
注1：施肥量（N-P-K（kg／10a））は対照区の45.0-30.0-30.0、肥効調節型肥料区は31.5-27.0-31.5
注2：肥効調節型肥料区は、エコロング424-70日タイプ
資料：宮崎県総合農試の表から作図　一部改変

◇肥効調節型肥料の効果

肥効調節型肥料は肥効をコントロールすることができることから、その特徴を生かした使い方により次のような効果が得られる。

◇肥効調節型肥料の効果的活用

●施肥量削減と省力化

現在、水稲では被覆肥料による基肥重点施肥が普及してきて追肥（活着肥、穂肥）の必要性が少なくなってきている。また、側条施肥など局所施肥が行われてきており、より肥料利用率が高まり減肥が可能となっている。

●農作物の収量・品質と肥効調節型肥料

果菜類など栽培期間が長く、追肥回数の多い作物には被覆肥料が適している。キュウリに被覆肥料（ロング）を用いた試験では、慣行区と比較して上物品質の割合などでほぼ同等の成績を得ている。

果樹でも追肥の多い樹種などで被覆肥料が用いられている。糖度など品質についても、窒素発現時期などを考慮し、被覆肥料のタイプや施用時期を選択すれば、慣行施肥と遜色ない結果が得られている。

●コスト低減

野菜類で、肥効調節型肥料を配合した肥料を局所施肥することによって、慣行施肥よりもコストが低減する。熊本県のタマネギ産地では畝内施肥と肥効調節型肥料の組み合わせ施肥で現行施肥より約30％減肥しても収量はほぼ同等で、肥料コストは約36％低減できている。

◇被覆肥料の特性と利用に当たっての留意点

●**特性**

被覆肥料の特性として、①土壌の化学性によって溶出が影響されない、②溶出が緩やかなことから溶出がやや長いタイプ（例：70日タイプ）以上なら作物の根と接触させても、土壌溶液濃度を高めることがなく根を傷めない、ことが挙げられる。

●**留意点**

栽培作物の作型、栽培期間に合った溶出パターンの被覆肥料を選択する。栽培期間中の地温を想定し、栽培作物の作型、栽培期間に適した溶出パターン（リニア型かシグモイド型）を選定する。なお、事前に圃場の土壌分析を行い腐植含量のような地力窒素発現に関係する項目や無機態窒素含量などを把握しておくことが被覆肥料のタイプを選択するに当たっての目安となる。

さらに、栽培期間中の温度変化に合わせた対応をする。被覆肥料の肥料成分の溶出は地温に影響されるので、作物の生育を見つつ過不足を調整する必要がある。栽培期間中に地温が下がる場合には、被覆肥料からの溶出が少なくなるので、速効性肥料の追肥を検討する必要がある。

被覆肥料を表面施肥すると乾燥気味となり、溶出は遅れる。その場合にはワラや堆肥で覆うと被覆肥料の被膜を傷つけない。被膜に傷がつくと、そこから肥料が溶出し溶出コントロールが効きにくくなる。被覆肥料を1度に使用できず残った場合は、乾燥し、直射日光の当たらない場所で保管する。吸湿により溶出が徐々に始まる恐れがある。

6 有機質肥料の種類と特徴

◇有機質肥料の種類

有機質肥料は、動植物質のものや有機性廃棄物を原料とした肥料をいい、保証成分以外に微量要素も含むものが多い。また、一般に肥料効果の他に、土壌の物理性や生物性の改善効果もある。

有機質肥料は制度上、都道府県への登録を必要とする普通肥料の有機質肥料と、届出のみで良い特

主な複合肥料

化成肥料(写真提供:セントラル化成)

粒状配合肥料(BB肥料)(写真提供:(株)JAグリーンとちぎ)

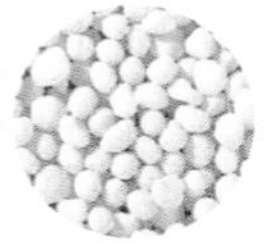

被覆尿素肥料(LPコート)(写真提供:ジェイカムアグリ(株))

化成肥料と配合肥料の内容と特徴

<table>
<tr><th>区分</th><th>内容</th><th>特徴</th></tr>
<tr><td rowspan="2">化成肥料</td><td>普通化成
・窒素、リン酸、カリの合計が30%未満のもの。</td><td rowspan="2">①施肥しやすく、労力が軽減できる、②均一に施肥できる、③原料の形態の組み合わせや粒の大小、硬軟などで肥効が調節できる、 など</td></tr>
<tr><td>高度化成
・窒素、リン酸、カリの合計が30%以上のもの。</td></tr>
<tr><td rowspan="2">配合肥料</td><td>指定配合肥料
・窒素、リン酸、カリの合計が10%以上のもの。</td><td rowspan="2">製造方法も設備も単純で、銘柄の切り替えが簡単にできるので、多銘柄少量生産が可能である。地域、土壌、作物に適した肥料の要望に容易に対応できる。</td></tr>
<tr><td>・指定配合肥料は届出のみで良い。</td></tr>
</table>

殊肥料としての有機質肥料がある。

魚かすなどのように同一原料のものでも、粉末にしたものは普通肥料に分類され、形が残っているものは原料の確認ができるので特殊肥料になっている。

それぞれの有機質肥料の制度上の区分別の特徴、主な種類は表のとおりである。

◇有機質肥料の特徴

有機質肥料は三要素だけでなく微量要素も含み、肥効は一般に緩効的で濃度障害を生じにくい。また、有機質肥料は土壌の化学性のみならず物理性、生物性の改善効果があるなど複合的な効果がある。

窒素成分が多いのは、フェザーミール、蹄角、乾血である。リン酸は骨粉類、米ぬかに多く含まれるが、肥効は植物質のフィチン態リン酸より動物質のリン酸が早くて高いとされている。カリは概して少ないものが多いが、植物質が動物質のものに比べて多い。石灰は骨粉類とカニガラに多く含まれる。苦土はカニガラ、骨粉に比較的多く含まれるが、概して植物質に多く含まれる。

◇有機質肥料の肥効

有機質肥料の肥料成分については、化学肥料と比較して全体的に低く、窒素成分では4~10%程度含むものが多い。肥料三要素については窒素とリン酸を比較的多く含むものが多く、カリ成分含有率の低いものが多い。油かす、魚かす類は比較的窒素成分、骨粉類、バットグアノ*はリン酸成分も多く含み、草木灰はカリ成分、カニ殻や貝殻粉末は石灰成分を多く含んでいる。

＊バットグアノ…コウモリのふんを主体に、それに群がる昆虫類の遺骸やコウモリの遺骸などが混ざったもので、リン酸を多く含むものが多い。

有機質肥料の窒素肥効は土壌中の微生物の働きによって分解されて発現するため、一般に緩効的である。

窒素の発現は、有機質資材の項で述べているように有機質肥料の炭素率（C／N比）によって左右され、炭素率（C／N比）の低い資材の窒素肥効が早い。魚かす等

有機質肥料の制度上の区分別特徴、主な種類

区分	特徴	主な有機質肥料
普通肥料	粉末にしたもの 有害成分含有の可能性のあるもの	**（動物質）**魚かす、カニ殻、蒸製骨粉、蒸製皮革 **（植物質）**大豆油かす、菜種油かすなど（以上粉末） **（有機性廃棄物）**菌体肥料、汚泥肥料など
特殊肥料	粉末にしないもの 有害成分含有の懸念の少ないもの	**（動物質）**魚かす、甲殻類質肥料、蒸製骨など **（植物質）**米ぬか、コーヒーかす、草木灰など **（有機性廃棄物）**堆肥、バットグアノ、貝殻粉末など

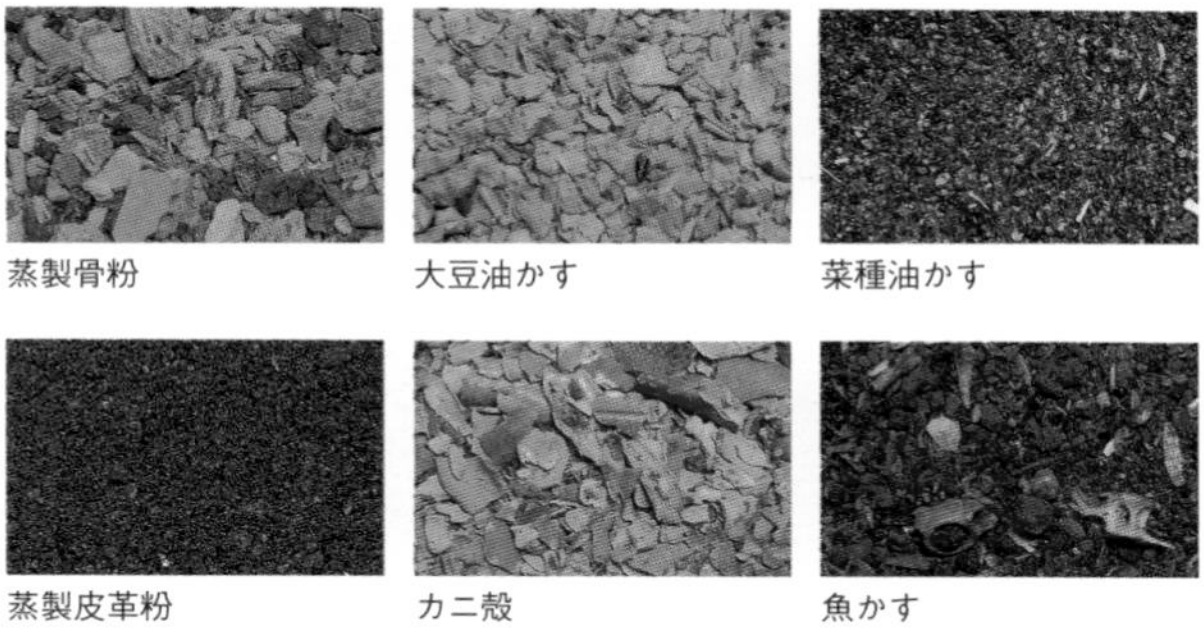

主な有機質肥料（写真提供：片倉コープアグリ（株））

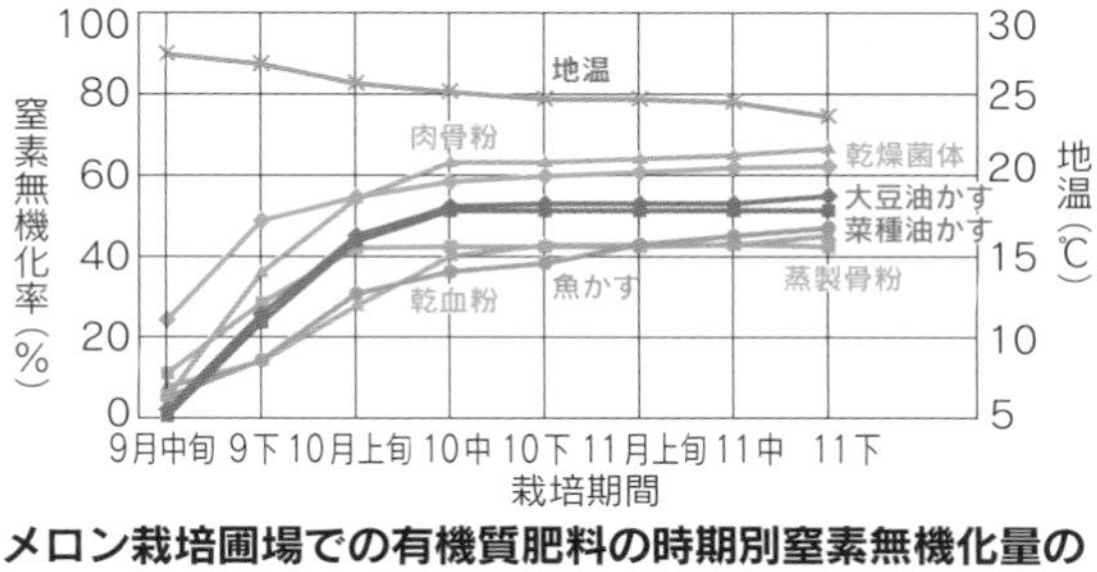

メロン栽培圃場での有機質肥料の時期別窒素無機化量の推定

注：地温は抑制メロン栽培における調査
資料：熊本県農業研究センター　郡司掛1995　一部改変

動物質の有機質肥料の炭素率（C／N比）は3〜4程度のものが多く、菜種油かす等植物質の有機質肥料の炭素率（C／N比）は4〜6程度のものが多く、動物質有機質肥料がやや窒素肥効が早い傾向がある。

有機質肥料の窒素の無機化の早さは、有機質肥料の炭素率（C／N比）とともに、有機物の分解に微生物が関与するので、地温、pHなどが影響する。

メロン栽培圃場で各種有機質肥料を用い、地温25℃前後の9月中旬以降に、旬別の窒素無機化率を調査した例がある。これによると、9月中旬に油かす類、魚かす類、蒸製骨粉などの有機質肥料を施用した後、1ヵ月後には40〜65%程度窒素無機化しており、その後横ばいとなっている。このように、主な有機質肥料の窒素無機化は25℃前後という微生物の活動にとって好適な条件の下では約1ヵ月間でほぼ完了している。

◇有機質肥料による土壌微生物性と物理性改良効果

土壌微生物の増加量は有機質肥料の種類によって異なり、単位重量当たりの微生物の菌数増加量は堆肥より窒素成分の多い未熟有機物のほうが多い。特に菜種油カスの菌数や増加量が多い。

◇有機質肥料の施用と作物の収量・品質

有機質肥料を用いて作物を栽培すると、品質、食味が良くなるという指摘がある一方、必ずしも化学肥料で栽培されたものよりも品質が優れているということにはならないとの指摘もある。

有機質肥料でも窒素施用が多かった場合には、収穫物の糖度が低下することもある。有機物施用による糖含有量の上昇は緩効的に窒素が効くことと、土壌水分の変動が少ないことに原因があるとされている。

近年、植物の根は有機態窒素の形態でも吸収できることが明らかとなっている。ニンジン、チンゲンサイ、ホウレンソウについては無機態窒素に加えて有機態窒素も吸収している。しかし、こうした現象が作物の品質などにどのような影響を与えるかについては現在、明らかにされていない。

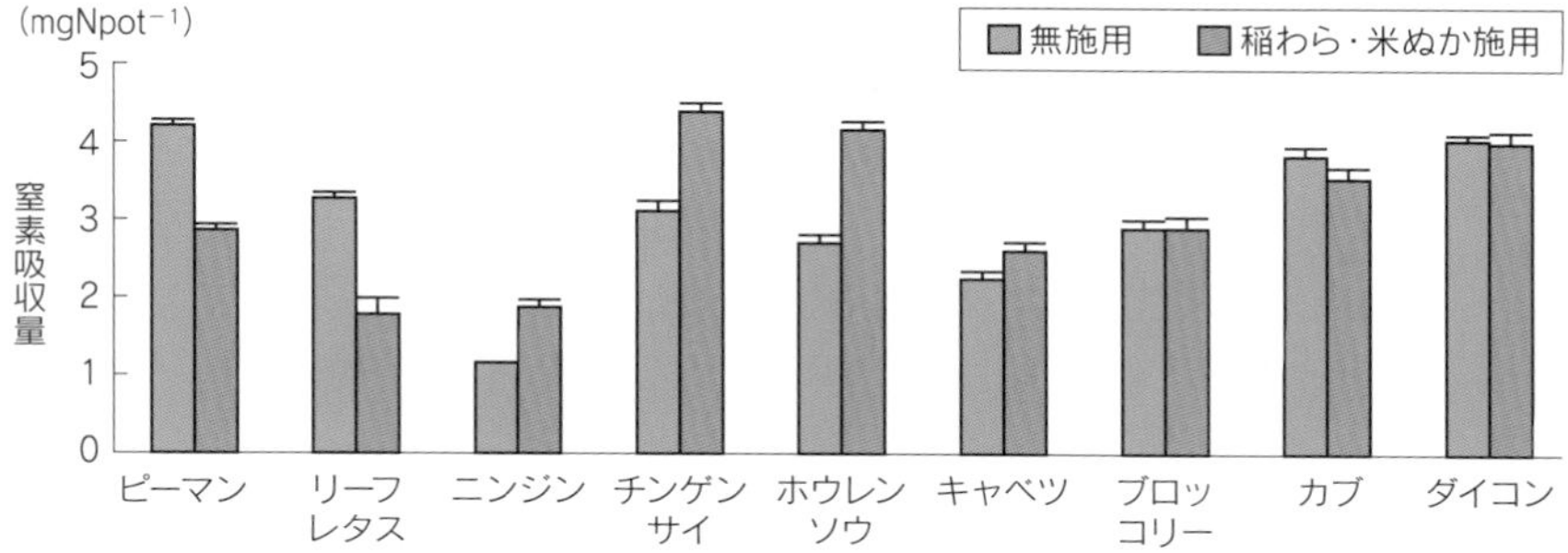

有機物施用土壌における各種野菜の窒素吸収量

資料：松本

◇有機質肥料利用上の留意点

有機質肥料を続けて施用することによって土壌の生物性、物理性が向上するといった良い面もあるが、無機質肥料に比べ肥効が温度などの要因に支配され不安定であることや、分解過程で有害物質やガスが発生するといった欠点がある。

利用に当たっては、①未発酵の有機質肥料施用後すぐに播種、定植するのを避けるか、播種、定植位置から離れたところに施用する、②寒冷地などでは必要に応じ、速効性の有機液肥や無機質肥料などとあわせて使うようにする。

施肥法・潅水法

肥料は従来、農作物の収量、品質の向上に重点を置いて施用されてきたが、近年ではこれらとともに、労力節減、コスト低減、環境負荷の軽減にも重点が置かれるようになってきた。

❶ 近年の肥料と施肥法の変化

食糧増産の頃は化学肥料が普及し、農家が庭先で硫安、過リン酸石灰、硫酸カリといった窒素、リン酸、カリの肥料を配合して施用することが多かった。その後、作付け規模の拡大が進むなかで労力節減が重要な課題となり、配合しなくても済む化成肥料や配合肥料が開発され普及してきた。さらにその後、担い手の高齢化が一層進行して労力節減がますます重要となり、近年では追肥労力を節減できる緩効性肥料が開発され普及してきた。緩効性肥料については作物の生育パターンにあった肥効を可能とする肥効調節型肥料が開発され、育苗箱施用など施肥法にも変化をもたらした。また、野菜類を中心にマルチ栽培が普及するとともに、追肥が行いにくくなり、こうしたことからも緩効性の肥料の利用が進むようになった。

一方、近年、過剰施肥による河川、地下水の環境汚染の問題がクローズアップしてくるなかで環境

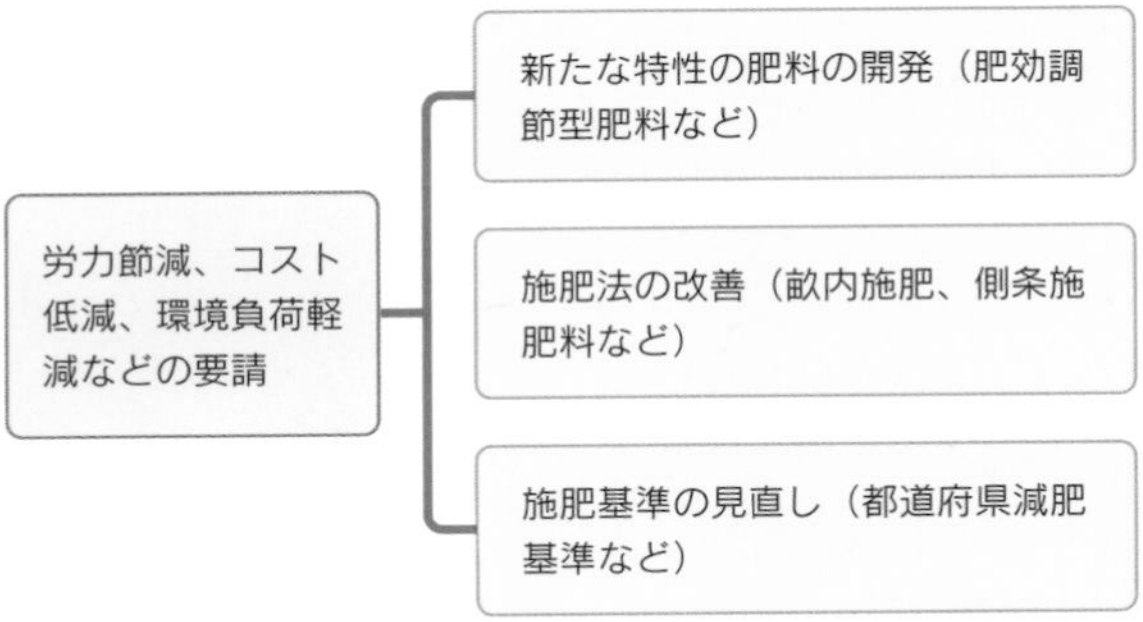

近年の施肥に求められる要請と施肥関係技術の変化

負荷の少ない局所施肥法が開発され普及してきた。

　また、環境影響軽減の問題とともに、肥料価格高騰や肥料養分の過剰蓄積などの問題を背景として、一層肥料コストの低減を図ることが課題となった。こうしたなかで、都道府県では施肥基準を見直し、減肥しても収量が低下しない減肥基準を策定するところが多くなってきた。

　一方、施肥のみではなく、潅水方法と組み合わせた技術開発が進められ、ハウスではチューブにより潅水と施肥が同時に行われ、より精緻な施肥潅水ができるようになった。こうした方法をさらに進めたものとして、養液土耕栽培方法が普及してきた。

❷ 水田と畑地の施肥法の変化

　近年、コスト低減や作業の効率化とともに水環境への影響軽減を図ることが重視されるようになり、新たな施肥方法が開発、普及してきている。

◇水田

　水田での基肥の施用は全面全層施肥法が中心であるが、水質汚濁が懸念される地域などでは、田植と同時に水稲苗の脇に側条に施肥する田植方式が普及してきている。また、育苗箱内に全量施肥する方法が、作業効率を重視する大規模水稲農家の一部に導入されている。一般に行われている全面全層施肥法は、水田では全層に窒素施用することで脱窒防止の効果があり、施肥効率が良い。こうした全面全層施肥法の良さを生かし、基肥に緩効性肥料を用いて追肥を省略する方法も現在普及している。

◇畑地

　畑地では全面全層施肥法が広く行われているが、露地野菜産地のなかにはコスト低減や環境影響軽減の観点から畝内施肥法、畝内部分施肥法を取り入れているところもある。また、育苗段階では、追肥回数の節減などを目的として、肥効調節型肥料を利用した育苗ポット施肥法を取り入れているところもある。

　一方、施設園芸における果菜類では、栽培期間が長く追肥回数が多いが、こうした作物では追肥や潅水労力の節減が図れるなどの理由から潅水同時施肥法が普及している。

◇**樹園地**

永年性作物である果樹では、樹木周辺の土壌表面に肥料を施用するのが通常である。また、果樹によっては樹木の周辺で、タコつぼ状や、溝状に穴を掘り、堆肥や肥料を投入したりすることも行われている。温州ミカンでは、糖度の向上を図るため水管理が重要であるが、糖度向上や節水の観点からマルチシートで土壌表面を被覆して潅水同時施肥する方法が導入されてきている。

現在実施されている基肥と追肥の施肥方法

区分	基肥施肥法	追肥施肥法
水田	・全面全層施肥・側条施肥 ・育苗箱施肥	・表面施肥
畑地	・全面全層施肥・畝内施肥 ・畝内部分施肥 ・畝内局所施肥 ・育苗ポット施肥	・表面施肥 ・潅水同時液肥施肥
樹園地	・表面施肥・局所施肥	・表面施肥 ・潅水同時液肥施肥

❸ コスト低減や環境影響軽減を目指した施肥法

◇**水田**

水田において、コスト低減や環境影響軽減を目指した施肥法として側条施肥田植法が広く普及している。また、より一層コスト低減や効率化を目指したものとして育苗箱全量施肥法が一部の地域で導入されている。

●**側条施肥田植法**

肥料の施肥位置を変えてコスト低減などを図る技術の先駆けとなったのは、水稲における側条施肥法である。側条施肥法は、側条施肥田植機とそれに適合する肥料の開発とによって、1980年代から広まってきている。

側条施肥は作条の3～5cm側方で、深さ4～6cmの位置に施肥するため、初期生育が確保される。また、移植作業と基肥施肥が同時にできるため、施肥の省力化ができる。これの導入効果は、苗近くに局所施肥されるため、従来の全面全層施肥法に比べて肥効が早く、利用率も高い。このため、施肥量は一般に10～30％低減できる。また、土壌中の局所に施肥されるため、圃場外への肥料の流失が極めて少なく、河川、湖沼の水質保全に役立つ。

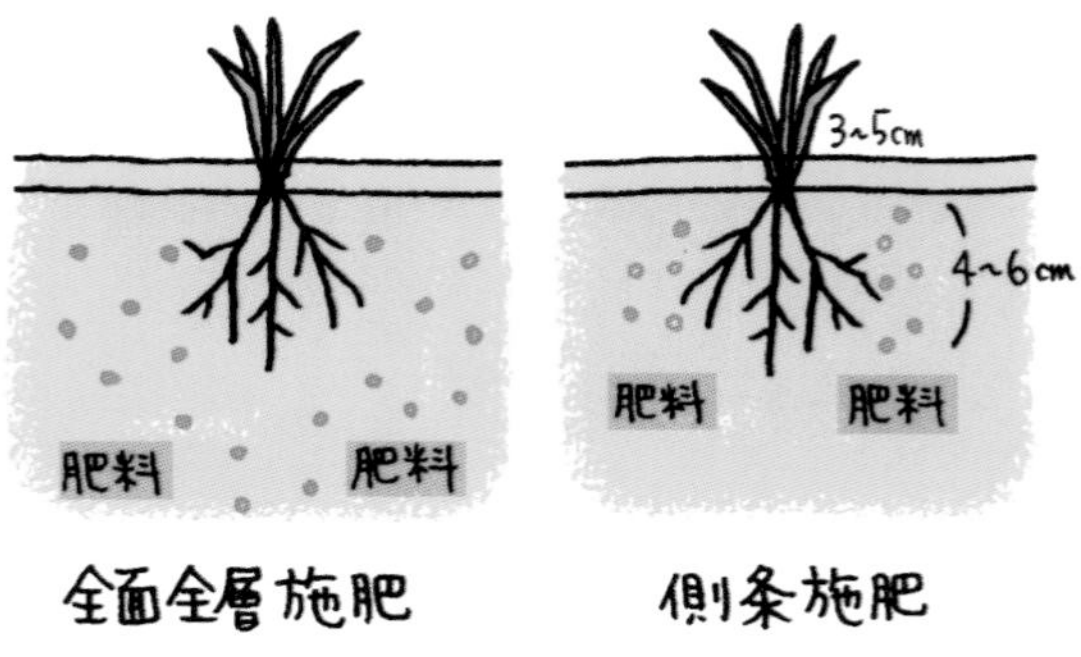

側条施肥法と慣行施肥法の相違

留意点としては、地力が低い水田では生育中期の「肥料切れ」が全面全層施肥より早い傾向が見られるため、生育後半まで肥効が続く肥効調節型肥料の活用や、生育状況を見ながらの穂肥施用が重要である。そのため、特に田植え時期が低温で初期生育の確保を必要とされる地域、地力が高～中程度の水田、周辺に湖沼があるなど水質汚染が懸念される地域での適用が望ましいとされている。

●育苗箱全量施肥法

育苗箱全量施肥法は、稲の作付け期間分の窒素成分を育苗箱内に入れることにより、それ以降の育苗期の追肥、本田での基肥と追肥を省略する方法である。これまでの施肥法と大きく異なり、育苗箱への窒素施肥を基肥と穂肥分を含めて、緩効性被覆肥料のなかのシグモイド型（S字型の窒素肥効）の肥料を用いるのが特徴である。

シグモイド型被覆窒素は育苗期間の窒素の溶出がごくわずかであり、種子と接触させても濃度障害が生じないため、種子と肥料を直接接触させて施肥できる。これを本田に移植すると、温度の上昇とともに溶出が開始され、生育後期まで溶出が持続するため、本田における施肥作業（基肥および追肥）を省略することができる。なお、一般に苗箱施用で供給されるのは主に窒素のみの場合が多いので、リン酸、カリが不足する場合には本田に施肥する必要がある。

導入効果としては、水稲の根部に施肥されるために施肥効率が高く、水稲に対する窒素の施用量は、通常の栽培に比べて2～4割程度節減することができる。また、代掻き時の窒素流亡が少なく環境に優しい。育苗箱全量施肥法は大規模水稲農家や、農地が分散していて穂肥等施肥管理が困難な農家ではメリットがある。

注意点は、被覆窒素の肥効発現は温度の影響が大きく、水稲移植初期の窒素の溶出が緩慢である点である。このため、特に生育初期が低温の年には初期生育が抑制されやすい。

水稲育苗時の苗箱施肥

床土中間層状に見える白粒が被覆窒素肥料(写真提供／ジェイカムアグリ(株))

このように温度により窒素溶出が影響されるため、現状では秋田県を中心に普及している。

◇畑地

露地野菜では、コスト低減や環境影響軽減が図れることから、肥料を局所施用する方式が導入されつつある。施設園芸では潅水、施肥労力の節減やコスト低減が図れることから、潅水チューブを設置して潅水、施肥を同時施用する方式が広く実施されている。また、野菜の育苗段階でシグモイド型の緩効性窒素肥料を用いて、移植後の施肥回数や施肥量を低減する方式も導入されている。

●畝内局所施肥法

畝内施肥は畝のなかのみに施用するもので、作物の根が広がる範囲にのみに施肥する方式である。畝内施肥方式は、施肥の位置によって畝内施肥、畝内部分施肥、畝内局所施肥に分類される。現在、一般に行われているのは畝内施肥と畝内部分施肥である。

畝内施肥法の種類

畝内施肥は施肥位置を特定して施肥を行うため、専用の機械が必要で、施肥位置によって用いられる機械が異なる。現在、現地で畝内施肥が行われている作物としては、露地野菜のキャベツ、ハクサイ、ブロッコリー、カリフラワー、レタス、ダイコン、ニンジン、タマネギ、エダマメ等である。

畝内部分施肥の肥料の位置

（写真提供／（独）農研機構中央農研屋代氏）

畝内部分施肥機での施肥作業

機械で畝立し施肥を実施

導入効果としては、作物の根が広がる範囲のみに施肥を行うので施肥量が削減でき、慣行栽培と比較して通常、畝内施肥、畝内部分施肥で2～3割減少することができる。また、キャベツ、ハクサイ等の露地野菜は、基肥散布→耕うん→畝立→定植の手順で作業が行われるが、この畝内施肥方式は専用作業機により畝立と施肥が一工程でできるため、大変省力的に行うことができる。その他、全面全層施肥法と比較して、畝間等には施肥されないため雑草の生育が抑制されるとともに、肥料成分の地下浸透も軽減できる。

留意点としては、畝内部分施肥は根域周辺に肥料が集中するため全面全層施肥より肥料濃度がやや高くなりやすく、濃度障害が発生する場合があるので、施肥部分が高濃度にならないよう注意する必要があるとされている。

4 灌水の効果と方法

◇作物の種類による灌水の効果

作物の生育、収量は一般に灌水量に応じて増加するが、一定以上の灌水量になると生育、収量は低下してくる。灌水の作物生育などへの影響程度は作物の種類によって異り、土壌水分に敏感に反応する作物とそうでない作物があるが、一般に土壌水分にさほど敏感に反応しない作物の方が多い。

野菜ではサトイモ、ニンジン、果樹ではナシ、畑作物では大豆、ラッカセイなどが土壌水分に敏感で、水分が少ない状態になると他作物以上に生育、収量が低下してくる。特にサトイモは乾燥に弱く、潅水効果が大きい。

◇節水栽培による果実の糖度等品質向上

潅水量を変えることで、果実の糖度等の品質をコントロールすることができる。特にトマト等の果菜類では、節水栽培をすることにより果実の糖含量などが増加する。トマトの高糖度栽培（節水栽培）と慣行栽培との試験結果では、トマトの果重は約半分であるが、糖度だけではなく酸度も慣行栽培の倍量、ビタミンCは4倍量と味が濃くなっている。このように、トマトの節水栽培では糖度が高くなるものの果実はその分小さくなり、収量も低下する。このようにメリットとデメリットがある。

節水栽培とトマト果実品質（品種：桃太郎）

	果重g	ブリックス糖度	内容成分（g／100ml）		
			全糖	全酸	ビタミンC
高糖度（節水）栽培	98	10.8	6.8	2.3	28.7
慣行栽培	188	5.6	3.3	1.1	7.1

資料：茨城県農業総合センター一部改変

◇効率的潅水の方法

作物が水分を必要な時期は、作物の種類や生育ステージによって異なる。潅水の方法は従来、ホースで株ごとに給水していたが、作付面積が広いと労力的に大変である。こうしたことから現在は、畑地や樹園地ではスプリンクラーなど、ハウスではチューブやパイプによる潅水が広く行われている。

ハウスでは点滴潅水チューブを用い、少しずつ給水や施肥する方式が広がってきている。この方法だと節水できるとともに、養分が下層に流亡しにくく施肥効率も良い。

ハウスハラ栽培点滴潅水チューブ

土壌診断の内容と実際

❶ 土壌診断の種類と内容

土壌が関係する作物の生育障害は、大きく分けると土壌の化学性、物理性、生物性に問題があって発生している。具体的には、①土壌pH、養分の過不足やバランス等が原因となって発生する障害（土壌の化学性）、②土壌の硬さ、排水不良等によって発生する障害（土壌の物理性）、③土壌中に生息する病原菌や有害センチュウ等が原因となって発生する障害（土壌の生物性）が挙げられる。

土壌診断は、こうした生育障害を未然に防止したり、解決したりするために行うものであるので、土壌の化学性、物理性、生物性の面から行われる。

また、診断の内容も、生育障害の未然防止の点から行われる予防診断と、生育障害が発生して、その要因の特定と対策を明らかにするために行う対策診断とがある。

◇土壌の化学性・物理性・生物性診断

土壌診断の種類のなかで現在、最も多く行われているのは土壌の化学性診断である。背景としては、土壌の物理性についてはある程度観察などによって把握できるが、土壌の化学性については、土壌中の養分を分析してみないとわからないということが挙げられる。

また、土壌の生物性については

土壌診断の種類
- 化学性診断
（pH、養分の過不足、バランス等）
- 物理性診断
（土壌の硬さ、仮比重、孔隙比率等）
- 生物性診断
（病原菌、有害センチュウの特定や、糸状菌等密度の測定等）

土壌診断の種類

現在、診断が手軽に行いにくいことなどから、問題が発生した場合に実施されている。

作物の生育障害は、土壌の化学性、物理性、生物性が相互に関連しあって、複合的要因で発生する場合も多い。対策を考えていく場合には土壌の化学性のみではなく、物理性、生物性も診断する必要がある。

◇土壌の予防診断と対策診断

診断の目的から見た土壌診断の分類としては、土壌の健康状態を把握し、未然に生育障害の発生を回避する予防診断と、生育障害が発生した場合に原因を特定し、対策を講ずるため行う対策診断とがある。

予防診断は、人間が日常の健康管理のために行っている定期健康診断に該当するものである。土壌における予防診断は、化学性診断の場合、作付け前のpHや土壌の養分状態を把握し、今後、養分の過不足やバランスで何が問題になりそうかを予測して、肥料の種類の選択やその施用量の決定に生かしていくためのものである。一般に行われている土壌診断は予防診断が多い。

対策診断は作物が生育障害を起こした場合に、その原因を究明し、対策を実施するために行うものである。人間でいえば、発熱や下痢などの症状が出たため病院に行き、診断をしてもらい、薬などを処方してもらうようなものである。

対策診断は、生育障害発生圃場や未発生圃場の聞き取り調査などから想定される要因を土壌分析等により検証し、それに対する改善対策を実施する。その対策によって障害が発生しなくなれば対策診断は完了する。

土壌の生物性診断でも予防診断と対策診断がある。土壌中の微生物相が健全な状態にあるかどうか

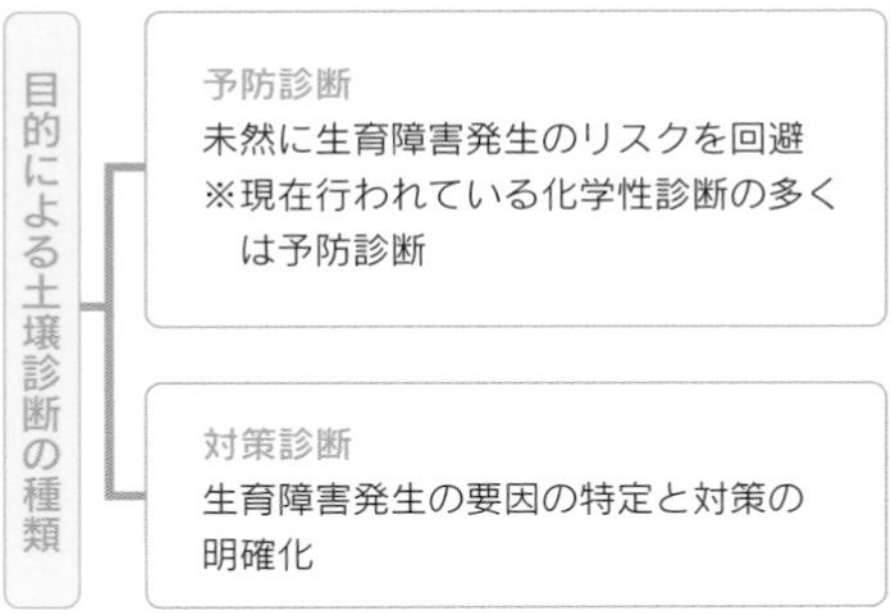

目的による土壌診断の種類
予防診断
未然に生育障害発生のリスクを回避
※現在行われている化学性診断の多くは予防診断
対策診断
生育障害発生の要因の特定と対策の明確化

目的による土壌診断の種類

を見るのが予防診断で、土壌病害やセンチュウ害が発生した場合に、土壌病原菌やセンチュウの種類を特定して対策を行うのが対策診断である。微生物相の健全性を見るための方法としては、細菌数／糸状菌数（B／F）値や土壌微生物多様性・活性評価、土壌病原菌抑止力測定・評価などといった方法がある。

●化学性診断

化学性診断の実施に際しては、表に掲載された診断項目をすべて行うことは少ない。陽イオン交換容量（CEC）、リン酸吸収係数、腐植含量、全窒素含量は日常の施肥管理などによってさほど変化するものではないので、診断頻度は少なくて良い。pH、EC、無機態窒素、有効態リン酸、交換性カリウム、交換性マグネシウム、交換性カルシウムは施肥によって変化しやすい項目なので、診断頻度は多いほうが良い。分析した結果から計算する苦土／カリ比など塩基バランスも、施肥により変化しやすいので同様である。

特に、pHやECは施肥、潅水等、日常の土壌管理によって変化しやすいので、高い頻度で診断を行うことが望ましい。

なお、微量要素については一般

土壌診断における診断項目

区　分	診断項目
化学性診断	・陽イオン交換容量（CEC） ・リン酸吸収係数　・腐植 ・pH　・EC ・窒素（全窒素、無機態窒素、可給態窒素） ・有効態リン酸 ・塩基類（交換性カリウム、交換性マグネシウム、交換性カルシウム） ・微量要素（マンガン、ホウ素等8元素） ・塩基飽和度　・石灰飽和度 ・苦土飽和度　・カリ飽和度、 ・苦土／カリ比、石灰／苦土比 ・有効態ケイ酸（水田）　・遊離酸化鉄（水田）
物理性診断	・有効土層　・作土層 ・土壌硬度（緻密度）　・仮比重（容積比重） ・三相分布・孔隙率　・pF値 ・日減水深（水田）　・土性
生物性診断	・土壌微生物分析（青枯病等特定の土壌病原菌の同定、糸状菌、放線菌、細菌の密度の測定） ・土壌有害センチュウの種類の特定と密度の測定 ・細菌数／糸状菌数（B／F）値 ・放線菌数／糸状菌数（A／F）値 ・土壌微生物多様性・活性評価 ・病原抑止力測定など

にさほど変化するものではないので、pHが大きく変化している場合や作物に微量要素による生育障害が疑われる時の診断が望ましい。

●物理性診断

物理性診断については仮比重（容積比重）、三相分布・孔隙率等は室内で測定できるが、土壌硬度等は現地で測定し、診断することになる。特に圃場の排水不良等の問題がある時や、農地を借地するなど土壌の特性がわからない時に診断すると良い。

●生物性診断

生物性診断については、連作している圃場では土壌病害やセンチュウ害が出やすいので、圃場の一部の区画でも障害が発生した場合には、障害の要因となっている病原菌や有害センチュウの種類を特定したり、密度を測定して診断する。

② 土壌診断の進め方

化学性診断の進め方を左ページの図に示した。物理性診断は、現地での調査・測定が中心となり、問題がある場合に行うことが多い。生物性診断については、土壌分析までは化学性診断と同様の手順であるが、処方箋や対策の内容は化学性診断の場合と異なる。例えば作物の生育障害が青枯病菌の被害であることが明らかになれば、病原菌は水中を移動するので、排水対策が処方箋の一つとなる。

◇土壌のサンプリング

土壌のサンプリングは、正しく土壌の状態を把握するために大変重要である。例えば作物の生育格差の大きい圃場で生育とは無関係に土壌を採取した場合、その後の土壌分析をいかに正確に行っても、そのデータは作物の生育との関係であまり意味を持たない。

土壌のサンプリングをする場合に留意すべき重要なことは、①対象圃場採取土壌の作物生育格差、②土壌採取の時期、③採取土壌の養分のバラつき、が挙げられる。

●サンプリング地点の選定

土壌診断は作物の生育等を改善することが目的であるので、土壌の採取に当たっては、作物の生育等との関係を重視して行う。

作物の生育状況を見て同一圃場

土壌サンプリング	➡	土壌分析	➡	処方箋（改善点・改善法明確化）	➡	施肥設計
・生育の異なる圃場や養分状態不明の圃場などを選定		・分析機関に依頼 ・個人で分析実施（pH等簡易分析）		・都道府県土壌診断基準や、試験データから判断して改善点や改善法を明確化		・養分の過不足などがあればそれに必要な肥料の種類や施肥量を設計

土壌診断（化学性の例）のフロー図

でも生育に大きな格差がある場合には、生育の劣る区画と良好な区画を別々に土壌採取することが望ましい。こうしたことを行うことによって、作物の生育の劣る要因が明確になりやすい。

●サンプリングの実施時期

土壌採取の実施時期は、追肥の時期を把握するのであれば栽培期間中でも良いが、基本的には作物の収穫終期か、収穫後が良い。

③ 圃場内での採土位置

土壌養分の圃場内分布は不均一であることが多く、圃場内の作物の生育がほぼ同一であっても、施肥した位置、作物が育った場所等によっては肥料養分の分布にバラつきがある。また、肥料養分は一般に土壌の表層で濃く、下層になるほど薄まってくる。土層のどの深さのところから土壌を採取するかによって養分濃度が変化する。

この他、プラソイラなどで下層土の土を部分的に表層土に持ち上げたりするような耕うんを行った後でも、土壌養分のバラつきが生じる。

このため、一般に根の最も多く分布する作土層を対象として土壌採取するとともに、養分のバラつきを考慮し、圃場内の異なった場所で何点か土壌を採取し、それを混合して分析試料にすると良い。圃場内の養分のバラツキ状況にもよるが、圃場5ヵ所以上から同じ程度の量の土壌を採取するのが望ましい。

●作土の土壌採取法と調整法

土壌は、根群の多く分布している作土層から採取する。樹園地については作土層の概念がなく、細

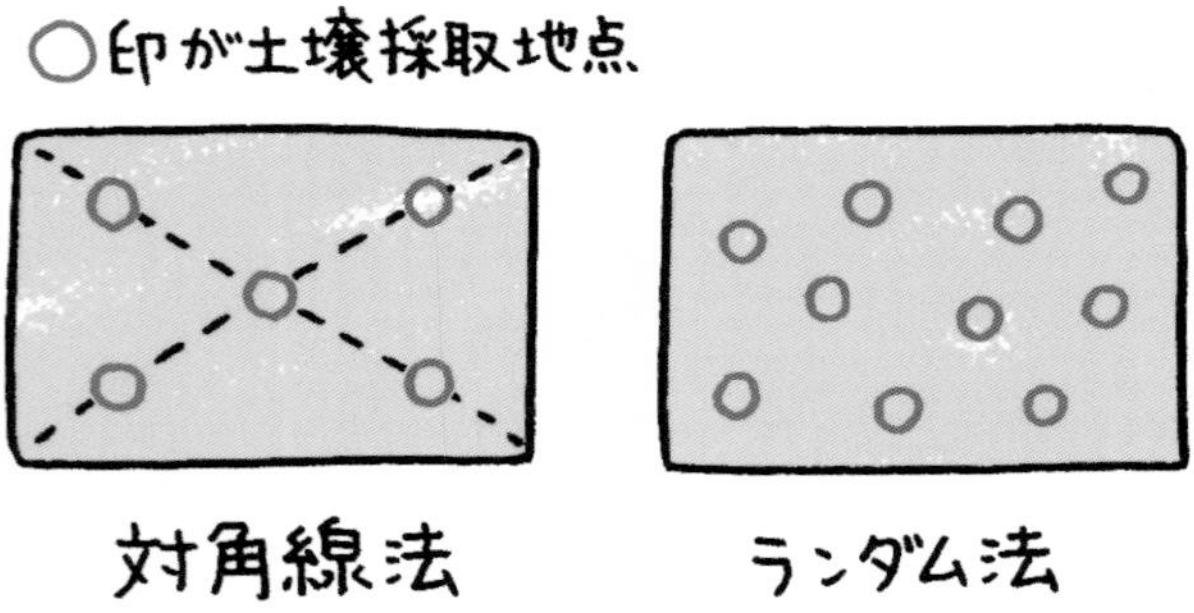

圃場内での採土位置

根の多く分布する主要根群域が40cm程度と深いので、厳密には40cmまでの深さについて、表層土と下層土に区分して採土する。一般的には樹の生い茂っている樹冠から30cm内側の場所で土壌を採取する。

土壌の採取には一般に移植ゴテを使うことが多いが、専用の採土器を用いると容易に一定量を取ることができる。各地点から採取した土壌はよく混ぜ合わせ、分析に必要な量(約500g)に調整する。

採取した土壌は大きな土塊を砕いてよくほぐし、室内で紙の上に薄く広げ、風乾させる。その後、2mm目の篩にかけ、化学性分析に用いる。なお、生物性診断の場合については、乾燥させずに生土のままで分析に出す。対策診断を目的とする場合は、病気等に罹った

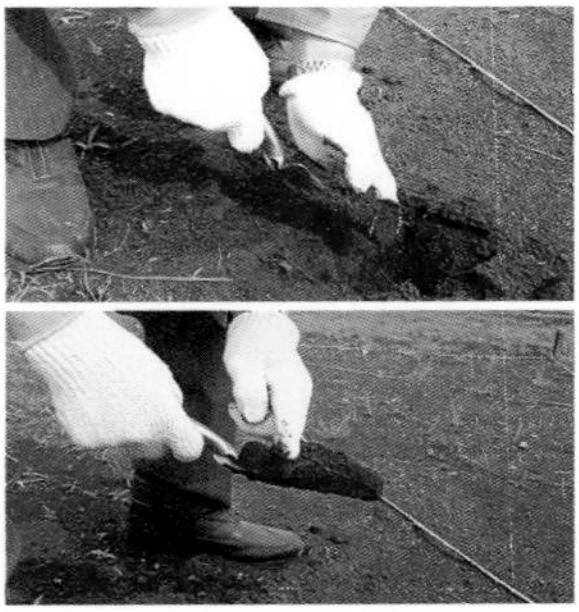

土壌サンプリングの実施状況

表面のみでなく作土層全体から土を採取する。

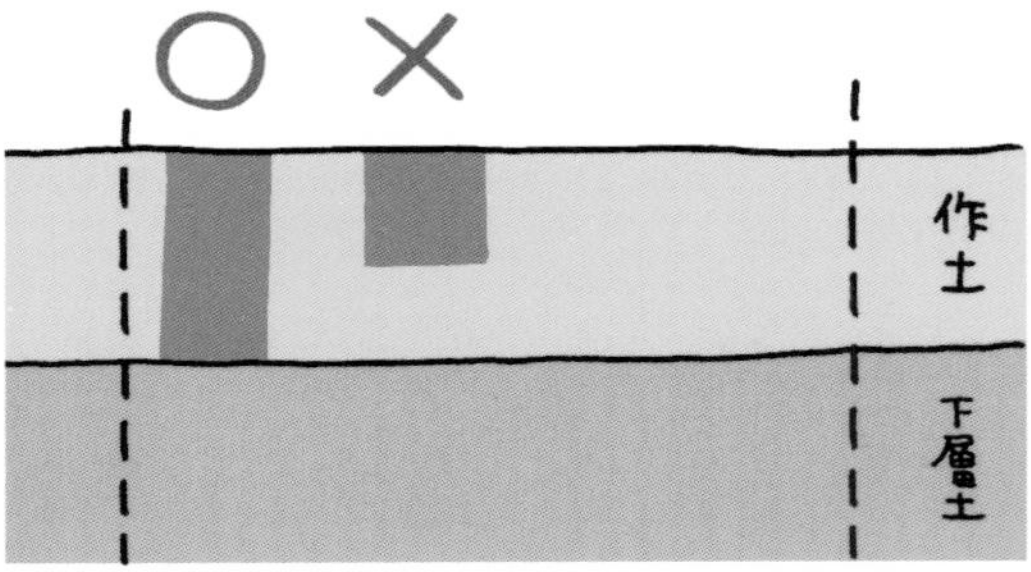

作土の採土方法

株の土壌と健全な株の土壌を分けてサンプリングして、分析機関に送付することが望ましい。

④ 土壌の分析、測定の方法

◇土壌の化学性の分析

土壌の化学性分析については、主なものとしてpH、EC、有効態リン酸、交換性カリウム、交換性マグネシウム、交換性カルシウムなどがあるが、これらの分析は一般には専門の分析機関に依頼することになる。

しかし、pH、ECなどは分析頻度が高く、早急に結果を知る必要がある場合が多い。pH、ECなどは個人で行える簡易分析機器が販売されているので、そうした機器を利用するのも良い。

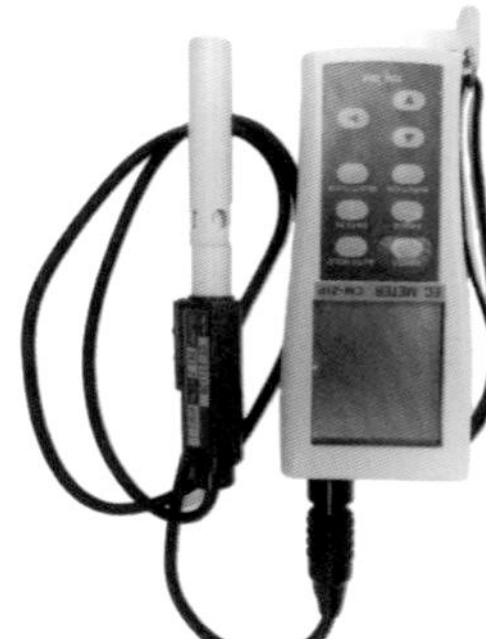

ECメーター

◇土壌物理性の調査・測定

●土壌断面調査

土壌物理性の主な測定項目としては、作土層の厚さ、土壌硬度、仮比重（容積重）、三相分布などがあるが、現地で測定するが多い。仮比重（容積重）、三相分布などは室内で測定するが、作土層の厚さ、土壌硬度などの測定項目は現地圃場で調査、測定を行う。

作土層、有効土層、土壌硬度等を調査する場合には、調査対象圃場で穴を掘って調べることとなる。土壌断面を調査するだけで、次のようなことがわかる。

圃場において土壌断面を調査する場合は、作物生育の中庸な場所を1ヵ所選定する。作物の生育障害を解明する目的では、生育不良箇所と生育の健全な箇所の2ヵ所を選定する。

通常の土壌調査では作土の診断が主となるので、一般に30cm程坑を掘れば作土の厚さ等がわかる。

◇現地での調査項目の測定方法

●土壌硬度（緻密度）の測定

土壌硬度は土の硬さの指標で、

土壌の通気性、透水性などを調べるのに重要な項目である。土壌硬度の測定は普通「山中式土壌硬度計」で行う。深さ5㎝間隔で土壌断面に直角にツバ元まで押し込み、土の硬さによりバネが押し戻される距離（㎜）を読みとる。一般の作物の根が十分に伸長できる土壌硬度（緻密度）は20㎜以下、作土の土壌硬度（緻密度）はおよそ10㎜前後の場合が多い。

また、地表面から垂直方向の硬さの変化を見るには「貫入式土壌硬度計」が便利である。

土壌断面の硬さの状況がグラフで見れることと、測定が手軽に行うことができるメリットがある。これにより、圃場内の排水状況が異なる場合、硬盤形成状況等が手軽に診断できる。

また、土壌の硬さを簡易に診断するには、親指で土壌断面を押した時のへこみ具合でも行える。親指がたやすく土層内に入らな

畑作地の土壌断面

表層の黒い土の部分が作土層。

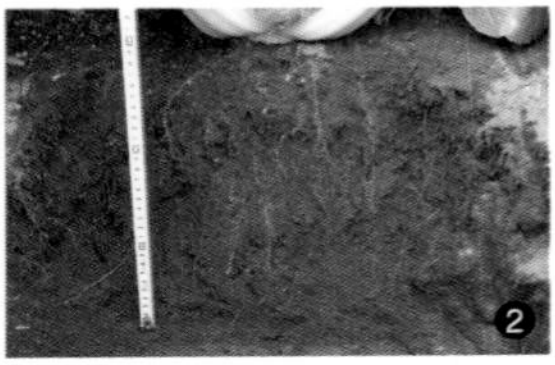

ハクサイの根群分布状況

ハクサイの根は約30㎝までに多く分布。

水田（灰色低地土）の土壌断面

鉄分が溶脱され、下層に蓄積している。

畑作地の深さ別土壌硬度測定

山中式土壌硬度計で5㎝ごとの深さで測定。

土壌断面を調査することでわかる診断項目

土壌断面を調査することでわかる診断項目	該当写真
①作土層の深さや作物の根群域発達等の状況	写真❶、❷
②土壌団粒構造の発達状況	写真❶
③各層の土性、土壌の種類等の相違	写真❸
④土層の酸化、還元の程度	写真❸
⑤深さ別に土壌硬度を測定することによって、硬盤の存在や深さ	写真❹

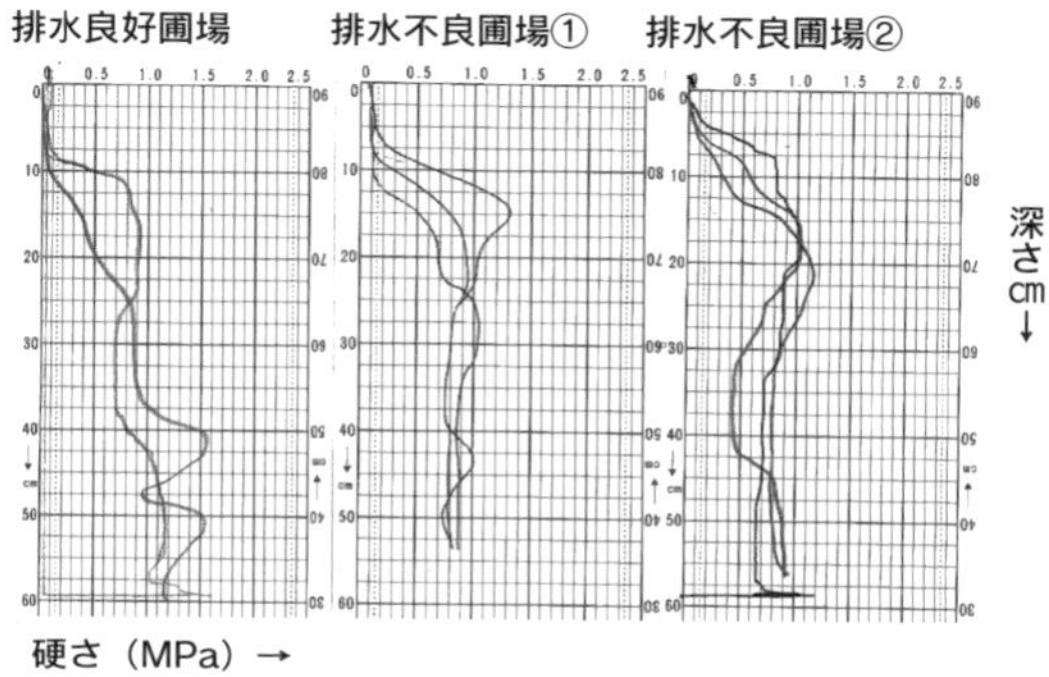

貫入式硬度計で測定した結果

右図は浅い土層に硬盤があること示している。

い場合は、およそ20㎜以上の場合が多い。

●土性の調査

土性は礫（粒径2㎜以上が礫）を除いた細土部分についての土壌粒径のことで、砂、シルト、粘土の重量比率により決まる。正確には実験室で分析するが、現地では指先で土塊をこねた時の感触で判定できる。土が乾いていれば少量の水で湿らせてから判定する。

●土壌の三相分布等の測定

土壌の気相、液相、固相の比率を求めるには、現地で円筒の採土管により土壌サンプリングを行う。通常は、圃場の代表的土壌断面の調査箇所から試料を採取するのが一般的である。採土管は容積100㎖、内径50㎜、高さ51㎜のステンレス製容器で、1圃場から3~6個試料を採取する。採取した土壌の三相分布測定については、専門の測定機関に依頼するのが一般的である。

貫入式土壌硬度計での測定

◇土壌の生物性の分析

生物性の分析については、採取した土壌を専門の分析機関に送り、調査依頼することになる。対策診断の時は、病害に罹った被害株も土つきのまま分析機関に送付するとより病原菌の特定に役立つ。

土性の判定の方法

土の状態	砂土	砂壌土	壌土	埴壌土	埴土
感触	ほとんど砂の感じがする	砂が全体の1/3～2/3を占める	砂が全体の1/3以下	粘りのある粘土に若干砂が混じる	粘りのある粘土がほとんど
水で湿らせた状態	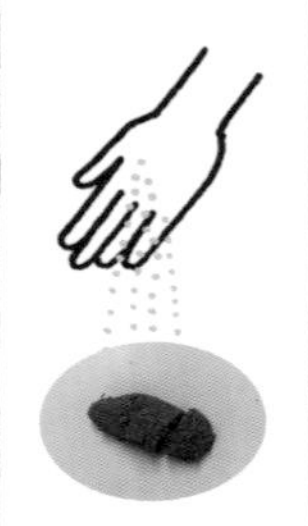	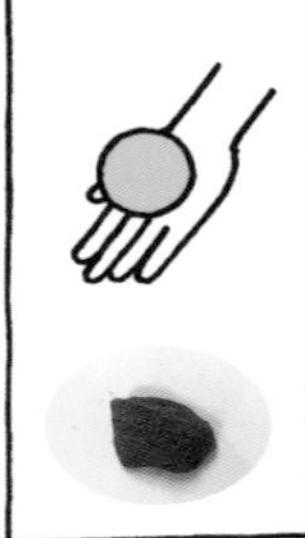	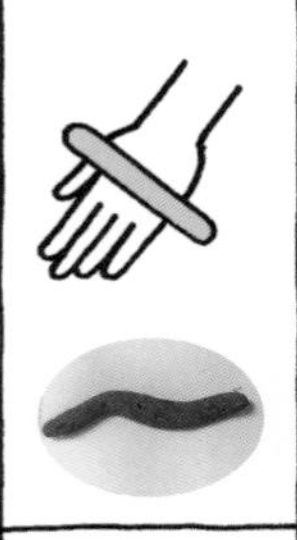	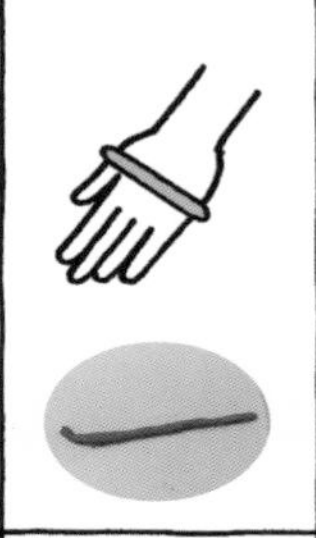	
	まったく団子にならない	丸まるが棒状にならない	鉛筆くらいの棒が作れる	マッチくらいの棒が作れる	コヨリ程度まで細くできる

圃場での土壌採取

採土管

⑤ 土壌分析結果の診断と改善

土壌診断の結果、改善点が明らかとなれば、土層改良や施肥改善をしていくことになる。現在、分析結果の診断や処方箋作成の判断の目安となるものが、最も整備されているのは化学性診断である。したがって、以下に化学性診断や診断結果に基づく施肥改善の方法を紹介する。

◇土壌分析結果の診断と施肥改善を行う目安

土壌分析結果を評価してコメントする場合の目安となっているのは、一般に都道府県が策定している土壌診断基準である。水稲、野菜・畑作物、果樹等作物ごとに望ましい値の範囲が設定されている。これは作物の生育に異常を起こす養分範囲と厳密に考えるべきではなく、予防的な意味も含め、改善を行う目安と考えて対応すべきものである。

したがって、ある程度栽培作物が固定している場合には、その作物の土壌中養分含量と作物生育との関係データがあれば、それがより参考となる。

一般的な土壌分析結果に対する改善コメントの例は次の表のとおりである。また、施肥設計する場合に目安となるのが、都道府県で策定している作物別施肥基準や農協等で作成しているその地域の主要作物の施肥標準の資料であり、これを参考に肥料の種類や施肥量を判断するのが一般的である。

土壌分析結果（一部）とそれに対する改善コメント

	分析結果	県の土壌診断基準	改善コメント（例）
pH	5.5	6.0～6.5	pHが低いので石灰資材の施用が必要です。
有効態リン酸	10mg／100g	20～100mg／100g	リン酸が不足し、pHが低いので熔成リン肥の施用をお勧めします。

COLUMN

堆肥の品質と土壌微生物相改善

土壌病害の発生しにくい土壌は、土壌微生物相が多様であるといわれている。そのためには、良質の堆肥を投入することが必要とされている。

こうしたことから、土壌微生物相を多様にし、土壌病害の発生を抑止する堆肥とはどのようなものかを知りたいと思っていた。これについて、まだ不明なことが多いが、堆肥の調査試験を行うなかで少しわかってきたことがある。

よく未熟堆肥は土壌病害の発生を助長するといわれる。これについてはこれまでの試験データからも裏付けられている。

なぜ、未熟堆肥が土壌病害を助長するかは、堆肥発酵プロセスにおける微生物相の変化を考えると説明がつきやすい。堆肥発酵の初期は生の有機物を分解するプロセスで、その主役は糸状菌である。土壌病原菌の多くは糸状菌であり、未熟有機物の施用は糸状菌の繁殖を促す結果となる。発酵が進み堆肥化物の温度が60℃程度までになると、糸状菌は高温に弱く死滅し、細菌や放線菌が発酵の主役となる。よく一次発酵物の堆積物中に白い層が見られるがここには放線菌が多く存在している。

こうした菌相の変化が、土壌病害の発生抑止に影響していると考えられる。糸状菌の細胞壁の主な成分はキチン質であり、キチン分解酵素を出し取り込む微生物の主役は放線菌である。こうした関係により糸状菌の増殖を抑制する。

次に微生物活性との関係で堆肥はどの程度長く発酵させれば良いかという問題がある。これに関して、同一堆肥化施設で製造されたもので、製造後間もないものと、たまたま３年間保管したものがあったので、微生物多様性・活性値の調査を行った。３年経過した堆肥は、製造直後の堆肥と比較して明らかに微生物多様性・活性値は低下していた。化学分析をしてみると炭素が減少しており微生物の餌がなくなっていることがわかった。

食品リサイクル堆肥の製造施設で土壌病原抑止力の評価手法を用いても調査した。ここでも長く置いたものは明らかに低下していた。最も土壌病原抑止力が高かったのはまだ、堆肥化物の温度が下がりきらない時点のもので、発芽障害物質が分解し障害がなくなった時期のものが良いという結果であった。

なお、種類の異なる食品廃棄物を原料とした堆肥化施設で土壌病原抑止力を測定してみたが、原料の配合によって異なっていた。これについては、微生物の餌等の関係と考えられるが、今後の検討課題である。

第2章

作物別の土壌作り

作物の生育特性と土壌管理

作物の生育ステージと収穫する部位

作物には収穫する部位が葉、果実、根のものなどいろいろな種類がある。また、作物によって生産特性は異なり、トマトのように茎、葉が伸びながら開花、結実を繰り返すものや、トウモロコシのように茎、葉が生長してから実ができるものなどがある。

一般に作物は、茎、葉、根などの器官を形成する栄養生長が進んだ後に生殖生長が行われ、花や実が形成される。人間はこうした作物の生育ステージのなかの、ある段階のものを食用などとして利用している。

例えば、ホウレンソウのような葉菜類であれば葉を食するので、葉の大きさ、形、葉色、食味などが優れたものである必要があるし、ダイコンのような根菜類であれば根を食するので、その形、大きさ、色、食味が優れたものである必要がある。また、キクのような切り花であれば、花色とともに花、茎、葉のバランスが優れたものである必要がある。

栄養生長から生殖生長に転換するにともなって、作物の養分吸収面で変化が起きる。一般に生殖生長に移行すると窒素の吸収は低下してくるが、生殖生長に移行する段階でも窒素が多いとスイカのようにつるぼけするなど収量、品質が低下する。

こうしたことから、作物の収穫する部位に応じて、収量、品質の良い物が収穫できるような土壌管理をしていくことが重要である。

主な作物の生育特性と養分管理

作物の栄養生長段階では一般に

主な作物の生育特性と収穫部位

<table>
<tr><th>生育特性</th><th colspan="2">作物の種類</th><th>収穫部位</th><th>評価の高い収穫物</th></tr>
<tr><td>栄養生長型</td><td colspan="2">葉菜類（ホウレンソウ、コマツナ等）</td><td>葉</td><td>収量大、形、葉色良、硝酸態窒素含量等が少ない</td></tr>
<tr><td rowspan="3">栄養生長、生殖生長不完全転換型</td><td rowspan="2">根茎菜類</td><td>結球型（キャベツ、ハクサイ等）</td><td>葉</td><td rowspan="2">収量大、形、色沢、食味良し等</td></tr>
<tr><td>根肥大型（ダイコン、サツマイモ等）</td><td>根</td></tr>
<tr><td colspan="2">豆類（大豆等）</td><td>実</td><td>収量大、外観品質良、食味良し等</td></tr>
<tr><td>栄養生長、生殖生長同時進行型</td><td colspan="2">果菜類（トマト、キュウリ等）</td><td>果実</td><td>収量大、形、色沢、食味（糖度等）、食感良し等</td></tr>
<tr><td rowspan="3">栄養生長、生殖生長完全転換型</td><td colspan="2">穀類（水稲、麦等）</td><td>穀実</td><td>収量大、外観品質良、食味良し等</td></tr>
<tr><td colspan="2">切り花（キク、カーネーション等）</td><td>花、茎、葉</td><td>収量大、花色、形良、花、茎、葉のバランス良し</td></tr>
<tr><td colspan="2">果樹（リンゴ、ミカン等）</td><td>果実</td><td>収量大、形、色沢、食味（糖度等）、食感良し等</td></tr>
</table>

作物体を大きくするため、養分面では特に窒素を多く必要とするが、生殖生長に移行した後には窒素が効き過ぎないようにしていく必要がある。

果実や花を収穫する作物は窒素が多過ぎると、糖度の低下や、花持ちが悪くなるなど、品質が低下する場合が多い。

養分管理は作物の生育特性などによって異なることから、主な作物の生育特性や養分特性を把握することが重要である。

栄養生長型野菜

・ホウレンソウ

露地栽培の
ホウレンソウ

■栽培特性

栄養生長段階で収穫する野菜類の代表的なものとして、ホウレンソウ、コマツナ、チンゲンサイ、シュンギク、ミズナ等がある。

土壌管理上の留意点としては①年に多数回作付けされ、土壌養分が蓄積してくるので、それに対応した減肥をする、②生育が揃い、抜き取りやすい土壌環境にするために、塩類濃度（EC）が高くならないようにするとともに、堆肥等を施用し土が膨軟な状態にしていく必要がある。

ホウレンソウの生育適温は10～20℃と低く、夏は栽培が困難なことから、周年栽培農家のなかにはコマツナなど、比較的栽培しやすい野菜に切り替える農家もいる。ホウレンソウの根は深く伸び、播種後40日で1・7m程度にまで伸びることから、作土は深いほうが良い。また、ホウレンソウは特に土壌の酸性に弱い作物である。

ハウス栽培のホウレンソウ
時期をずらして播種し、連続して収穫できるようにしている。

■土壌の化学性

土壌診断を行う際に特に留意する必要があるのは、pH、EC、無機態窒素、有効態リン酸などである。

●pH

ホウレンソウは、特に酸性に弱い作物で、生育に好適なpHは6・0～7・0であり、pH5・0付近になると生育は著しく劣り、黄化萎縮する。しかし、pHがアルカリ性に傾くと土壌中のマンガンが不可給態となりマンガン欠乏症を起こすことがあるので注意する（葉に薄い黄緑色の斑が発生）。

●EC

土壌のＥＣが１・５mS／㎝以上になると発芽障害、生育障害を起こしやすい。塩類濃度障害は濃緑色となり、わい化し欠株が生じる。ＥＣが１mS／㎝を超えている時は塩類濃度障害を疑う。

●窒素

ホウレンソウは生育旺盛な時期に収穫するので、葉の活性を維持するため、土壌中に窒素はある程度残存している必要がある。ホウレンソウの茎葉の活性を維持するためには、最低限５㎎／１００ｇの土壌中無機態窒素含量が必要とされており、このレベルを下回ると葉の退色、黄化が生じ、生育も停滞するといわれている。収穫時点の土壌中残存無機態窒素含量は５～10㎎／１００ｇ前後が適正とされている。

しかし、土壌中窒素が多くなると、収量や品質（葉の硝酸塩濃度*が高まる等）が低下してくる。この点からも、年に数回作付ける場合には前作の作付け跡地土壌の残存無機態窒素の量を考慮して、基肥を減らすなどの対応を行う。

*ホウレンソウ葉の硝酸塩濃度……硝酸塩によりヨーロッパで乳児の血行障害（メトヘモグロビン血症）が発症した例があることから、ＥＵでは飲料水の基準などとともにホウレンソウの硝酸塩濃度のガイドラインが設定されている。ＥＵの生鮮ホウレンソウの硝酸塩濃度は３５００㎎／kg以下となっている。なお、日本では現在ガイドラインは設定されていない。

●有効態リン酸

ホウレンソウで最も収量、品質に影響する養分は、窒素で次いでリン酸である。リン酸は根の生育を旺盛にし、越冬栽培では多施の効果が大きいとされる。ホウレンソウ栽培では、土壌中の有効態リン酸含量が増えるにつれて増収するが、約80㎎／１００ｇを超すと頭打ちになる。しかし、現地ではリン酸が過剰になっている圃場も多く見られるので、有効態リン酸含量で３００㎎／１００ｇを越えると、収量が定価するという報告がある。

●塩基飽和度

北海道での試験結果では石灰飽和度１００％、カリ飽和度10％、塩基飽和度が１５０％を超えると収量が低下したとしている。この値を上限飽和度の目安と見なすことができる。

■土壌の物理性

ホウレンソウの生育障害の発生原因の一つと考えられるのが土壌物理性の低下である。ホウレンソウ栽培圃場の土壌物理性診断で特に留意する必要があるのは、排水性等である。

ホウレンソウの根はゴボウ根で土壌水分が多過ぎると湿害を受けやすい。特に問題となるのは、土壌圧密により作土層下に硬盤層ができて排水が悪くなることである。そうした場合には、サブソイラ等により深く耕して水が抜けるようにすることが大切である。

■土壌の生物性

ホウレンソウの土壌病害で多く見られるのは萎凋病、立枯病などであり、また、土壌に関係する虫害で近年問題になっているのは、ホウレンソウケナガコナダニである。

いずれも、連作年数の多い圃場で発生が多い。

●立枯病

立枯病の発生は25℃以上で土壌水分が過度な時に多い。発芽後、本葉が展開するまでの生育初期に発生する。農薬利用以外では太陽熱土壌消毒が効果的である。被害株を除去するとともに、地温が高く、多湿条件で発生が多いことから、高温期の栽培を避けたり、排水改善したりすることも重要である。

●萎凋病

萎凋病の発病適温は25～30℃で6～8月期の発生が多い。草丈10cmくらいで生育が止まり、葉が萎凋し枯死する。対策は立枯病と同様である。なお、萎凋病は塩類集積すると発生が多くなるため、適切にEC管理することも必要である。

●ホウレンソウケナガコナダニ

本葉2枚が展葉する時期になると、土壌中に生息する成虫等がホウレンソウの根部周辺に寄生し加害する。加害を受けた株は奇形葉になる。未熟有機物で増殖するので、未熟有機物は極力施用しない。また、農薬利用以外では太陽熱土壌消毒が効果ある。

・コマツナ

コマツナ露地栽培の様子

■作物特性

コマツナは葉および根の形状からカブ由来の葉菜といわれている。収穫までの期間が短く、低温伸長性があるなど耐寒性が強いとともに、近年は耐暑性を備えた品種も多くなり、生育環境への適応性が広くなっている。コマツナは、こうした特色を有することから周年栽培、専作化栽培がなされている。

コマツナはホウレンソウと異なり直根があまり伸びず、細根が地表近くで横に広がる性質を持っている。また、コマツナは土壌pHに対する適法性は広い。

コマツナ等の栽培に要する労力の大部分は収穫、結束であり、この能率をいかに高めるかが経営上の大きなポイントとなる。ハウスの端から一斉に収穫していくので、生育にバラツキがあると、その分、作業が遅れる。したがって、発芽揃いが良く、養分ムラがないようにして作物の大きさを揃え、しかも作物体が引き抜きやすいようにしていくことが重要である。そのため、塩類濃度（ＥＣ）が高くならないようにするとともに、堆肥等を施用し土を膨軟な状態にしていく必要がある。

できるだけ収穫作業をしやすくするために、養分ムラがないようにする。塩類濃度（EC）が高くならないようにする。

■土壌の化学性

土壌化学性を診断する際に特に留意する必要があるのは、ＥＣ、無機態窒素、塩基類などである。

●EC

コマツナ連作圃場ではＥＣの上昇が問題となってくる。最大容水量の60％の土壌水分（土を強く握ると手のひらが濡れるが、水滴は落ちない程度の水分）の土壌でＥＣが０・６～２・１mS／㎝の場合に、発芽率が82～１００％であったという報告がある。コマツナの播種で発芽が揃うようにしていくためには、ECが0・6mS／cm以下になるようにする必要がある。

●窒素

連作すると残存窒素が増加するので減肥する必要がある。岡山県農試では減肥の目安として、夏期のコマツナ栽培では、土壌中の硝酸態窒素含量＋施肥量＝6kg／10aの窒素とすることで、収量と品質を維持しながら施肥量を削減することができるとしている。

その根拠となる試験結果によれば、土壌中残存無機態窒素量が7〜8mg／100gより多くあっても収量は増加しない。一方、葉の硝酸イオン濃度は、土壌中残存無機態窒素量が7〜8mg／100gを超えると5000mg／100g以上となり品質上望ましくない。したがって、土壌中の硝酸態窒素が約6mg／100gあれば、通常の収量、品質のものが得られるとしている（土壌中の硝酸態窒素6mg／100gは作土10cmとして換算すると10a当たり6kgの窒素施肥に相当）。

●有効態リン酸

コマツナはホウレンソウより有効態リン酸含量が比較的低くても健全に生育する。その要因については、他野菜では吸収しにくい難溶性のアルミニウム型リン酸等の吸収利用率が高いという特性を持っていることが挙げられている。

コマツナ播種前の無機態窒素含量と収量（左）および葉中硝酸イオン濃度（右）

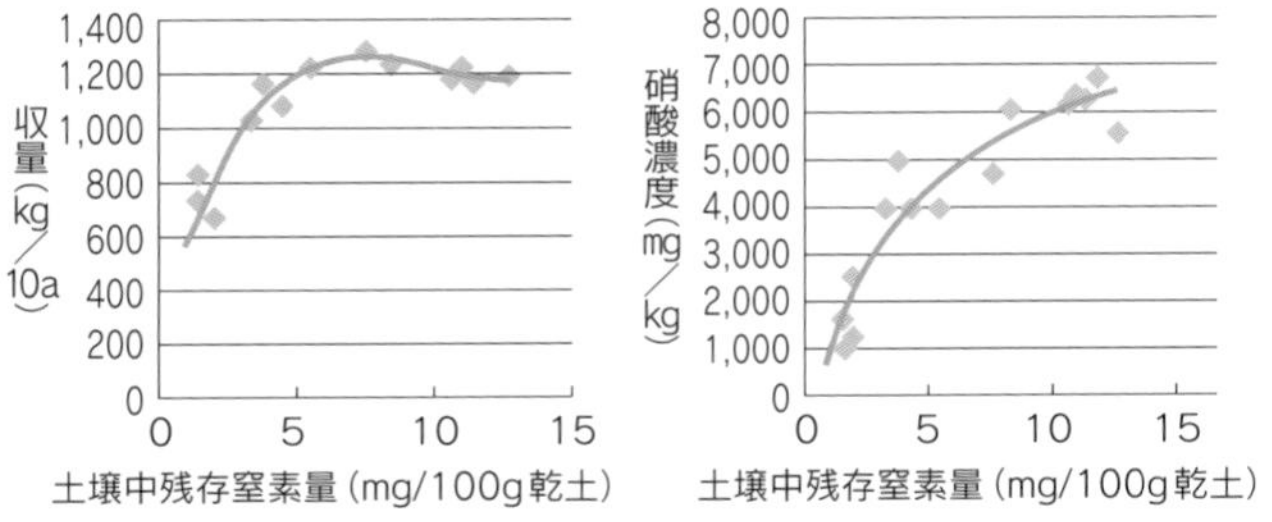

注：播種８月10日、収穫８月31日　　資料：岡山県農試

コマツナとつるなしインゲンのリン酸の形態別吸収量

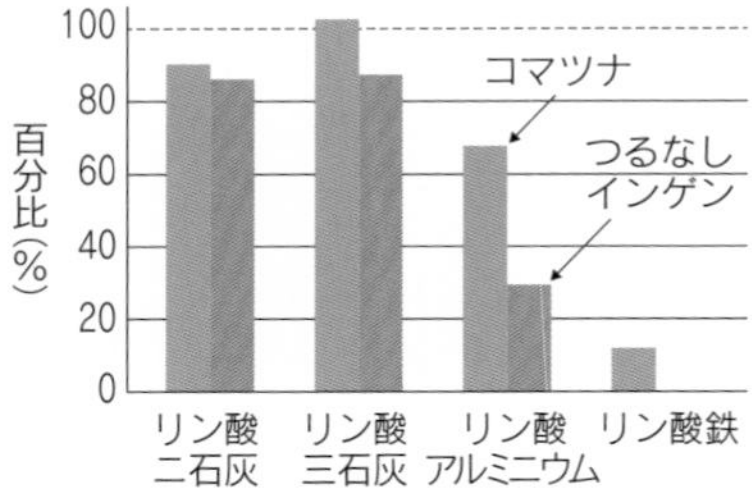

注：リン酸一石灰のリン酸吸収を100とした場合の比率
資料：東京都農試

通常、土壌分析で測定しているリン酸の形態はリン酸一石灰が中心であるが、コマツナは、難溶性の三石灰型やさらに難溶性のリン酸アルミニウム型のリン酸も多く吸収している。

●塩基類

コマツナはホウレンソウほど窒素を必要としない。特にコマツナは石灰含量の高い野菜で石灰の要求量が高い。

■土壌の物理性

浅根性のため、表層土の乾燥が生育に及ぼす影響は大きい。土壌水分はpF2・0以上で生育が低下し、pF1・6前後が最も適している。潅水の仕方ひとつで、生育の揃いや品質に影響する。播種後の潅水は、たっぷり行うことが望ましい。高温条件下で1回当たりの潅水量を多くすると、軟弱になりやすいので短時間潅水を心がける。冬期でも施設を密閉したり、べたがけ被覆下で潅水量や潅水回数を多くすると、軟弱化を招きやすい。収穫前の潅水は、蒸れや軟弱化を招き、棚持ちに影響を及ぼす。収穫までの日数が短く温度が高い春夏作では、草丈が10cm程度、収穫10日前頃までに潅水を終えるようにする。

■土壌の生物性

土壌病害としては、アブラナ科作物全般にいえることではあるが、連作圃場では根こぶ病が問題になることが多い。根部にこぶを生じ、その後生育不良を起こす。

耕種的対策としては、発病好適pHが6・0前後なので、土壌酸度を矯正し、pH7・0程度にする、などが挙げられる。

●ネギ

ネギ栽培圃場

■栽培特性

ネギの種類には九条ネギなどの葉を食する葉ネギと、軟白化された葉鞘部を主に食する千住ネギのような根深ネギがある。葉ネギは根深ネギと比較して生育期間が短い。

ネギの基本作型名は、播種期の季節区分によって春播き、夏播き、秋播き、冬播きに分類されている。しかし、近年、耐暑性、耐寒性を持つ品種が育成されるなどして、ネギの作型は多様化しており、ハウス栽培を合わせるとほぼ周年生産が可能となっている。

ネギの酸素要求性は野菜のなかでは大きいほうで、排水の悪い圃場では生育が劣り、湛水が続くと枯れてしまう。特に根深ネギは深植えをするので、生育への影響が大きい。

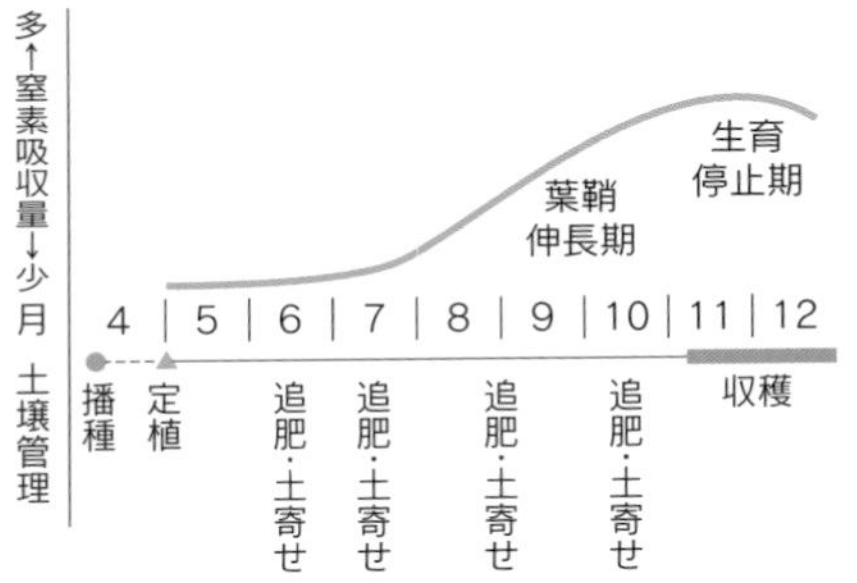

図２－３　ネギ（根深ネギ）の窒素吸収パターンと土壌管理

根深ネギは葉鞘部を軟白化するため、土寄せ作業が行われる。土寄せ作業は軟白化のみならず、根深ネギ栽培において収量、品質に影響を与えるので重要である。

軟白化された葉鞘部の長さ（軟白長）は、作型や産地ごとの出荷規格によって異なるが、一般に、冬ネギなどでは軟白長が30cm以上、夏ネギで25cm以上必要とされる。この軟白長を確保するため、定植後に5～7回程の土寄せ（培土）が行われている。

葉ネギは、特に濃緑色の葉色で葉身部が硬いもの、日持ち性が優れるものの品質が良いとされている。葉ネギの生育と品質に大きく影響するのは、土壌の水分管理である。低温期に湛水を制限して栽培すると葉色が濃くなるとともに、日持ち性が向上する。しかし、高温期に湛水を制限して栽培すると葉先枯れ症が発生しやすくなる。

■土壌の化学性

根深ネギは定植後伸長し始めるまでにおよそ1ヵ月もの日数を要し、その後、緩やかに生長し、2ヵ月後頃から急激に伸長する。ネギの耐肥性は比較的強いが、生育初期は弱いので多肥は避ける。こうした生長特性を持つネギの効率的施肥法として、肥効調節型の被覆肥料や有機質肥料を用いた施肥が広く行われている。

根深ネギの土寄せは、軟白化のみならず追肥と除草の目的もあり、この作業は収量や品質に大きく影響する。ネギの根元に肥料をやり、中耕、土寄せを行うと効果が大きい。

ネギ圃場の土壌診断で特に留意したいのは次の項目である。

●pH

ネギのpH適応性は広いが、九条ネギではpH5・9以下では生育が劣り、pH4・7以下では生育が困難であったという調査結果がある。葉ネギで問題となる葉先枯れ症はカルシウムの吸収阻害が要因の1つとなっており、その対策として、石灰が必要である。このようなことから、ネギ圃場の適正pHは6・0~7・0程度とされる。

根深ネギの葉鞘の軟白化のための土寄せ方式

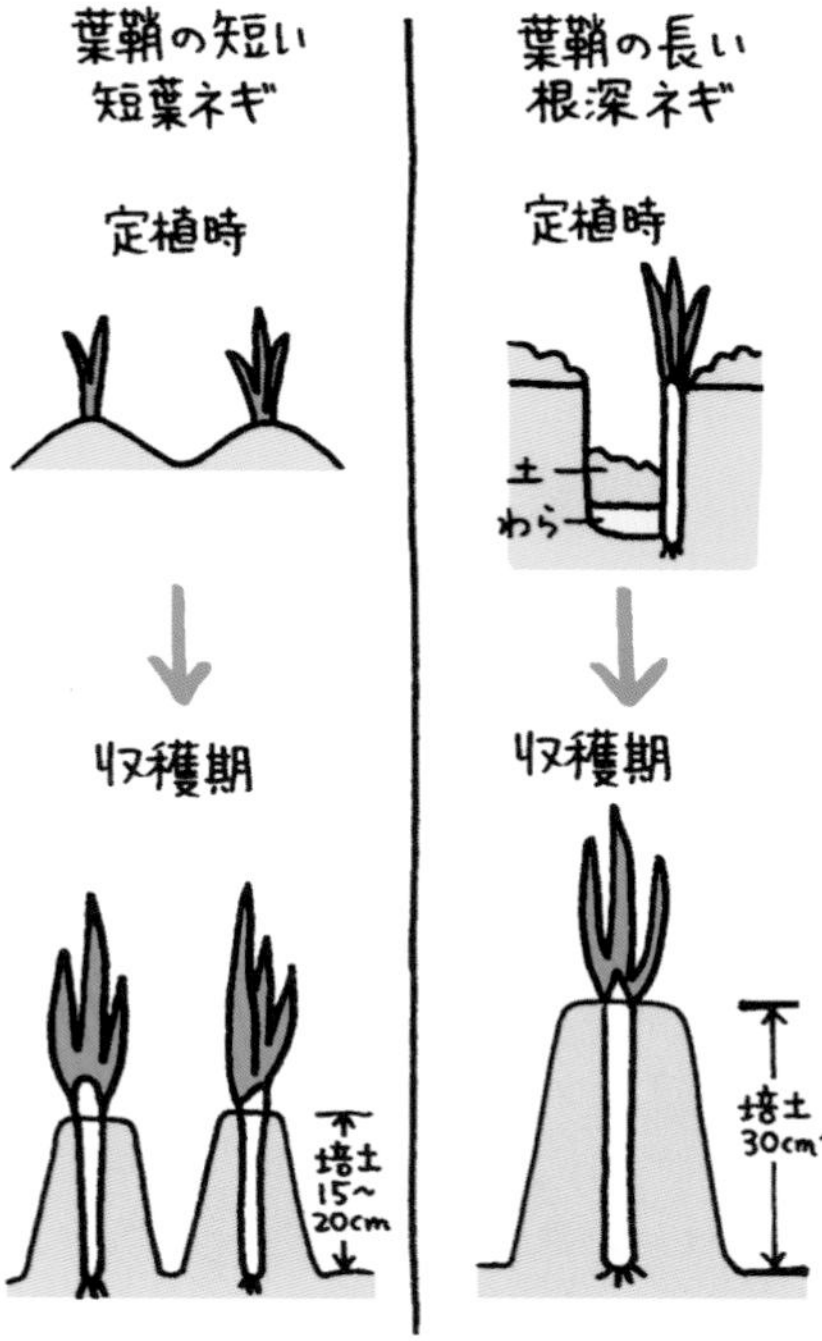

●EC

ネギは塩類の濃度障害で発芽不良を起こしやすい。苗の生育は床土のECに対して敏感であり、ECは0・4~0・8mS/cm程度が適正とされる。

●リン酸

ネギ属のタマネギ、ニンニクについては、収量、品質の向上を図るために土壌中の有効態リン酸含量を80~100mg/100g程度に高め、初期生育を早めることが重要とされている。これらの作物では栄養生長期の終わりには結球肥大期になることから、初期生育を旺盛にすることが球肥大の促進につながる。一方、ネギにはこうした生育相の転換はなく、収穫まで栄養生長が持続することから初期生育が多少遅れても、その後生育促進させることで収量が確保できる。ネギの初期生育の確保には土壌中の有効態リン酸含量が１００mg／１００g程度あることが望ましいが、有効態リン酸含量が50mg／１００gでも最終的には１００mg／１００g程度を上回る生育が可能である。こうしたことから、ネギの場合、有効態リン酸含量は50mg／１００g程度があれば問題ないといえる。

■土壌の物理性

ネギの根は多くの酸素を必要とし、浅根性でほとんどの根が作土中に分布する。また、多湿に弱いため、排水性、通気性が良好である必要がある。葉ネギの栽培では、十分に土壌水分を必要とする時期があったり、逆に品質向上（葉色が濃く、葉肉が硬い）のために土壌水分を制限する時期がある。したがって、排水が良く、しかも保水力のある土壌であることが重要である。

特に、セルトレイ、チェーンポットで育苗した苗は小さいため、湿害を受けやすいので注意する。

また、根深ネギ栽培では土寄せを行うので、作土層が深い圃場を選ぶ。特に水田で栽培する場合は、排水の良い圃場を選定する必要がある。

●土寄せ

根深ネギ栽培では、土寄せ作業は増収効果があるが、一度に厚く土寄せすると葉鞘部は長くなるものの径が細くなり、収量もほとんど増加しない。これは過度の土寄せにより、通気が不良となり、また、土圧も高くなって生育が阻害されるためである。したがって、土寄せは根の生育に合わせて徐々に行う必要があり、特に粘質な土にあっては注意が必要である。

●潅水

葉ネギは土壌の乾燥に強く、低温期に潅水を制限して栽培すると葉色が濃くなるとともに、日持ち性が向上する。しかし、この潅水制限も早くから行うと、生育の不揃いや収量低下をきたすとともに、高温期の栽培では葉先枯れ症の発生を増加させる。

葉ネギの夏期栽培における適度な潅水は、葉先枯れ症を効果的に抑制する。収穫前10日間を水分の多いpF１・５で圃場管理すると、乾燥気味のpF２・３以上の区に比べ収量が増加し、日持ち性も良くなる。葉先枯れ症対策としては湛水と石灰資材の施用が重要である。

■土壌の生物性

ネギは、比較的連作障害に強いことなどから同一圃場に連作されることが多いが、連作による土壌病害の発生も多くなってきている。

ネギの代表的な土壌病害としては、根腐萎凋病、小菌核腐敗病、軟腐病などがある。根腐萎凋病の場合、高温乾燥が発病を助長する。保水力を高めることで発病が軽減される。小菌核腐敗病の場合は、冷涼、多湿条件下で多発するため、圃場排水に努める必要がある。軟腐病は、酸性の強い土壌、高温、多湿の条件下で多くなる。窒素過多にならないようにするとともに、酸性の強い畑は石灰で矯正する必要がある。

ネギの根圏微生物には土壌病害を抑制する働きがあるものがいる。昔からユウガオとネギを混植すると、ユウガオのつる割病が抑制されることが明らかになっているが、それ以外でもトマトの根腐萎凋病、イチゴの萎黄病、キュウリの萎黄病などの抑制効果があることが明らかになっている。

葉ネギへの湛水の有無と葉先枯れ症の発生

処理区	草丈（cm）	葉先枯れ症の発生率（%）	収量（t／10a）
無湛水区	52	25	2.1（100）
湛水区	55	11	2.6（124）

資料：福岡県総合農試

・ニラ

ニラ栽培圃場（収穫期）

■栽培特性

ニラの栽培は、一般にニラの株を養成して捨て刈りした後に再生してくる葉を数回収穫するといった栽培法が行われている。

ニラ栽培の多い栃木県では、3月に播種し、6月に定植して株養成した後、12月に捨て刈りし、1月から3月にかけて3回収穫する（冬どり栽培）。その後、引き続き株養成し、7月に捨て刈りして雨よけをした後、8月から9月にかけて3回収穫する（夏どり栽培）方式が行われている。

葉色が濃緑で葉幅が広く、葉肉が厚い品質の良いニラを生産するためには、充実した株作りが重要である。根量が多く、養分蓄積が十分に行われている株ほど、収量や品質が優れている。株養成期間における株の出来が収量や品質の向上に大きく影響する。ニラの根は収穫を繰り返すと減少し、根量低下の激しい株ほど収量は少なく品質も低下する。つまり、充実した根の株養成をすることが、収量、品質を高める大きな要因となる。

ニラは排水が良く、保水力のある土壌でないと安定生産は期待できない。そのため、圃場の排水対策を実施するとともに、有機物を施用して通気性、保水性の良い土壌にしていくことが重要である。

■土壌の化学性

ニラは生育期間が長いため、多肥が必要であるが、半面、多肥が過ぎると秋期に倒伏して株の充実が不良になることがある。株養成期の施肥は、基肥よりも追肥が収量に及ぼす影響が大きい。

ニラ栽培圃場の土壌診断で特に留意したいのは次の項目である。

●pH

ニラは酸性土壌で生育が劣るので、pH6・0〜6・5に矯正する。特にpHが5・5以下になると生育への影響が出始める。苗床でpHが6・0以下になると生育が不揃いとなる。

●窒素

生育初期における土壌中の無機態窒素含量は5〜10㎎／100g

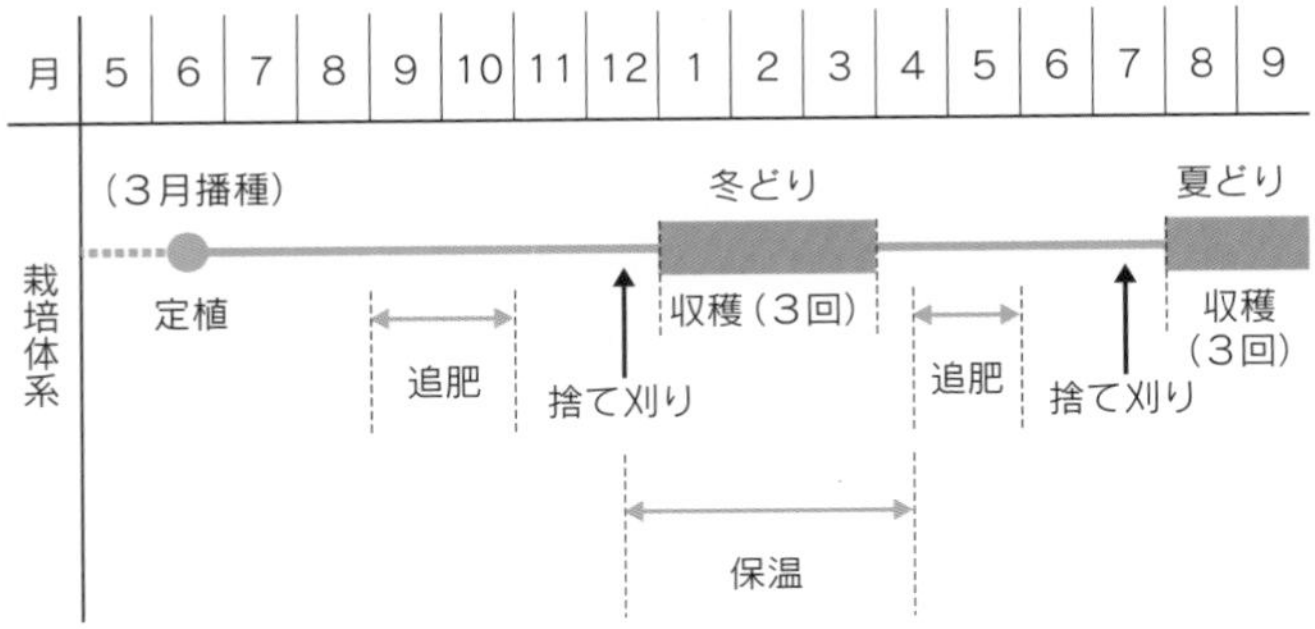

ニラの栽培体系（栃木県の例）

が適当とされている。

●リン酸

リン酸の肥効は苗床で効果が高い。ポット試験の結果から土壌中の有効態リン酸レベルが50㎎／100g程度でニラの生育は良好になるという報告がある。

■土壌物理性

ニラの根は多数のひげ根からなっており、その大部分が深さ30㎝前後までのところに集中している。ニラは過湿に弱く、通気性、保水性の良い土壌を好む。根群の張りを良くするためには排水不良地を避けるとともに、耕土を深くし、有機物を施用する。

■土壌生物性

ニラも連作すると土壌病害虫の発生が見られる。育苗期には特に白斑葉枯病と乾腐病の防除が重要である。株養成期には乾腐病、株腐細菌病、ネダニの防除が中心となる。乾腐病は連作圃場で発生が多く、また、土壌の過乾や過湿、さらには酸性土壌で発生しやすいので注意する。

ネダニは高温時に土壌が乾燥しやすい畑地に多く発生し、水田では比較的被害が少ない。連作によって被害が増大するので、発生の多い圃場では連作を避ける。ネダニの被害にあうと株全体が黄色みを帯びて葉の伸びが悪くなる。被害が進行すると株全体がだんだん小さくなり、最後には被害部分が完全に欠株になる。

これらの土壌病害の発生の恐れのある圃場では、定植前に必ず土壌消毒とネダニ対策を完全に行うことが重要である。

また、ネギと同様に、ニラの根圏微生物には土壌病害を抑制する働きがある。ニラとトマトの混植でトマト萎凋病が抑制されることや、イチゴとの混植でイチゴ萎黄病が抑制される。

栄養生長、生殖生長不完全転換型野菜

●キャベツ

一般にキャベツは、アブラナ科野菜のなかで土壌に対する適応性が広い。そのなかでも生育に最も良い土壌は、排水良好な砂壌土から埴壌土で、排水が良く、石灰の豊富な土壌である。

キャベツは外葉が形成されてから結球し、収穫されるが、養分吸収量は外葉生長期が大きい。外葉形成期の養分不足はその後の生育に大きく影響する。特に、結球開始期の窒素欠乏は玉肥大期の欠乏より生育への影響は大きい。

キャベツ

■栽培特性

キャベツはアブラナ科作物で、生育適温は15～20℃と冷涼な気候を好むことから、冬季は温暖な地域、夏季は高冷地、寒冷地で生産され通年供給されている。

定植直後のキャベツ

玉肥大期のキャベツ

■土壌の化学性

キャベツの養分吸収で特徴的なのは、石灰の吸収量が多いことである。石灰は窒素の吸収量に近い吸収を示す。

●pH

原産地が石灰の多い地帯だけ

に、酸性土壌は生育に良くない。pH5・0以下だと生育が悪く、一般にpH6・5〜7・0が適正幅となっている。そのなかでも高めのpH値のほうが生育面やアブラナ科作物で問題となっている根こぶ病対策の面で適当である。

●**窒素**

最も生育に影響するのは窒素で、窒素が不足すると生育量が低下するとともに、外葉の葉縁にアントシアン色素が出て赤紫色を呈する。窒素の過剰症状が出にくいことから一般に窒素が多量に施用される傾向が強いが、多窒素では糖含量が低下する。

窒素は外葉形成後期から結球開始期にかけて肥効がピークとなるように施肥し、その後、結球後期に入ったら肥効が低下するように施肥すると良い。一般に基肥＋追肥の体系をとっているところが多い。地力の低い圃場では、適期に追肥を行うことが特に大切である。

地力窒素の発現は、堆肥連用するほど高くなるが、その発現量は高温期に向かって増加し、低温期には少なくなる。このため、春播き栽培ではキャベツの吸肥パターンに沿う形になるが、夏播き栽培では生育前半が多く、生育後半ほど低下してくる。こうした地力窒素の発現を前提に、窒素施用量の加減を行っていく必要がある。こうした地力窒素の発現に合わせた施肥は他の作物でも同様である。

●**リン酸**

窒素に次いで生育に影響するのはリン酸で、リン酸不足下では生育が劣る。土壌中の有効態リン酸は70mg／100g程度までは収量が向上するケースが多い。近年、リン酸過剰の圃場が多く見られるが、東京農大ではリン酸過剰土壌で根こぶ病が増加するという結果を発表している。根こぶ病発生抑制のためにも土壌中リン酸含量を高め過ぎないほうが良い。

●**石灰**

キャベツではカルシウム欠乏症が出やすい。石灰欠乏は葉の周辺が枯れる縁腐れ症となって現れる。石灰欠乏症が土壌中のカルシウム不足のみで起きることは少ない。窒素の過剰施用等により、キャベツの生育が旺盛な時や土壌が乾燥している時に、カルシウムの吸収と体内移動が間に合わないために引き起こされることが多い。こうした場合、窒素施肥量を控え、土壌の乾燥を防ぐことなどが対策になる。

●ホウ素

キャベツなどアブラナ科の作物はホウ素の要求量が多く、ホウ素欠乏症が出やすい。ホウ素欠乏の症状としては、葉脈のひび割れやコルク化をともなうことが多い。ホウ素は土壌pHがアルカリになると根から吸収されにくい形態となる。また、土壌が乾燥した時にも吸収されにくくなる。pHを高め過ぎないようにするとともに、土壌の乾燥を防ぐことが重要である。

■土壌の物理性

キャベツは野菜のなかでも過湿に最も弱い部類に属する。根群分布が比較的表層に近い浅根性の作物であることが、水分の増減への影響を大きくしている。排水不良の圃場や地下水位の高い畑では生育が悪く、特に高温期に雨が多い場合には急に草勢が衰えることがある。一方、乾燥による生育抑制は、特に外葉形成期から結球開始期までの間受けやすく、潅水の効果が大きい。

■土壌の生物性

キャベツ生産で最も問題となる土壌病害としては、根こぶ病がある。産地によってはキャベツバーティシリウム萎凋病が問題になっているところもある。

●根こぶ病

根こぶ病はアブラナ科作物共通の土壌病害で、病原菌が寄生すると根部にこぶを形成し、生育不良となるとともに枯れる。根こぶ病の病原菌は土壌中で遊走子となって、土壌水分中を遊泳して拡散するので、排水不良土壌で発病が多い。また、根こぶ病は、土壌pHが発病に関係し、pH6・0以下の酸性土壌で発病が多く、pHが中性、特にpH7・0~7・4の土壌では発病しにくい。

キャベツ根こぶ病

（写真提供／HP埼玉の農作物病害虫写真集）

・ハクサイ

ハクサイ

■栽培特性

ハクサイの生育適温は、20℃前後で比較的冷涼な気候を好むことから、キャベツ同様、適温の時期、地域で産地を移動しながら周年的に供給されている。

ハクサイは、収穫までの生育期間が短い品種で60日間位、長い品種で100日間位かかるが、収量は10a当たり6~8tにもなり、1日当たりの増加量はかなり大きい。このため、根が広く張れて肥沃な土壌でないと十分な養分吸収ができず、良品生産ができない。

キャベツは土壌が痩せていても肥料を補えば比較的よく結球するが、ハクサイは開墾して間もないような土壌では多くの肥料を施しても生育が悪い。結球野菜のうちでハクサイはキャベツ、レタスに比べると肥沃な土壌に向いている。

移植栽培では定植後、2週間程度は生育が緩慢であるが、活着と同時に旺盛に生育し始め、養分吸収量は外葉が畝を覆い始めて結球開始する頃までが最も多い。結球肥大・充実期に入ると外葉が枯れ始め、乾物重の増加が少なくなるので養分吸収量も少ない。追肥は肥大開始期に肥効が現れるように施すことが重要である。

■土壌の化学性

●pH

ハクサイは弱酸性を好み、最適土壌pHは6.3~6.5である。

●EC

EC値が1.0mS/cm以内ではEC値が上がるとともに収量も増加するが、1.0mS/cm以上に高まってくると収量が低下する。異状球の発生については、EC値が1.0mS/cmまではほとんどないが、1.0mS/cmを超えると発生が多くなる。

●窒素

窒素は最も必要とされるが、過剰にあると葉に黒い斑点が生じるゴマ症が発生しやすい。ゴマ症は基肥窒素の施用過多、特にアンモニア態窒素を多く施用した時や収穫期が遅れた時などに発生しやすい。

●**石灰**

外葉に近い葉の葉縁が萎縮枯死する縁腐れ症、内葉の葉縁が褐変する心腐れ症は、カルシウム欠乏によるものである。これらの症状はキャベツと同様、窒素を多く施用し生育旺盛な時や、土壌が乾燥してカルシウムが吸収されにくい時に多発する。

●**ホウ素**

ハクサイもホウ素欠乏症を起こしやすい。土壌のホウ素含量が0・3ppm以下ではほぼ確実に発症し、0・5ppm以上あれば発症しない。pH6・5以上ではホウ素が不可給態となりやすく、吸収されにくくなるのでpHをあまり高めないようにする。

■土壌の物理性

●**土層の深さ・孔隙**

ハクサイの根は細くて弱いが非常に数が多く、広く深く根を張る。根が十分に伸びて、活発に養水分の吸収が行われなければ、急速な球の肥大充実に間に合わない。作土が深く孔隙率が高ければ、根張りが良くなり、収量の増加につながる。深耕や有機物の施用が大切である。

●**土壌水分**

ハクサイの生育肥大には多くの水分を必要とする。ハクサイ、キャベツは生育初期から中期にかけて、葉が萎れる程度の乾燥に一度でもあうと、カルシウム欠乏による心腐れ症の発生が多くなる。結球開始後の土壌水分の低下に比べて、定植から結球開始期頃までの水分低下のほうが発生しやすい。

ハクサイの根系

ハクサイ軟腐病

■土壌の生物性

ハクサイの土壌病害のなかでは軟腐病の被害の影響が最も大きく、この他では根こぶ病の被害も大きい。軟腐病は結球期に23℃以上の高温になり多湿であると多発するので、播種期を調節することが最も有力な手段であるが、排水を良くすることも予防となる。

根こぶ病はアブラナ科野菜共通の土壌病害である。アブラナ科作物の連作を避けるとともに、病原菌は、水中を動いて伝染するので、排水を良くする必要がある。

・レタス

レタスの露地栽培

■栽培特性

レタスはキク科の作物で、同じ仲間の作物としては、シュンギク、ゴボウなどがある。

レタスの結球期の生育適温は15~20℃であり、こうした温度条件に合わせて適温の地域、時期で栽培が行われ、周年供給されている。

レタスは乾燥には比較的強いが雨や湛水には弱く、生育障害や病害が発生しやすい。

レタスの養分吸収は、生育初期が少なく、外葉形成後期から球肥大期にかけて急激な増大が見られる。

■土壌の化学性

レタスにおける養分の過不足は窒素で特に現れる。窒素については、アンモニア態窒素を好む作物で、他の野菜類が硝酸態窒素を好むのに対して特徴的である。レタスは石灰の吸収量が多く、乾燥状態が続いた場合や窒素過多により急激に生育した時に葉の先端や周縁部が褐変する縁腐れ症や心腐れ症が発生する。

●pH

レタスは酸性に極めて敏感で、ホウレンソウに次いで酸性に弱い野菜である。特にpH5・0以下になるとその害がはっきり出てくる。土壌適正pHはpH6・5~7・0である。

土壌pHとレタスの収量

pH	5.4	6	6.8	7.2
レタス収量(kg/a)	149	226	345	294

資料:福岡県総合農試

●窒素

レタスにおいても窒素の過不足は収量、品質に大きな影響を及ぼす。窒素過剰の場合には、外葉が生長し過ぎて異常球が発生しやすく、また、糖やビタミンCが低下する。窒素が欠乏した場合は、株全体の生育が悪くなるが、低温期の栽培では外葉の生長が抑制されて結球に至らなかったり、チャボ球といわれる小球になることがある。

レタスは土壌中の有機物が分解されて発現する窒素（地力窒素）を好んで吸収する。堆肥の施用効果の出やすい野菜である。

●リン酸

レタスはリン酸を好み、生育に比較的大きな影響を与える。土壌中有効態リン酸濃度が80㎎／100gまではリン酸含量が高まるとともに生育も良くなる。

●石灰、塩基飽和度

石灰については、乾燥状態が続いたり、窒素やカリ過剰で石灰吸収が阻害されると、縁腐れや心腐れなどの生理障害が発生しやすい。カリ飽和度が10％を超えるとレタス収量が低下するという試験結果がある。

定植直後のレタス

収穫期のレタス

■土壌の物理性

レタスは根が浅く、乾湿の変化が少ない通気性の良い土壌で良品生産ができる。静岡県のレタスの主産地において土壌タイプの異なる地帯でB級品の発生率の高い圃場と低い圃場を選定し、土壌の物理性の相違を調査している。その結果、レタスのB級品の発生は、作土の気相率の低い圃場で多いことが明らかになっている。

また、乾燥状態と加湿状態がくり返される圃場では、下位級品の発生が著しく多い。作土層の水分変動が小さい圃場で栽培されたレタスは、糖度（Ｂｒｉｘ）が高くなる傾向があり、収穫球は萎れにくく外見上の品質も優れる。反面、多湿条件で栽培されたレタスは収穫時の糖含量が少なく、貯蔵時の品質低下も早い。

■土壌の生物性

レタスの土壌病害虫については、特にキタネグサレセンチュウによる被害が多い。本センチュウによる被害を受けると、地上部では生育が不揃いになったり欠株が生じたりする。

耕種的防除対策としては、センチュウ対抗作物の利用があり、マリーゴールド（品種例「アフリカントール」）などを栽培すると効果が高い。この他、レタスの土壌病害として、夏秋作では降雨が大きな要因となって腐敗病、軟腐病などの細菌病などが問題となる。耕種面の対応としては、輪作を行ったり、窒素過多や過繁茂を避けるとともに、地表水が停滞しないように排水対策を行うことが重要である。

・タマネギ

タマネギの生育状況
関東秋播き、11月上旬定植〜翌年5月末に収穫開始

■栽培特性

タマネギはユリ科の作物で生育期間が長く、秋播き栽培で230〜270日、春播き栽培で190日程度である。北海道では春播き栽培が行われているが、都府県では秋播き栽培が普通である。

タマネギの生育は地上部の発育期と球の肥大充実期とに分けられる。結球は長日刺激により、生長点でりん片葉（葉身のない葉鞘だけの葉）が形成してくると開始される。球の肥大充実が進むと、葉が葉鞘のところからくびれて倒れてくる。倒伏が揃ってきた頃が収穫期となる。

タマネギは他の野菜に比べて土壌の種類、土性による生育への影響は少ないが、特に根系が狭いので乾燥に弱く、水分不足では球の

4月下旬の生育状況（玉肥大開始期）。

5月下旬、葉鞘のところからくびれて倒伏（収穫期）。

肥大が悪くなる。

タマネギは生育期間が長い割には養分吸収量が少なく、気温の低い冬期の吸収量は窒素、リン酸、カリともにわずかである。秋播き栽培では、地上部の生長が盛んになる3月頃から養分吸収量が著しく増加する。

■土壌の化学性

タマネギの生育にとって特に重要な養分は窒素とリン酸である。タマネギの標準施肥区と比較して、カリのみ無施用とした場合には収量に影響がなかったが、窒素のみ、またはリン酸のみを無施用とした場合にはそれぞれ2割程度減収したとの試験結果がある。

●pH

タマネギは酸性に弱い作物であり、適正pHは6・0〜6・5とされている。

●窒素

窒素は特に、球の肥大初期までに根や葉を十分生育させるために必要である。窒素が不足すると球の肥大が不良になるとともに、腰高球になりやすく、抽台もしやすい。逆に窒素が効き過ぎると病害を受けやすくなるとともに、肥大が遅れたり貯蔵性が低下したりする。3月以後の生育の旺盛な時期に窒素が不足すると球の肥大充実が不良となるので、球肥大開始期（秋植えでは4月下旬頃、春植えでは7月中旬頃）に土壌中に3〜5mg／100gの無機態窒素が存在するよう施肥管理することが望ましい。

なお、タマネギは血栓生成予防などの健康効果があるとされている硫化アリルを多く含むことから硫黄成分を多く必要とする。そのため、硫酸を有する根肥料が適当であるとされている。

●リン酸

タマネギ栽培においてリン酸は重要で、リン酸が不足すると根の発達が悪く、越冬率も低下する。

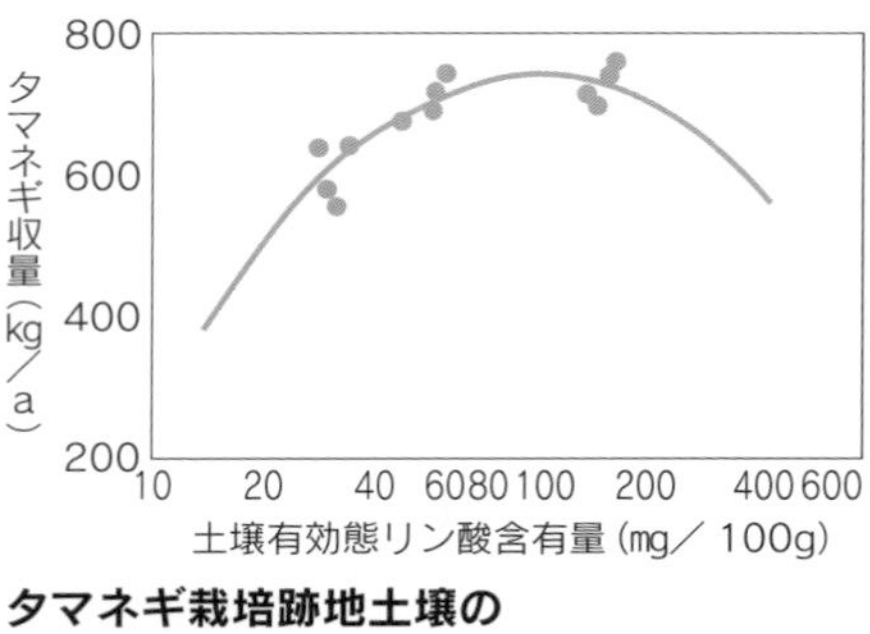

タマネギ栽培跡地土壌の有効態リン酸含量と収量

資料：兵庫県農試

特にリン酸は幼苗期の生育に多く必要である。また、本圃でも多いほうが望ましく、土壌中の有効態リン酸含量が80㎎／100g程度までは、有効態リン酸含量の高まりに比例して収量も高まる。

タマネギの生育に適した気象条件の年には、土壌中の有効態リン酸含量が70～80㎎／100gの範囲で最も収量が高く、生育環境の厳しい低収年では80～130㎎／100gの範囲で最も収量が高かったという試験結果がある。しかし、それ以上リン酸が過剰になると、玉肥大期間が短縮し、玉肥大を抑制する傾向になるとされている。

●塩基類

カリは窒素、リン酸と比較して球の肥大充実への影響は少ない。しかし、カリが少ないと、べと病に罹りやすくなるとともに、貯蔵中の腐敗が増加するので、土壌中の交換性カリウム含量は少なくとも25㎎／100gを下回らないようにする。

石灰については、これが不足すると球の締まりが悪くなるとともに、貯蔵性が低下する。また、土壌中の石灰含量が多くなるとタマネギの腐敗玉発生率は減少する。

■土壌の物理性

タマネギは表層20㎝前後に根が多く集中する浅根性の作物であり、また、根も繊細で乾燥を嫌う。タマネギの根は、乾燥に弱く水分が不足すると老化が早まり、老根が増加して玉の肥大や倒伏を早める。根の発生とその伸張は、高温・乾燥条件の下で悪く、老化を招きやすい。

また、土壌の通気性も重要で、通気性不良の土壌では下葉の枯れ上がりが早く、球の肥大も悪い。根を十分に伸張させるための深耕の効果が大きい。

■土壌の生物性

圃場の土壌物理性は、土壌病害の発生とも密接に関係する。最近、北海道でタマネギの乾腐病（土壌病害）が重要な問題となっているが、乾腐病発生の多い圃場は土壌が硬く、保肥力が低い圃場であることが明らかとなっている。

土壌が硬く、腐植が少ないと、乾腐病の発生が増える傾向がある。有機物含量が少ないことが土壌の

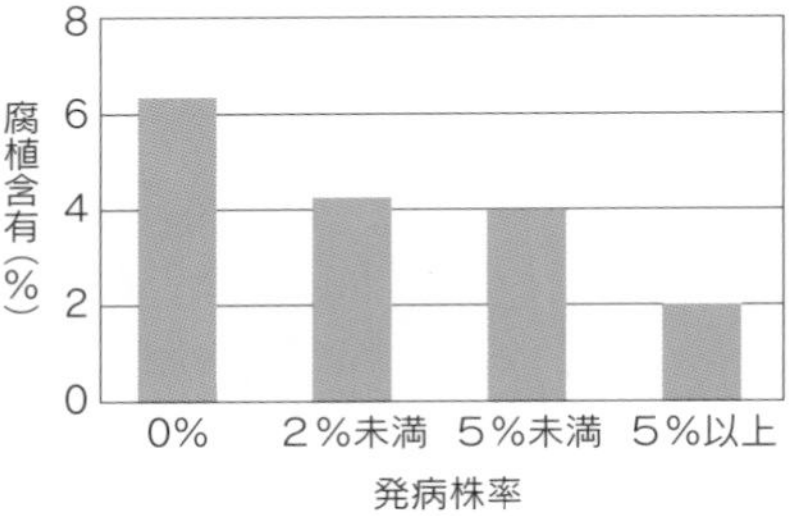

乾腐病発病株率と腐植含量（作土）の関係

資料：北海道立・花野菜技術センター

乾腐病

りん片基部に白いカビを生じ、内部が水浸状に腐敗する。（写真提供／HP埼玉の農作物病害虫写真集）

硬さの重要な要因になって発病を促している。

・ニンニク

ニンニクの生育状況（4月下旬）

■栽培特性

ニンニクはタマネギと同じユリ科の作物で、生育適温は18～20℃と冷涼な気候を好む。ニンニクの植えつけは一般に9月中旬頃で、翌年の5月中旬～6月下旬頃が収穫期となる。4月下旬から6月上旬にかけてりん片の分化が行われ、その後の長日温暖な条件下でりん片が肥大して球が形成される。したがって、冬期にりん片分化のために十分な低温に遭遇した後は、生育促進を図り、球の肥大促進を図ることが大切である。

ニンニクの繁殖には、種球を分けたりん片を用いる。4月下旬～5月にかけて、「とう立ち」するが、摘み取ったつぼみは、茎ニンニクとして料理に利用できる。

ニンニクに適した土壌条件としては、土層が深く腐植に富んだ肥沃な土壌が望ましい。生育には土壌水分が適度に保たれていることが必要で、こうした圃場では、よく締まった品質の良いニンニクが生産できる。砂土や軽しょう土、あるいは排水不良地ではニンニクの品質が悪いだけでなく、病害の発生も多い。

土壌の化学性

ニンニク栽培土壌の腐植含量は高めが良く、堆肥施用の効果が大きい。また、有効態リン酸を多く必要とする。pHが低かったり、リン酸が少なかったりすると生育や球肥大が劣り大幅な減収となりやすい。

●pH

ニンニクは酸性に弱い作物で、土壌酸度はpH6・0~6・5が適当とされている。pHが5・5以下となると生育が悪く、強酸性土壌では根の先端が丸くなり伸びなくなってしまう。

●窒素

窒素の吸収割合を見ると、土壌中の地力窒素に由来するものが相当あることから、10a当たり2t以上の堆肥施用が望まれる。窒素の多肥は玉割れの原因となるといわれ、また、サビ病多発の誘因ともされているので、窒素の多肥は避ける。

各地の試験成績からも窒素の施肥量は10a当たり21~22kgが限度とされている。

●リン酸

ニンニクはリン酸の施用効果が大きい。リン酸含量が少ないと発根が劣り、減収につながる場合がある。土壌中有効態リン酸含量は80~100mg/100g程度となるようリン酸肥料を施用する。有効態リン酸含量がおよそ120mg/100g以上で収量がほぼ横ばい状態になる。また、有効態リン酸含量が170mg/100g以上の圃場ではリン酸を施肥しなくても減収しない。

土壌の物理性

ニンニクは、乾燥した土壌では収量や品質が劣るので、保水性のある土壌が望ましく、水田転作畑にも適している。しかし、排水が悪いと根の伸びや生育が抑えられる。

ニンニクは乾燥条件下で収量が

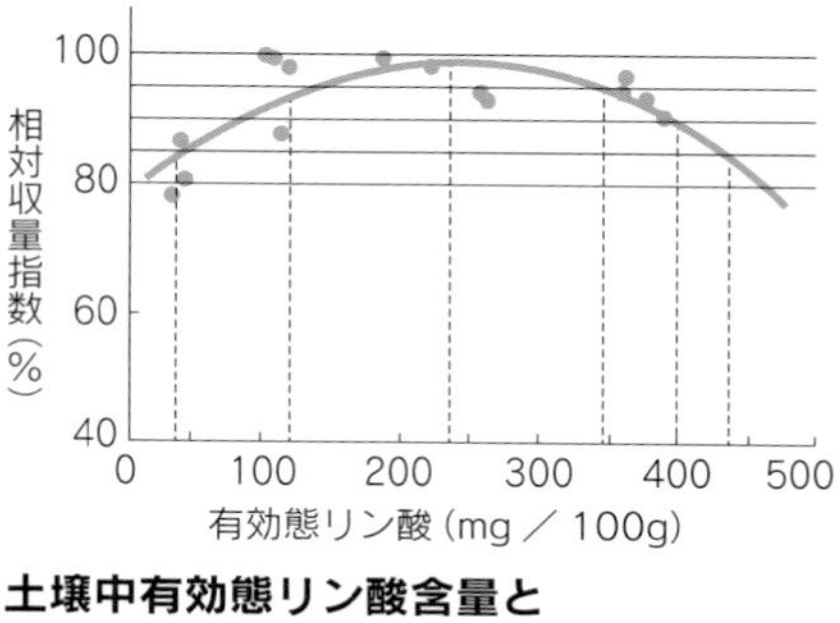

土壌中有効態リン酸含量とニンニク相対収量指数

資料：青森県農試、一部改変

減少する作物で、特に6月は球の肥大が盛んな時期であり、この時期の水分不足は収量に大きく影響する。乾燥しやすい地帯では潅水設備が必要である。

ニンニク栽培では有機物の施用効果が大きい。特に春先の葉先枯れ対策として乾燥防止が重要であるが、そのためにも堆肥の施用が重要である。堆肥等有機物の施用によって保水性、通気性、排水性が適度に保たれるようになる。

■土壌の生物性

ニンニクは栄養繁殖性作物であるため、種球からの病害の伝染が多い。特にウイルス病については、いったんウイルスに汚染されると後代まで半永久的に伝播する。このため、種球は無病のものを確保することが重要である。

この他の土壌の病害やセンチュウ害としては、紅色根腐病やイモグサレセンチュウなどの被害が見られることがある。

紅色根腐病は土壌伝染性の病害で、菌の生育は25~30℃の比較的高温を好む。ニンニクの生育期間中、地上部にはほとんど症状が出ないが、6月になって葉の枯れ上がりの早い株で発病している可能性がある。こうした株を抜き取ってみると、根の一部が紅色に変色し、腐敗していることが多い。連作している圃場や排水の悪い圃場での発生が多いので輪作や排水改善が重要である。

イモグサレセンチュウについては、ニンニクの病害虫のなかで最も注意しなければならないもので、一度発生すると根絶が極めて困難であり、土壌に長年残るので栽培圃場を変える必要がある。ニンニクの栽培をいったん止めても長い年月生存する。

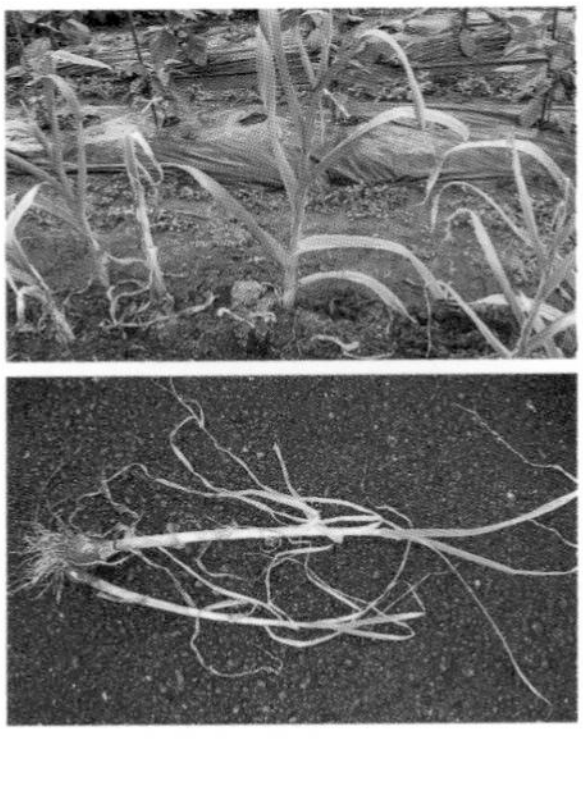

紅色根腐病に罹ったニンニク
5~6月病原菌は根の残さとともに土中に残り、土壌伝染する。根が次第に紅色に変色し、株が生育不良となる。（写真提供／HP埼玉の農作物病害虫写真集）

・ジャガイモ

ジャガイモの収穫

栽培特性

ジャガイモはナス科に属する作物で、冷涼な気候を好み、雨の少ない地域での栽培に適する。

ジャガイモは高温下では徒長し、デンプン含有率が低下することから、生育適温時期での作型で栽培されている。夏作は北海道から東北地方にかけての作型で、現在、日本のジャガイモ栽培の4分の3がこの作型である。秋作は九州地方、特に長崎県に多い作型で8～9月に植えつけて11～1月に収穫する。

ジャガイモの「イモ」は、地下茎が肥大してデンプン等の貯蔵器官となったもので、「塊茎」と呼ばれる。収量と品質（デンプン価等）とは負の相関関係にあり、両者をともに向上させるのは極めて困難である。したがって、収量と品質のバランスのとれるような施肥管理が特に重要である。

また、収量、品質に大きく影響を与える要因として土壌病害（そうか病等）があり、その抑制対策が重要である。

土壌の化学性

収量と品質（デンプン価等）に特に大きく影響するのが窒素施肥である。窒素施肥量を増やしていくと、ある段階までは収量は上がるが、デンプン価は下がる。

土壌中に塩素イオンが多い時は、塊茎乾物重および塊茎の比重が減少する塩安や塩化カリのような塩素系の肥料は、デンプンの転流を抑制するため避けたほうが良い。

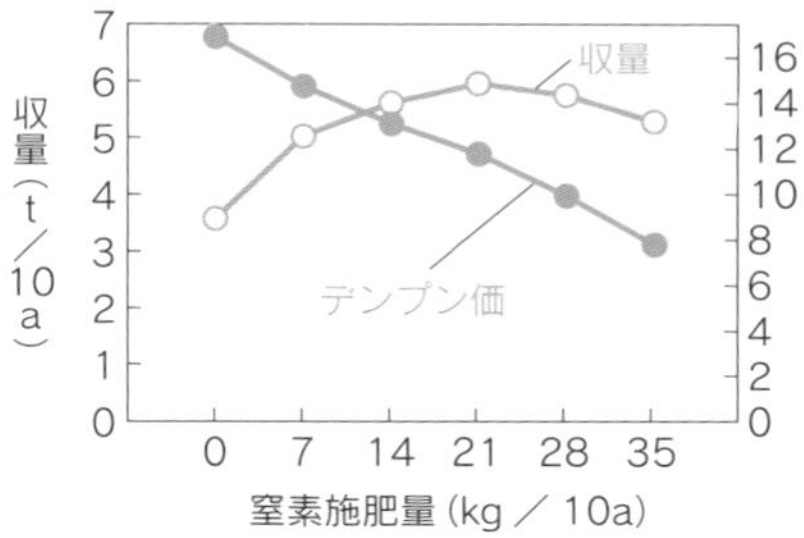

窒素施肥量、収量およびデンプン価（品種：男爵）

資料：吉田

●pH

土壌pHの適応範囲は比較的広く、pH4・8～7・1の間では特に収量差は見られない。ジャガイモの重要な土壌病害であるそうか病の被害を抑えるためにはpH5・0前後が適とされている。

●窒素

生食用ジャガイモで窒素施肥量が多い場合は、デンプン価が低下するだけでなく、旨味成分のグルタミン酸が減少する。また、窒素が多いとイモの総収量は増加するが、変形イモが増加するので規格内収量は低下する。最大の規格内収量が得られる窒素吸収量は、代表的品種の「男爵」で11kg／10a、「メークイン」では13～14kg／10aとされている。

●カリ

カリは、光合成産物の転流に関与するとされ、根肥大型の野菜では重要な養分とされている。しかし、カリ施用量が多いと、デンプンの生成が抑制される。土壌中の交換性カリウムは10～20mg／100gが適当で、それ以上になるとデンプン価が低下するとされている。カリ蓄積圃場（交換性カリウム含量：30～75mg／100g）でカリ減肥をすると、イモ重・デンプン価ともに高まったという試験結果がある。

近年、カリの過剰施肥や牛ふん堆肥等の施用に伴い、堆肥からのカリの供給があることから、カリが過剰となっている圃場が多く見られる。

●石灰

石灰欠乏が進むと生育が悪いばかりでなく、煮えにくいなど品質の劣化をもたらす。

石灰含量を増やすとジャガイモの収量は向上するが、そうか病の発病が多くなるのでその兼ね合いでの施肥が重要である。

●マンガン

ジャガイモ圃場ではそうか病抑制のため、土壌が酸性化しているところが多い。しかし、pHが低下すると土壌溶液中にマンガンが溶出してきて葉柄が黄化、または黒変し、葉が離脱して未熟イモになる。マンガン過剰症とならないためには、pHを下げ過ぎないようにする。

土壌の物理性

ジャガイモは、根系が比較的貧弱で、乾燥、高温に弱いことから、軽くてしかも保水性の高い土壌であることが望ましい。

土壌条件の中では、通気性が良いことが特に重要で、そのためには排水良好で軽い土質が望ましい。重粘で排水の悪い土壌では収量ばかりでなく、形の整わない表皮の粗荒な塊茎となる。

栽培圃場はなるべく深耕し、丁寧に整地する。耕起の深さは、心土が特別悪い時などの他は、できるだけ深く、少なくとも20㎝以上にする。

土寄せ（培土）は、イモの着生を容易にし、緑化イモを少なくし、茎葉の倒伏防止や雑草の抑制に役立つ。土寄せ作業は、遅くても開花始めまでで、早めに行うほうが地下部の損傷が軽減できる。また、内部の生理障害、緑化イモ、収穫作業時の傷を減らし、歩留まりを高める。土寄せの最終的な高さは15～20㎝であるが、畝幅が狭い時はやや低くする。

土壌の生物性

ジャガイモの土壌病害では、そうか病や軟腐病などが問題となる。そうか病は、イモの表面に、淡褐色～暗褐色の乾いたコルク質状の円形の病斑が発生する。本病の発生は、土壌pH５・２以上、特に石灰を多量に施した圃場で多い。また、高温乾燥や乾燥しやすい土壌でも発生しやすい。

ジャガイモそうか病の耕種的抑制対策としては、①無病種イモを利用する、②土壌pHが高い圃場での栽培を避ける、③表層10㎝の土壌がpH５・０になるよう調整する、④抵抗性品種を導入する、⑤塊茎形成期から１ヵ月間土壌pF２・３を目安に潅水する、などである。

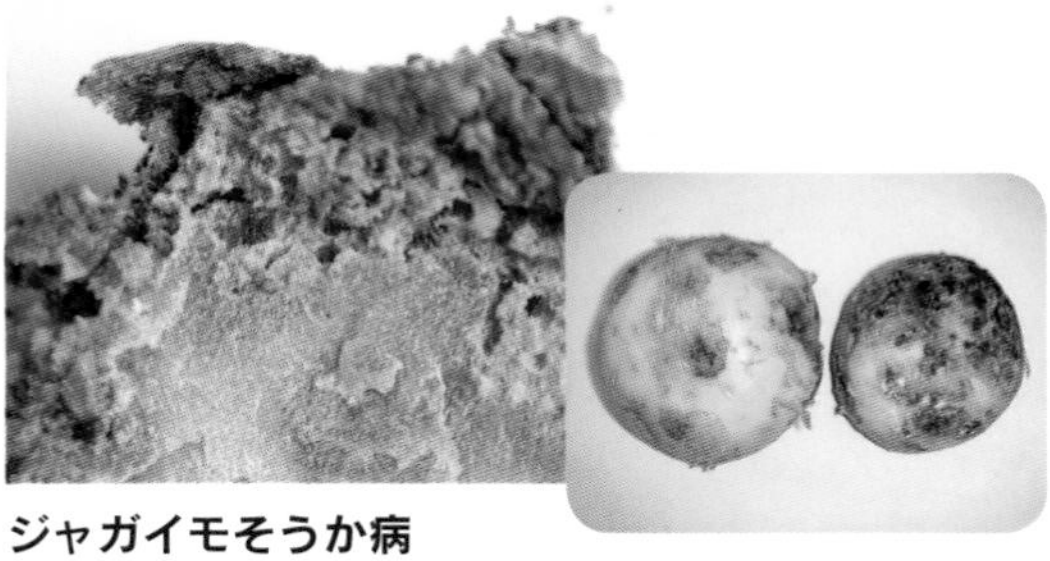

ジャガイモそうか病

病斑部はコルク化し、かさぶた状となる。病斑部はスポンジのような空洞が多い。
写真提供：HP埼玉の農作物病害虫写真集

・サツマイモ

サツマイモの圃場（千葉県）

■栽培特性

サツマイモはヒルガオ科の匍匐性作物である。生育に適した気象条件としては、年平均気温が24℃以上で日射量が多く、生育期間中の無霜期間が4～6ヵ月あることなどが望ましい。

また、生育に適した土壌条件としては、膨軟で排水が良好な土壌が望ましく、こうしたことから火山灰土や海成砂質土地帯、砂土の地帯に産地が形成されている。

サツマイモの出荷は、早掘り栽培、普通掘り栽培、ハウス栽培、貯蔵などの組み合わせにより年間を通じて行われているが、新イモの多くは秋に出荷される。

サツマイモは青果、食品加工（干しイモ等）用以外にもデンプン原料、焼酎原料などに利用されており、品質的にはデンプン含量が高いことが望まれている。

サツマイモは養分吸収力が高く、特に窒素が多いとつるぼけとなり、収量、品質が低下するので、適切な養分管理が重要である。また、サツマイモの塊根は土壌中で肥大することから、土壌の通気性、排水性等が収量や品質に大きく影響する。

■土壌の化学性

サツマイモは窒素が多いと茎葉のみが繁茂し、収量や品質（デンプン価）が低下する。また、カリが多いとデンプン価が低下し、石灰が多過ぎると収量が低下するといった特性がある。土壌の化学性については、特に窒素とカリの養分管理に留意する必要がある。

●pH

サツマイモは、土壌pH4・2～7・0の範囲では生育に差がないが、pH7・0以上になるとデンプン含量が低下し、食味が低下する。土壌病害で大きな問題となっている立枯病（pH6・0以上で多発）の防除を考え合わせた場合、pH5・0～6・0の範囲で管理することが望ましい。

●窒素

植えつけ後1ヵ月を経た頃は、発根した根がイモに分化する時期である。この時期に窒素が多いと同化養分が茎葉の伸長にだけ使われ、イモの分化、肥大に回らず直接減収につながる。根がイモに分化した後は、茎葉を茂らせ同化量を増大させることが大切なので、この時期に窒素が効くようにする。また、収穫時には窒素が切れるようにしないとデンプン価が低くなる。窒素に関しての施肥上のポイントは、植えつけ後と収穫前の1ヵ月は窒素を少なくすることにある。

●カリ

カリはイモの形成肥大を促進させるが、過剰であるとイモの乾物率を低下させる。生イモのデンプン含量に土壌中の交換性カリウム含量とは、交換性カリウム含量が高まると生イモのデンプン含量が低下するという関係がある。

こうしたことから、青果用サツマイモにおいて、A品率を高めるための土壌中交換性カリウムの適正範囲（茨城県）は37～50mg／100gとされている。

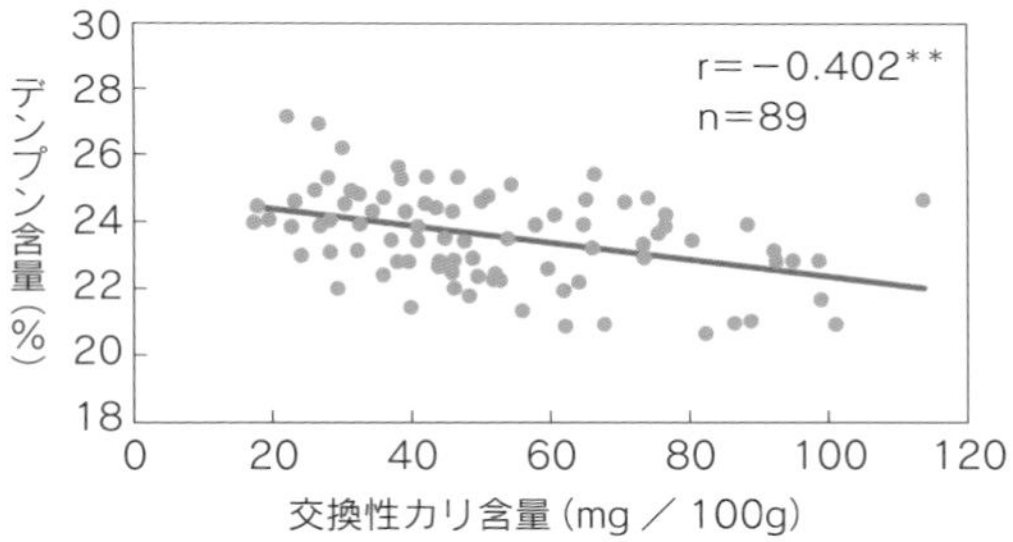

交換性カリウム含量とデンプン含量との関係（平成19～21年）

資料：茨城県農試

●石灰

石灰は、食用では皮色を鮮明にする効果がある。しかし、多く施用すると土壌pHが上昇し、pH7・0以上になると収量が低下する。多収穫圃場の調査結果によると土壌の交換性カルシウム含量は、300mg／100g以下となっている。

■土壌の物理性

サツマイモは、土壌が膨軟で作土が深い圃場で収量、品質が良い。土壌が硬いと収量が低下する他、早期肥大も悪くなる。山中式土壌硬度計による土壌の緻密度が10mm以上になると、イモの順調な肥大が損なわれ、変形イモや皮色の低下したイモになりやすい。畝内を含め、緻密度を10㎜以下ごく表層部での緻密度は3㎜以下が適当である。

土壌の乾湿もサツマイモの品質に影響する。過湿地のサツマイモはデンプン価が低く、ポクポクしないだけでなく、皮目の増加や皮色の低下が起こる。土壌水分については、植えつけ時は活着促進の意味で必要であるが、収穫期近くにはpF2・7以上に乾かないとデンプン価が高まらず、まずいイモになる。一方、生育盛期に極端な乾燥条件が続くと丸イモになりやすい。

■土壌の生物性

サツマイモの重要な土壌病害としては立枯病などある。立枯病は放線菌による土壌病害で、連作圃場において大きな問題となっている。症状としては、植えつけ後につるが伸びなくなり、葉が黄色や赤紫色になって萎れて枯れる。立枯病の耕種的対策としては、無病種イモを使い、無病土で育苗する他、土壌pHが6・0以上で多発するのでpH5・5以下にする。

立枯病の圃場

ネコブセンチュウ被害のイモ

写真提供:HP埼玉の農作物病害虫写真集

この他、特にネコブセンチュウによる被害も問題になる。ネコブセンチュウに罹るとイモの表面に大きな亀裂ができ、商品価値が著しく低下する。耕種的対策としては、センチュウ密度を低下させる対抗作物であるギニアグラス、クロタラリアなどを導入することや、抵抗性品種を導入することが挙げられる。

・ダイコン

ダイコン

■栽培特性

ダイコンはアブラナ科の作物で、冷涼な気候を好み、生育適温時期の作型により全国的に栽培されている。一般に暑い時期の栽培は空洞症など生理障害が発生しやすく、春どり栽培では抽台しやすい。8〜9月播き秋どり栽培がダイコンの生育が最も順調に進む作型で、生産の中心となっている。気温の高い時期には、北海道、東北などの寒冷地、長野県などの高冷地で生産される。

ダイコンは土壌が硬いと根が偏平になり、肥大も不良になる。また、作土が浅く、下層に硬盤ができていると根が地上部に出る抽根が大きく、曲がり根も多くなる。石や未熟有機物が多いと岐根や曲がり根の原因になる。こうした作物特性から、産地は耕土の深い火山灰土や砂壌土地帯に分布している。

順調に生育しているダイコン

岐根となったダイコン

また、ダイコンは温度条件や養分バランスの変化に敏感で、生育適温から外れた温度帯で栽培すると、空洞症、ス入りなどの生理障害が発生しやすい。

■土壌の化学性

ダイコンは、播種後40〜50日までは葉の生育が盛んであり、葉の生育が衰えてくる頃から根部の増体が大きくなってくる。肥培管理面からは、根部が肥大する頃には土壌中の窒素成分が低下してくるのが良い。

栽培上問題となる主な養分は、窒素、マグネシウム、ホウ素などで、このなかでダイコンの生育に最も大きな影響を及ぼすのが窒素である。

●pH

ダイコンは酸性土壌でもよく育つ作物であるが、pH5・5〜6・8の範囲で生育が良い。

●窒素

土壌中に窒素が多過ぎると茎葉は過繁茂になり、根の肥大が妨げられる。逆に少な過ぎると直根の肥大が劣るばかりでなく、ス入りの発生を助長する。

生育ステージ別の窒素要求量については、生育初期に窒素の吸収が不足すると、葉の生長、根の肥大がともに遅れ、その後、十分に窒素を与えても遅れを取り戻すことができない。また、生育後期に窒素が多いと茎葉が茂り過ぎて根の肥大を抑制する。また、地温が高かったり、低かったりした時に窒素施用量が多いと空洞症の発生率が高まる。

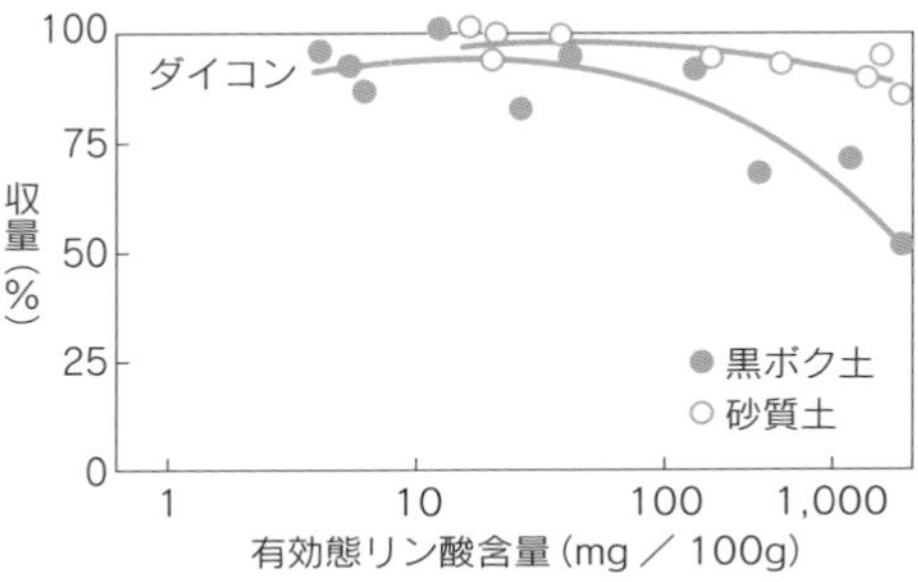

ダイコンの収量と有効態リン酸含量
資料：千葉県農試

●リン酸

ダイコンは、リン酸含量が比較的少ない畑でも十分生育し、有効態リン酸が10～100mg／100gでは収量に大きな差はなく100mg／100g以上になると低下してくる。また、土壌中の有効態リン酸が多く、高温と重なると葉枯症が発生しやすくなる。

●苦土

ダイコンはマグネシウムの要求量が多く、欠乏障害が出やすい。マグネシウムが欠乏すると下葉の葉脈間が黄化し、次第に上位葉に及び、落葉することがある。欠乏症状は、厳寒期に根部の肥大盛期を迎える作型で発生しやすい。

●ホウ素

ダイコン等のアブラナ科作物はホウ素の要求量が多く、欠乏すると葉柄は硬くもろくなり、根も硬いいわゆる「石ダイコン」になる。生育初期から中期にかけてホウ素が不足すると根部肥大が著しく不良になり、根部表皮に縦横の亀裂やサメ肌が生ずる。肥大根の中心部が橙色から赤褐色に変色する赤心症はホウ素欠乏によるものである。土壌中のホウ素の適正含量の目標は0.5～1ppmである。

■土壌の物理性

根の肥大を円滑にするためには、土壌が膨軟である必要がある。土壌の緻密度が山中式土壌硬度計で12mm以下であり、作土の深さが25cmあれば良品が生産できる。

土壌が締まりやすく、下層に硬盤ができていたり石があったりすると、曲がり根や岐根の原因になる。土壌水分については、著しく少なくなると、発芽の不揃い、生育の停滞、ホウ素欠乏などが起こりやすい。また、土壌の乾湿が繰り返されると裂根になりやすく、未熟有機物を施用すると岐根になりやすい。完熟堆肥の施用や深耕によって、土壌の排水性や保水性を良好にすることが必要である。

■土壌の生物性

ダイコンの土壌病害虫で問題となるのは、センチュウではネグサレセンチュウ、土壌病害では萎黄病、軟腐病、根腐病などである。これらは連作すると被害が拡大する。ダイコンに被害を与えるセンチュウは、キタネグサレセンチュウである。

ネグサレセンチュウの被害を受けるとダイコン根部表皮に白色小斑点を生じ、後に斑点内部が黒化し、商品価値を損なう。

土壌病害は一般に高温時期の作型で発生が多い。ネグサレセンチュウを防除するために、対抗作物の利用が進んでいる。マリーゴールドやエンバクを前作に作付けすると発生が抑制される。防除効果を高めるためには、栽培期間をマリーゴールドで3ヵ月、エンバクで2ヵ月以上とる必要がある。

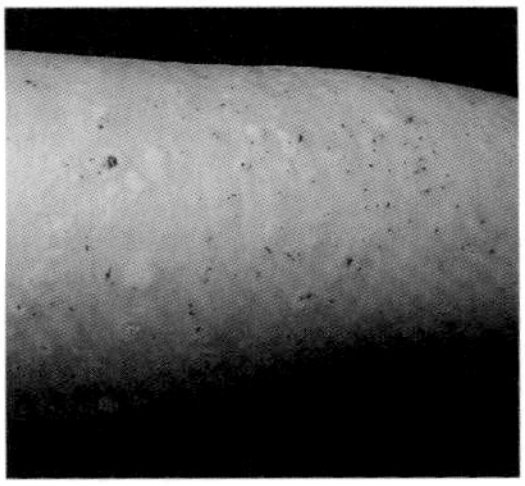

ネグサレセンチュウの被害

写真提供：HP埼玉の農作物病害虫写真集

・ニンジン

順調に生育しているニンジン

■栽培特性

ニンジンはセリ科の作物で、この科の主な野菜にはセルリー、ミツバ、セリ、パセリなどがある。ニンジンは冷涼で降雨の少ない気候が適し、春播きと夏播きとが作型の基本となっている。これ以外の時期には、暖地での秋冬播き栽培、高冷地、東北、北海道の春～初夏播き栽培が行われている。

ニンジンは野菜のなかで発芽率

が低く、乾いた土壌では著しく発芽率が低下する。また、ニンジン種子は短命で、採種翌年の夏を越すと発芽力が著しく低下する。発芽力が低下した種子は、岐根の原因にもなる。

ニンジンは各種の土壌で栽培されるが、肥沃な砂質壌土が最も適している。短根種は比較的適応範囲は広いが、長さ30㎝程の金時ニンジン（京ニンジン）は保水力のある砂質壌土で優品が生産される。

■土壌の化学性

ニンジンの耐塩性や耐肥性は比較的高く、同じ根菜類であるダイコン、カブやサツマイモに比べると多肥を要する作物である。収量や品質に強く影響するのは窒素とリン酸である。

●pH

pHは6・0～6・6が最も生育に適する。酸性土壌では生育が著しく劣り、pHが5・3以下になると外葉が黄化し、生育がすこぶる鈍ってくる。これはニンジンがホウレンソウと並んでアルミニウム耐性が極めて弱いことなどが原因である。

●窒素

窒素が多過ぎると、葉が繁茂し過ぎて直根の肥大が悪く、根色が淡くなる。逆に少なければ、葉は小さく直根は太らない。窒素肥効の発現する時期も重要で、発芽後40日を中心として前後20日間不足すると、その後いくら適正に管理しても根の肥大は劣る。

●リン酸

リン酸に対する反応はサツマイモやダイコンに比べ鋭敏で、有効態リン酸が20㎎／100g未満の土壌では、収量向上効果が高い。また、リン酸はニンジンの形状向上、カロテン含量の向上に効果がある。

■土壌の物理性

ニンジンは発芽の良し悪しが栽培成功の70～80％を支配する。そのため腐植に富み膨軟な土壌にしていく必要がある。有機質の少ない痩せた土壌で、しかも過湿と乾燥が繰り返されるような栽培をした場合には、収量や品質を特に低下させる。作土の深さは、短根種では20㎝以上、金時ニンジンでは35㎝以上、長根種では60㎝以上が必要である。土の硬さは、山中式土壌硬度計で14㎜以下が望ましい。

20㎜を超えると根の伸びは止まる。

また、土壌水分が高くなると、地下部の生育より地上部の生育が勝って糖含量が低下し、収穫期の裂根が増加し、肌が粗くなる。乾燥すると根の伸長、肥大、着色が阻害され、岐根が多くなる。

ニンジン根部表皮の皮目部から円周方向に、左右に伸びたはちまき状の複数のくびれが生じ黒変する症状（通称：横しま症）の発生は、特に生育後期の乾燥が要因とされている。堆肥施用により保水力を高めていくことが重要である。

■土壌の生物性

ニンジンの土壌病害虫では、センチュウではネコブセンチュウやネグサレセンチュウ、土壌病害では、しみ腐病、根腐病などが問題となる。

ネコブセンチュウは、被害が比較的軽い場合には地上部の生育を見ただけではわからないことが多いが、収穫してみると、主根やヒゲ根にコブがたくさんついていることがある。ネグサレセンチュウの葉の症状は、ネコブセンチュウの被害と同じで区別がつかないが、根を腐らせる。

土壌病害で近年問題になっているのは、しみ腐病、根腐病などである。しみ腐病は、ニンジンの根に3～5㎜の円形または長円形の褐色水浸状の病斑が現れる。

耕種的対策としては、輪作を行うことが望ましい。しみ腐病菌や根腐病菌の耐久体の生存期間は2～3年であるため、3～4年の輪作で病原菌の密度がかなり低下する。また、畑の排水性改善も重要で、高畝栽培にすると発病が軽減される。耐病性品種の導入も対策となる。

ネコブセンチュウやネグサレセンチュウの抑制には、ヘイオーツ、エンバクなど対抗作物の利用が挙げられる。

被害を受けたニンジン地上部

葉がやや黄ばんでくることがある。

ネコブセンチュウの被害

写真提供：HP埼玉の農作物病害虫写真集

栄養生長、生殖成長同時進行型野菜

・キュウリ

収穫期のキュウリ

■栽培特性

キュウリはウリ科の作物で、果菜類のうちでは高温をあまり必要としない。このため、低温期にも比較的栽培しやすく、果菜類中で最も周年栽培の進んだ野菜で、寒地から暖地まで様々な作型の下で栽培されている。

キュウリは浅根性で乾燥には比較的弱い。有機物と水分が十分であれば、各種の土壌でよく生育する。しかし、粘質土壌では一般に生育が遅れ、砂質土壌では生育は早まるが老化もしやすい。

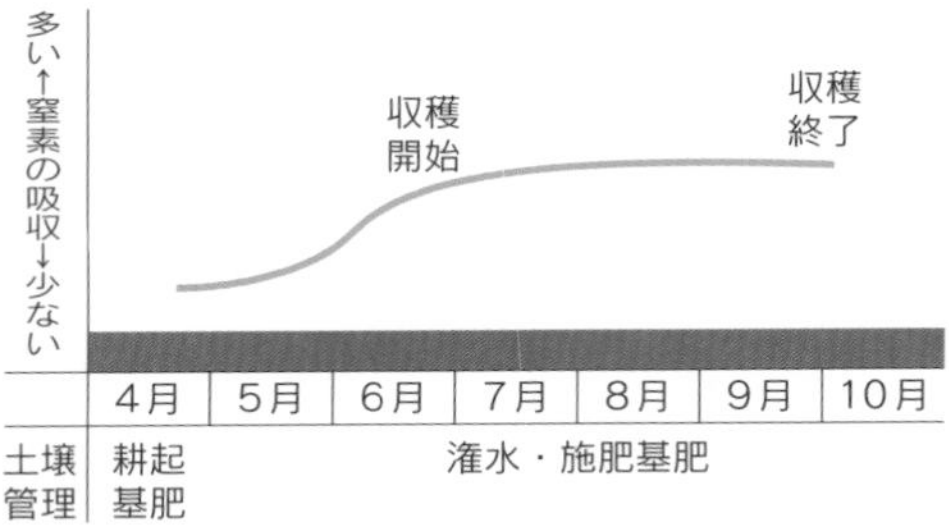

キュウリの窒素吸収パターン

健全に生育しているキュウリ

キュウリの養分吸収は、定植後1ヵ月くらいまでの栄養生長期は比較的緩慢であるが、その後、果実が収穫される生殖生長期になると活発になり、特に窒素、カリ、石灰の吸収が増大してくる。キュウリは収穫が始まると、茎葉の生長と果実の肥大、収穫が並行して進むので、栽培期間を通じて安定した養分の供給が必要である。

■土壌の化学性

キュウリは生育期間が長く、養分の連続供給が必要で、施肥は追肥が重点になる。

キュウリの収穫開始後の土壌中の無機態窒素については、栄養生長と生殖生長のバランスを取るため、濃度の変化を少なくする必要がある。

キュウリで特に問題となる障害果は曲がり果である。曲がり果には普通の形のままで曲がったものの他に、尻太りで曲がったもの、尻細りで曲がったものなどがある。株が若く、草勢が良い収穫始めの時期には発生が少ない。肥料切れ、日照不足、水分不足の他、葉に病気が発生した時に発生が多くなる。草勢が衰えないよう、早めの追肥を行うことが重要である。

キュウリの曲がり果

（写真提供：HP埼玉の農作物病害虫写真集）

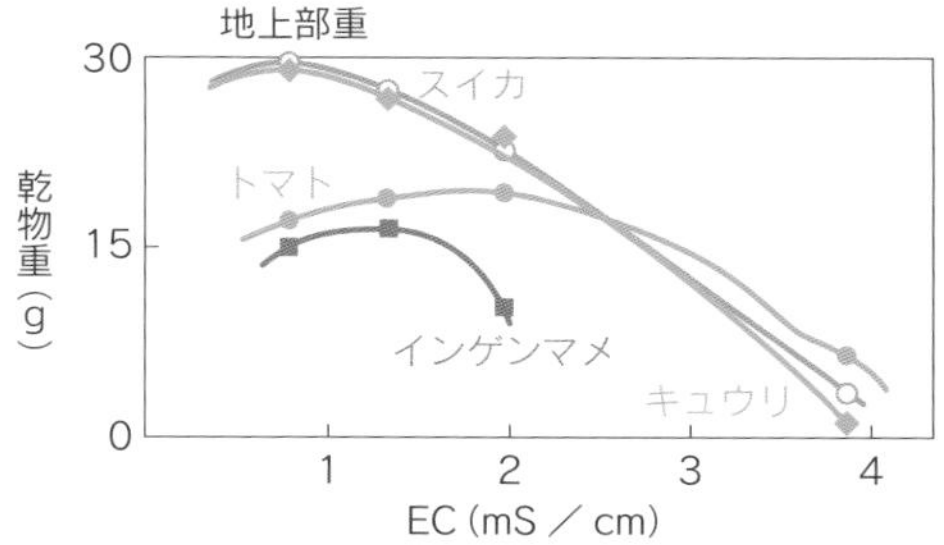

主な野菜の土壌 EC と収量

資料：埼玉県園芸試験場

注：ECは土：水の混合比1：5で測定

●EC

キュウリは濃度障害に弱いため、ECを高めないようにする必要がある。ECが1・0mS／cmの手前辺りと低いところに生育の好適濃度域がある。

●窒素

キュウリの収穫開始後の土壌中の無機態窒素濃度が10mg／100g程度を切ると花落ち、流れ果などが生じ、収量低下をもたらす。キュウリ栽培に適する含有無機態窒素は促成栽培で10～20mg／100 gが適当であるとされている。

●苦土

キュウリはマグネシウム濃度に敏感で、濃度が高くなると過剰障害が発生しやすい。特に根が激しい障害を受けることが知られている。キュウリ栽培の現場では、苦土の不足または過剰が原因で黄化が起こる場合が多い。

また、苦土飽和度と収量との関係について黒ボク土で調査した結果では、キュウリの収量が良い苦土飽和度の範囲は4～12％程度となっている。

■土壌の物理性

キュウリの根は浅根性であり、土壌の酸素濃度に対して敏感である。このため、根圏環境を良くし、根の分布域を広く深くすることが大切である。

また、キュウリは水分の要求量が大きい野菜である。果実肥大期に水分が不足すると、果実の肥大が著しく悪くなり、品質面でも曲がり果や尻細り果、短形果などいろいろな変形果を生ずる。このため、収穫期に入ってからは水分不足にならないようにする必要がある。生育に適当な土壌水分はpF1・5～2・0前後といわれ、砂土ではpF1・4付近が根の伸長に最も適しているとされている。

■土壌の生物性

キュウリの土壌病害で問題となっているのは、つる割病、ホモプシス根腐病、立枯病などである。かつて最も被害の大きかったつる割病については、カボチャ台木による接ぎ木栽培が一般化してからは問題になることが少なくなった。ホモプシス根腐病、立枯病はキュウリの自根だけでなく、接ぎ木栽培のカボチャ台木にも発生する。どの土壌病害も、薬剤防除以外では太陽熱土壌消毒が効果的である。

発病程度が低い場合には罹病残さの処理を徹底することで、土壌中の病原菌密度の増加を抑え、土壌病害の蔓延を防ぐことができる。

ネコブセンチュウによる被害根

写真提供：HP埼玉の農作物病害虫写真集

この他、キュウリではネコブセンチュウによる被害が多い。薬剤防除以外では、太陽熱土壌消毒やクロタラリア、ギニアグラスなど対抗作物の利用が効果的である。

●トマト

ハウス栽培トマト

■栽培特性

トマトはナス科の作物で、生育に強い光を必要とするが、比較的冷涼で昼夜の温度格差の大きい環境を好む。トマトはこうした特性に合った地域、時期での栽培とともに、環境制御によって栽培され、周年供給されている。

トマトは吸肥力が強く肥料の利用効率は高い。根部は幅1m、深さ1mにも発達し、肥料が十分ある場合は生育初期から猛烈に生育し茎葉がよく茂る。

トマトは第3花房開花期が生育の転換期といわれ、肥培管理も異なる。第3花房開花期までは栄養生長を抑えていくことが重要であるが、第3花房着果後は養水分の吸収を高めつつ、生殖生長と栄養生長のバランスをとることが大切である。このため施肥に労力を要するが、肥料養分の必要性が大きくなった時に吸収できる施肥法として溝施肥が行われた。

トマトは草勢管理が非常に重要な果菜類で、品種によって多少異なるが、茎の太さを10㎜程度に維持する栽培方法が最も秀品率が高く、収量も高いといわれている。しかし、高温、日照不足とともに肥料管理が不適切であったりすると草勢がバラツキ、生理障害が発生する。

また食味を向上させるため、土壌のECを高め、少潅水で栽培されることが多い。しかし、節水栽

トマト尻腐れ果

培を行うと、収量が低下するとともに、カルシウム欠乏によるトマト尻腐れ果の発生が多くなるので、その兼ね合いが重要である。

トマトは乱形果等、障害果の発生が多く、気温や日照の変化とともに草勢が強いと発生しやすい。草勢と乱形果の発生には密接な関係があり、茎が太く、地上部の大きい草勢の強い苗ほど、低温の影響により乱形果になりやすい。

■土壌の化学性

トマトは一般に栽培期間が長い。初期生育は抑制気味が良く、収穫開始したら徐々に肥効を高めて、栄養生長を促しながら、果実肥大の負担による生育の停滞を防止する。このため、肥料切れを起こさないよう、生長点の勢い等、生育状況を見つつ追肥を行う。

●ＥＣ

トマトはキュウリなどと比較して塩類濃度障害に対する耐性は強い。２・０mS／cm程度と比較的高いＥＣで収量が最も良いとされている。

●窒素

生殖生長期には、土壌中窒素濃度の変化を少なくしていくのが良く、そのため、無機態窒素量が10mg／１００ｇを下回らないようにしていくのが良い。トマトは硝酸態窒素を好んで吸う。特にアンモニア態窒素などを多く施肥した場合には、拮抗作用でカルシウムの吸収が阻害されて尻腐れ果が多発しやすい。

●カリ

カリは果実の肥大に重要な働きをするといわれ、上位果房の果実の着色不良やすじ腐れ果など障害果の発生にカリ欠乏が関与している。果実の着果・肥大期以降に吸収量が多く、欠乏しないようにしていく必要がある。カリはトマトの糖度、酸度を高める効果があり、特に水耕栽培ではカリが多く施用されている。

●石灰

茎葉に石灰欠乏症状が現れることは比較的少ないが、果実には多発し、尻腐れ果となって商品価値を損なう。尻腐れ果の発生は土壌中に石灰が十分あっても発生する。土壌の乾燥、ＥＣの上昇、アンモニア態窒素の過多などによりカルシウムが吸収されにくくなることや、作物体内で移動しにくいことが障害発生の要因になる。カルシウムの吸収が促進されるような土壌管理が重要である。

■土壌の物理性

トマトは栽培期間が長く、その間の土壌の物理性を維持するためには、炭素率（C／N比）の高い堆肥の施用が望ましい。トマトの根は深根性で、土壌がやわらかいほど根の伸長が良好になる。また、有機物の施用により団粒化が進むと、毛管水、土壌水など利用しにくい水を取り込むことができるので、結果として低水分管理が可能な条件を作ることになる。堆肥の施用は、尻腐れ果発生率の低下に効果があるとされている。

■土壌の生物性

トマトの土壌病害は古くから重要問題となっている。最近では多くの病害に抵抗性のある品種や台木が作出されているが、依然として各地で土壌病害による被害が発生している。

そのなかで青枯病は、高温期に発生する最も重要な土壌病害である。病原菌は水中を移動し、収穫や剪定などの管理作業でも伝染するなどの特徴があり、土壌消毒、抵抗性台木でも完全な防除効果は期待できない。地温が20℃を超えると発病し始め、25～37℃で発病は激しくなるので、地温の上昇を抑えるとともに水はけを良くすること、発病株を処分することなどが耕種的対策となる。

近年、褐色根腐病による被害の発生が多くなってきている。青枯病のように急激に枯れ上がることは稀であるが、根が褐変して生育抑制を引き起こし減収となる。本病の発生は圃場全体に及ぶのが特徴である。本病は低温時（地温17

青枯病の被害株

写真提供：HP埼玉の農作物病害虫写真集

褐色根腐病の被害根

写真提供：HP埼玉の農作物病害虫写真集

℃程度）に発生が多く、促成栽培など低温期を経過する作型で発生が多い。対策としては太陽熱土壌還元消毒、抵抗性台木の利用、低温期の定植回避などがある。

・ナス

収穫期のナス

■栽培特性

ナスはナス科の作物で、生育適温は22～30℃と高温性の作物である。17℃以下では生育が緩慢になる。光量はトマトほど必要はないが、果皮の紫色の色素であるナスニンの形成には紫外線が必要である。

土壌の適応性は広いが、乾燥には弱く、有機質に富んだ耕土の深い土壌を好む。多肥を好み、塩類濃度に対する抵抗性は比較的強い。

ナスは収穫が始まると長期間、茎葉の生長と果実の肥大、収穫が並行して進むので、途中で肥切れを起こさないようにしていくのが必要である。そのためには、堆肥等の有機物施用によって地力窒素の発現を高めることが大切である。

果菜類では着果にともなって光合成産物が果実に優先して分配されることから、根部への分配が減少し、根の活力が低下し成り疲れが生じやすい。これを防止するために不良果実の除去や収穫適期を

健全に生育しているナス

ナスのつやなし果

写真提供：HP埼玉の農作物病害虫写真集

遅らせないことと、根が深く伸びることのできる土壌環境にしていくことが大切である。

ナスでは石ナス果、つやなし果、

奇形果の発生が問題となるが、乾燥、多肥は石ナス果の発生を助長する。また、果実への水分供給が減少すると、つやなし果、日焼け果などが発生する。肥料を切らさないことと、土壌を乾燥させないことが栽培管理上特に重要である。

■土壌の化学性

ナスは生育期間が長く、生育中に窒素が不足して草勢が弱まると回復させるのに日数がかかり、結果的に収量が低下する。また、開花、結実が盛んな時期にはカリの吸収が多くなるので、カリが不足しないようにしていく必要がある。

●窒素

ナスは、安定した収量、品質を得るためには、土壌中の無機態窒素含量が栽培の前期では10～15㎎／100g、後期には5～10㎎／100gあることが望ましい。無機態窒素含量が20㎎／100g以上と多くなると、濃度障害を受ける可能性が高くなる。

●リン酸

リン酸は花芽分化を促進するので、リン酸吸収力の弱い育苗期には多く与える。また、特に栽培前期から中期にかけてのリン酸の肥効は収量への影響が大きい。そのため、基肥での施用を中心に追肥でも施用することが望ましい。

●カリ

カリは果実の肥大や花芽分化に影響するが、土壌中の交換性カリウム含量が15～20㎎／100gまで低下しないかぎり欠乏症は起こりにくい。カリは収穫盛期に吸収が多くなるので、基肥よりも追肥がより重要である。

●苦土

ナスは苦土の吸収力が弱いため、苦土欠乏が起こりやすい。苦土は収穫期に葉から果実に移行するため、この時期に欠乏すると欠乏症状が下位葉から現れ、葉脈間が黄化し、落葉しやすくなる。土壌中の交換性マグネシウム含量を25㎎／100g以上に保つとともに、欠乏症はカリ等との拮抗作用により起こることが多いので塩基バラ

ナスの苦土欠乏症状

写真提供:HP埼玉の農作物病害虫写真集

ンスに留意する。

ナスの苦土欠乏症は、台木の種類によっても発生が異なり、ヒラナス台では発生しにくい。

■土壌の物理性

ナスの根は土中深く入るので、有機質に富んだ耕土の深い土壌を好む。ナスには長果実ナス、丸実ナス、大型果実ナス、小果実ナスなど様々のものがあるが、長ナスほど太根型で縦型の根系分布を示す。

ナスは比較的多くの水を必要とする。水分不足は生育不良やつやなし果、奇形果の発生を招きやすい。特に定植直後から1ヵ月間と高温時の水管理には十分気をつける必要がある。つやなし果、日焼け果などの障害を回避するためにも、作土を深くし、根を深く伸ばせるようにする。

また、軽しょう土や砂土では乾燥しやすく草勢の衰えが早いので、十分潅水を行うようにする。

ナス栽培圃場の土壌硬度が山中式土壌硬度計で20～22㎜になると根の伸長が抑制され、25～27㎜で停止するといわれている。また、大型農業機械によるロータリ耕を続けていると、作土層下に硬盤層が形成されやすくなり、透水性、通気性が不良となることがある。こうした場合には、深耕などにより硬盤を破砕するとともに、堆肥等有機物を施用することが重要である。

■土壌の生物性

ナスの土壌病害で特に問題となるのは、青枯病、半身萎凋病等である。対策としては輪作体系の導入、耐病性台木への接ぎ木、太陽熱土壌消毒、薬剤による土壌消毒などの方法がある。耐病性台木の耐病性は絶対的ではなく、菌密度などによっては発病することがある。また、青枯病対策としては、高温で発生が多いことから地温を下げるためのシルバーマルチや、土壌の深部へ根が伸長するの

ナスの青枯病

写真左側のナスが青枯病に罹っている。収穫、剪定に用いたはさみによっても伝染する。
写真提供：HP埼玉の農作物病害虫写真集

を防ぎ、土壌殺菌の効率を上げる防根シート、石灰質肥料による抵抗性の増強などの方法もある。これらの方法を組み合わせることによって、より効果が高まる。

・ピーマン

ハウス栽培ピーマン

■栽培特性

　ピーマンはナス科の作物で、未熟な緑色のピーマン以外にカラフルな完熟型のピーマンがあるが、そのなかで肉厚の甘い品種はパプリカと呼ばれている。

　ナス科共通の性質として高温を好み、同じナス科のナスやトマトの栽培では最低夜温約10℃が必要であるのに対し、ピーマンは最低夜温18℃以上を必要とする。ピーマンの果実の発育には昼温より夜温が強い影響を与える。夜温が20℃以上だと肥大は良好であるが、20℃以下だと著しく抑制される。温度が低い場合には、果実の肥大が不良となるばかりでなく、着色果や先とがり果ができる。

　ピーマンは、光線に対してはトマトやスイカほど強光を必要とはせず、弱光条件でも比較的生育は良い。

　土壌に対する適応性は広いが、排水が良く、有機質に富んだ土壌を好み、中性ないし微酸性で生育が良好である。ピーマンは肥料不足や乾燥に対してたいへん弱い。乾燥すると葉や果実の生長が阻害されるとともに、尻腐れ果やつやなし果の発生が多くなる。

　果実が収穫されるようになると、花、果実、茎葉、根などの各器官との間に養分の強い競合が起きる。そのため、着果数が多くなり過ぎると、養分分配にアンバランスが生じ、落花が多くなる。また、ピ

ピーマンの尻腐れ症

写真提供：HP埼玉の農作物病害虫写真集

ーマンも茎葉の生育と収穫が長期間並行して進むため、ナス同様、肥料を切らさないことと土壌を乾燥させないことが特に重要である。

■土壌の化学性

ピーマンは果菜類のなかで耐肥性の高い部類に属し、耐肥性の強さはナス＝ピーマン＞トマト＞キュウリの順とされている。肥料が不足すると葉色が淡く、葉が大きめで、節間も長くなる徒長的な生育を示しやすい。また、多肥による徒長や着果不良が起こりにくく、やや多めの施肥が生育を抑え、草型を整え、受光態勢が良くなるなど、管理がしやすくなるとされている。

ピーマンの花の質に影響を与えるのは窒素とリン酸である。カリは果実の肥大に影響を及ぼす。奇形果と肥料養分との関係については、低温やリン酸不足で先とがり果が発生しやすい。窒素に対してカリが多い場合にはずんぐり果が発生しやすい。

●窒素

ピーマンの収量を上げるには、適切な窒素レベルを維持していくことが大切である。無機態窒素含量が10〜20㎎／１００ｇで旺盛に生長し、良い結果が得られる。大型ピーマンは、中〜小型ピーマンに比べ無機態窒素濃度に敏感で、つるぼけしやすいので注意が必要である。

夏秋ピーマンの栽培では地力窒素の吸収割合がたいへん大きく、栽培期間中の土壌や堆肥由来の窒素が70％を占めていたという調査例がある。したがって、地力窒素発現の多い圃場では、窒素肥料の施肥をかなり減らす必要がある。

●リン酸

リン酸が不足すると不良花が形成されて、結実しないで落花（果）しやすくなる。リン酸については、リン酸の補給期間が長いほどよく開花、結実がよい。

●苦土

ピーマンの生理障害としては苦土欠乏が最も多く見られ、それも収穫がかなり進んでからの発生が多い。ピーマンでは多肥によりカリが多く供給されるとともに、堆肥、稲わらなどからカリが多く供給されることが多く、塩基類の拮抗作用でマグネシウムの欠乏症を起こしやすい。そのため、塩基バランスに留意する必要がある。

●石灰

ピーマンでは、尻腐れ果の発生が問題になる。尻腐れ果の発生は、高温、乾燥であったり、塩基バランスが崩れている場合に、石灰が吸収されにくくなり発生することが多い。また、石灰は作物体内での移動が遅いという特性があり、果実が多く結実したり、生育が早いときに、果実に十分石灰が供給されずに尻腐れ果が発生する。

■土壌の物理性

ピーマンの根群はやや浅い。しかし、土壌に十分通気をして酸素含量を高めた場合には著しく結果数が増加し、収穫果数、果重が多くなるという結果が得られており、土壌の通気性が収量に影響する。また、ピーマンは乾燥に大変弱く、適正な土壌水分はpF1・5〜1・7とされている。こうしたことから、堆肥等有機物を投入し、通気性、保水性のある団粒構造の土壌にしていく必要がある。

ハウスピーマンなどの生育不良要因について九州地域で現地調査を行った結果では、生育不良圃場は下層土の通気性、排水性に問題があることが明らかになっている。こうした圃場の作土深は4割程度が25cm未満と浅かった。特に水田土壌は作土直下にち密な鋤床層が形成されていることが多いので、水田転換畑の場合には十分な注意をする必要がある。

■土壌の生物性

ピーマンはナスと同様、ハウス等で連作されることが多く、土壌病害が大きな問題となる。特に、青枯病、半身萎凋病等が問題となる。

そのなかで青枯病は、高温期に発生する最も重要な土壌病害である。半身萎凋病については夏期高温時には発生が減少し、秋から再び発生する。

半身萎凋病は株の半分程度の葉が萎凋することや、葉では初めその一部または片側半分に萎れが生じることが特徴である。また、葉の病変部周辺に黄化が見られるの

半身萎凋病の発病葉

生育後期に発病した株。隣接畝と比べて草丈が低い。
写真提供:HP埼玉の農作物病害虫写真集

半身萎凋病の被害株

写真提供:HP埼玉の農作物病害虫写真集

も特徴で、青枯病と区別できる。また、青枯病と異なり、株全体が枯死することは少ない。

防除対策としては、輪作体系の導入、トルバム・ビガーなど耐病性台木を用いることや太陽熱土壌消毒、薬剤による土壌消毒などがある。なお、台木の耐病性についてはナス同様、絶対的なものではない。

この他の耕種的な防除対策としては、ナスと同様、青枯病では地温を下げるためのシルバーマルチや、土壌の深部へ根が伸長するのを防ぎ、土壌殺菌の効率を上げる防根シート、石灰質肥料による抵抗性の増強などがある。それぞれ単独の方法では防除は難しく、組み合わせて行うと効果が高い。

・イチゴ

収穫期（12月）のハウスイチゴ

■栽培特性

イチゴはバラ科（イチゴ属）の作物で、生育適温は18～25℃と果菜類のなかでは低い温度の作物に属する。

イチゴの生理的特徴として花芽の形成と休眠がある。花芽形成は温度と日長に左右され、初秋から晩秋に平均気温が25℃付近まで下がると、短日長に反応して花芽を分化するようになる。温度が12～15℃以下となると、日長にかかわらず花芽を分化する。

また、イチゴは秋の短日、低温条件でわい化し休眠に入るが、一定の低温期間を経ることによって休眠が打破される。これ以外にも、栽培環境条件が不適当なために休眠する場合がある。

イチゴの作型は、冬から春にかけて収穫する促成栽培がほとんどで、夏季の生産は少ない。促成栽培は、一般に9月上旬頃に定植し、11月～翌年の6月上旬頃まで収穫を行うものである。近年の「とよのか」、「とちおとめ」、「章姫」などのハウス栽培の主要品種は花芽分化が早く、休眠の浅い促成栽培に適した品種となっている。

イチゴの場合、収穫が始まるとそれ以降は茎葉の生長と果実の肥大、収穫が並行して進む。このため、収穫期間を通して適度な肥料養分を安定的に供給する必要がある。多肥傾向では肥料濃度障害が出やすい。

またイチゴは、着果負担が大きくなると根量が減少し、根の活力が低下する特性がある。したがって、地温管理も含め地下部の環境を良好に保ち、収穫開始期までに根量を確保することや、過度の着果負担をさせないことが重要である。

■土壌の化学性

イチゴは、初期の肥料吸収が多いと生育が旺盛になり、腋果房の分化が遅れてしまう。また、花数も増加して厳寒期には成り疲れとなり、収穫の中休みを生じやすい。

土壌中の窒素濃度の変化が大きいと生育に悪影響を及ぼすので、きめ細かな追肥により濃度変化を少なくする施肥方法が適する。

●pH

土壌の好適pHは5・5～6・5とされている。pHが低過ぎると果実が着色せず、食味も劣る白ろう果の発生が多くなる傾向が見られる。

●EC（電気伝導度）

イチゴは肥料濃度障害を最も受けやすい野菜の1つであり、土壌溶液濃度が低いほうがイチゴの根にとって好適である。高ECにより根が濃度障害を受けると、発根が抑制されて収量低下につながる。土壌ECは0・2～0・4mS／㎝で、生育や収量が優れる。

●窒素

窒素栄養は花芽分化の早晩に影響を及ぼし、苗の窒素含量が少ないと花芽分化が誘導されやすい。一方、花芽分化後は窒素により花芽の発育が促進される。窒素が多いと花数が増加するが、鶏冠果などの乱形果が多くなることが知られている。硝酸態窒素の好適レベルは5㎎／100g程度と、野菜のなかでは最も低い。

●石灰

イチゴのチップバーン症状（葉の縁が枯れる葉焼け症など）は、「章姫」、「紅ほっぺ」、「とちおとめ」

など草勢の強い品種で発生が多く、カルシウム欠乏が主な原因とされている。チップバーンは葉面積や葉数が過度に多くなった場合に発生が多い。生育旺盛な株では葉縁や萼まで水分が十分供給できにくくなる。こうした状況では作物体内で水とともに移行するカルシウムの特性から必要部位にいきわたりにくく、欠乏症が発生する。

窒素過多、高塩類濃度と夜間の低湿度はチップバーンの発生を著しく助長するので、多肥栽培を避け、潅水不足による湿度低下に十分注意することが重要である。

なお、新展開葉ではなく成熟葉や古葉に発生する「縁枯れ」は、チップバーンとは異なり塩類濃度障害やカリ欠乏である場合が多い。

●微量要素

ホウ素と鉄欠乏症が問題になることがある。イチゴの先絞り果の発生はホウ素欠乏が要因の1つとされている。ホウ素欠乏は土壌がアルカリ化すると発生しやすい。

■土壌の物理性

イチゴの根は根域が浅く、乾燥に弱い。根の酸素要求量も多い。水分が多い状態のほうが根量は多くなる。一般に土壌水分はpF1・8〜2・1の範囲が適当であり、潅水が不足すると生育の抑制や収量の低下につながる。イチゴでは水分ストレスを受けると葉の展開速度も遅く糖度が下がり、果実の肥大も悪くなる。このため、通気性が良く、膨軟で保水性のある土壌にしていく必要がある。佐賀県農試が県内のイチゴ栽培圃場（「さがほのか」の16ヵ所）で収穫後の根群と土壌の実態を調査している。その結果、出荷量の多い圃場ほど排水性が良好で、根群域が広く、土壌が膨軟であることが明らかとなっている。

また、潅水方法も重要で、総潅水量を同じにして潅水間隔を変えた試験結果では、点滴チューブで週2回または毎日潅水を行う。多数回行うほうが、増収につながっている。

■土壌の生物性

イチゴでは炭疽病、萎黄病が問題となる。イチゴ炭疽病は高温時に降雨が続くと多発しやすい。

炭疽病はイチゴのあらゆる部位に感染し、最終的には株が枯死するため被害が大きくなる。定植後に地上部の病徴が現れず、突然、萎凋・枯死することが多いが、原因は育苗圃場からの感染株の持ち込みである場合が多い。そのため、

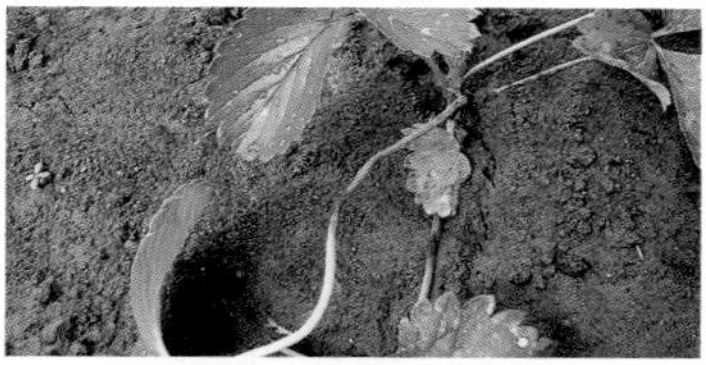

炭疽病（発病葉柄拡大）

写真提供：HP埼玉の農作物病害虫写真集

萎黄病

下葉から急激に枯れ上がる。
写真提供：HP埼玉の農作物病害虫写真集

予防に重点を置き、育苗期での発生を抑えることが重要である。

防除対策としては、薬剤防除以外には①無病親株の利用、②育苗期の雨よけ栽培、③発病株の早期発見と除去などが挙げられる。

イチゴ萎黄病は高温時に発生が進み、苗伝染と土壌伝染によって蔓延する。初期症状は、新葉が黄緑色に変わり、小葉が小さくなる。症状が進んでいくと株全体が萎黄症状を呈し、最後は枯死する。

防除対策としては、①無病地の無病株から採苗したものを利用、②発病株は速やかにクラウンごと除去し、次作の前には必ず太陽熱土壌消毒または太陽熱土壌還元消毒を実施するなどが挙げられる。

・メロン

メロンハウス栽培（肥大期）

■栽培特性

メロンはウリ科の作物で、生育適温は20～25℃前後である。低温には弱く、15℃以下では生育に支障をきたす。メロンには多くの種類があり、露地メロン、ノーネット系ハウスメロン、ネット系ハウスメロン、アールス系メロンに大別される。

メロンは一般に播種後100～110日で収穫となり、トマト、

キュウリなどと比較して栽培期間が短い。収穫も一番果のみとするものが多く、収穫期間も短い。

メロンの栽培管理の特徴は、十分な養分供給が必要な期間と、養分供給をできるだけ抑える期間とにはっきり分けて行われることである。前者は茎葉の生長、果実の肥大などの時期であり、後者は成熟過程に入った果実などの生長、肥大が完了した時期である。生育前半には十分な潅水と窒素の供給により生育を促し、収穫前2週間程度は水分ストレスを高めることにより窒素吸収を抑え、糖度を高めていく養水分管理が必要である。

■土壌の化学性

メロンは、キュウリなど他のウリ科作物に比べて少肥作物で、濃度障害を受けやすい。

養分吸収の特性としては、カリウム、マグネシウム、カルシウムといった塩基類を多く必要とし、そのなかでも特にカルシウムの要求割合が高いといった特徴がある。

●pH

メロンはカルシウムを好み、土壌pHを6・5程度にすると良い。

●窒素

メロンの生育過程で窒素吸収が最も急激に増大するのは、交配期〜果実肥大期にかけてである。交配後に吸収された窒素は葉や茎に取り込まれるが、その同化産物の多くが果実へ転流する。一方、果実成熟期の窒素は果実に蓄積された糖を消費する。したがって、この時期以降に過剰な窒素が残存する場合は、果実の糖度の上昇を抑制する。窒素の吸収量を抑制するには、施肥による無機態窒素量を減らす他、収穫前15日は潅水を控え、水分ストレスを次第に高めることで結果的に窒素の取り込みを抑制する。

●リン酸

メロンでリン酸について、有効態リン酸含量が500㎎／100g以上で、過剰の障害が見られたことがある。過剰症は果実よりも茎葉に現れ、葉脈間に黄色〜褐色斑点や白色小斑点を生じる。また、有効態リン酸含量が600㎎／100g以上で、果重が低下し、糖度が低下したという報告がある。

●石灰

カルシウムの吸収は、果実肥大期にピークを迎えた後、成熟期まで持続する。このことは、メロンに特徴的な現象である。カルシウムは果実の大きさや糖度の向上に影響するといわれている。

メロンの生理障害として、異常醗酵果の発生が問題となることがある。その症状は、果肉が水浸状になり、糖度が低く、切った時に不快な発酵臭が発生する。カルシウム濃度低下により水浸症状を引き起こすことが確認されていることから、石灰欠乏が重要な発生要因とされている。強勢台木への接ぎ木による栽培、窒素過多による過繁茂なども石灰欠乏を引き起こす要因となっている。また、低温管理により果実を硬くしまらせることも、発生要因の1つとなっている。

土壌の物理性

高品質なメロンを生産するために、養水分の供給と制限の調整がうまく行える土壌にしていくことがポイントとなる。

果実肥大期以降には節水管理など、根にストレスを与える栽培が行われるため、生育初期から吸水性に優れた太根を発達させておくことが重要となる。太く白い根を発達させる第一の要件は、保水性を保つと同時に通気性を高めることである。そのため、膨軟で水はけの良い土壌にしていくことが重要で、炭素率（C／N比）の高い堆肥や稲わらを施すことが必要である。

土壌の生物性

土壌病害として重要なのは黒点根腐病、ホモプシス根腐病、つる割病などである。また、センチュウ被害ではネコブセンチュウが問題となっている。

黒点根腐病は果実肥大期から起こり、その症状は下葉の黄化や全身が萎凋し、ひどくなると株全体

黒点根腐病の被害根

ネット形成期以降に発生することが多い。根の表皮下には小黒粒が見られる。
写真提供：こうち農業ネット 病害虫・生理障害台帳

黒点根腐病の被害株

が枯死する。発病株の根は褐変腐敗し、その表面に小黒点（子のう殻）が形成される。

　土壌病害対策としては、輪作体系を導入するなど、病原菌の密度を上げない方策をとることが望ましい。もし土壌病害の発生が確認されたら、太陽熱土壌消毒または薬剤による土壌消毒を行い、病原菌の密度を下げる。また、発病株は早期に抜き取り、圃場外で適切に処分することなども考慮する必要がある。

　太陽熱土壌還元消毒は、特にホモプシス根腐病の防除に成果を上げている。黒点根腐病では太陽熱土壌消毒単独実施では防除効果が十分ではないが、つる割病やネコブセンチュウなどには防除効果がある。

・スイカ

露地栽培スイカ

■栽培特性

　スイカはウリ科の作物で、日照が強いほど光合成が活発となり、生育、結実が良好となるという特徴がある。その原産地は海岸や河川の流域の砂地や砂漠周辺であることから、乾燥しやすく排水良好な土壌で、しかも肥沃過ぎない土壌においてよく生育する。

　スイカは周年栽培が可能であるが、夏野菜としての消費が多いことから、春から夏にかけて収穫するトンネル早熟栽培と半促成栽培が主流になっている。

　スイカは栄養生長と生殖生長が同時に行われ、栄養生長に強く傾くとつるぼけとなり、着果率が低下する。草勢をコントロールして目標とする節位に確実に着果させることが重要な作物である。

■土壌の化学性

　スイカ栽培では確実に着果させるため、施肥管理の方法が重要である。着果まではつるぼけを防ぐため、肥効をやや抑え、果実肥大期に肥効が現れるような施肥を行うのが基本である。①開花・着果期には土壌水分と肥効を抑えて確実な着果を図る、②着果後はできるだけ早めに追肥と潅水を行って、十分な葉数と葉面積を確保し果実の肥大を図る、といった肥培管理が必要とされる。着果以後に吸収される窒素、リン酸、カリの80～90%が果実に転流され、肥大に役立っている。

●pH

スイカはpH5・7～6・7の弱酸性域を適正範囲としている。

●EC

有機物や肥料の施用により土壌中の残存養分量が多くなってくると、スイカは「つるぼけ」しやすくなる。したがって、施肥前のEC値は0・3mS/cm以下であることが望ましい。

●窒素

窒素の肥効は雌花開花期や着果初期にはやや抑えて、果実肥大期に肥効を高めるようにすることが基本である。スイカの生育ステージ別の窒素吸収を見ると、着果以後に吸収される窒素の割合が全体の70～85%を占めている。したがって追肥を行う場合には、1番果の着果が確認できる頃と1番果が温州ミカン大の大きさになる頃の2回に分けて施用するなど、着果の状況を見つつ行うことが重要である。しかし、成熟期まで窒素が多く残ると、糖度が低くなったり、変形果が多く発生しがちになるので注意が必要である。

●苦土

土壌病害などの問題から接ぎ木苗が用いられることが多いが、台木の種類によってマグネシウムの吸収が異なる。ユウガオ台木のスイカはカボチャ台木と比較してマグネシウムの吸収が悪く、苦土欠乏症が発生しやすい。また、カリが多く養分バランスが崩れると、拮抗作用で苦土欠乏症が発生しやすくなる。

土壌消毒を行った後では、マグネシウムの吸収が悪くなることから欠乏症が出やすくなる。

●土壌の物理性

スイカの根は生育初期には主に横方向に伸長するが、その後は土中深く伸びるので、乾燥には強いが、多湿には弱い傾向がある。したがって、排水の良い壌土や砂壌土が栽培に適する。

鳥取県農試が現地で作柄の良い圃場と悪い圃場の比較調査を行ったところ、作柄の良い圃場は悪い圃場に比べて、①硬盤の出現位置が深い、②特に下層の土壌硬度が低く、保水性、透水性が良いとい

ホモプシス根腐病の被害を受けた小玉スイカハウス

症状として、地上部の萎れは交配前から生育後期まで見られる。取るべき対策として、リン酸過剰は発生を助長するので、過剰の場合は減肥すること、太陽熱土壌消毒、トウガン台木の利用が挙げられる。
写真提供：東京農業大学　大島氏

った特徴があったと報告している。

生育の劣る圃場の土壌改良対策としては、深耕、緑肥（ソルゴー等）すき込み、炭素率（C／N比）の高い堆肥の多めの施用が有効である。特に下層土（25～30㎝）の改良対策としては弾丸暗渠、サブソイラ、深耕＋籾殻処理などが効果的である。

また潅水については、水を多く与え過ぎると、味が水っぽくなってしまったり病気に罹りやすくなったりすることがあるので注意する必要がある。

■土壌の生物性

スイカは極度に連作を嫌う作物で、連作により土壌病害が出やすい。土壌病害で重要なのは、つる割病、ホモプシス根腐病、黒点根腐病などである。

近年、ホモプシス根腐病の発生が増加してきている。ホモプシス根腐病は根が徐々に褐変～黒変して腐敗し、症状が進むと根が脱落する。つる割病は、晴天が続くと急速に脱水症状を起こして生気を失い、立枯症を起こす。茎の導管部が褐変するのが本病の特徴である。また、黒点根腐病は根の地際がややしぼみ、根があめ色や黒褐色に変色することが多い。症状としては、枯れた根に0・3㎜程度の黒点が形成されるのが特徴である。

これら土壌病害の抑制対策としては、輪作体系の導入、土壌消毒、接ぎ木栽培などがあり、抵抗性台木の利用が一般的となっている。

●カボチャ

露地栽培カボチャ

■栽培特性

カボチャはウリ科の作物で、食

用栽培種としては「日本カボチャ」、「西洋カボチャ」、「ペポカボチャ」の3種類がある。わが国では西洋カボチャが主に栽培されている。日本カボチャは食味の良い西洋カボチャに押されて栽培面積は減少傾向にあるが、業務用を主体として栽培が続けられている。ペポカボチャは観賞用のものもあるが、食用としてはズッキーニや「そうめんカボチャ（金糸瓜）」が代表的である。

西洋カボチャは平均気温21～23℃の冷涼な環境で良質のものが生産されるが、日本カボチャはやや高温多湿の条件でも良質のものが生産でき、それぞれの環境適応性はやや異なる。西洋カボチャは22～23℃以上の高温になると、デンプンの蓄積が弱まるので、高品質のカボチャが生産できない。地域的に見ると気候の冷涼な北海道、東北、長野の高冷地に西洋カボチャの産地が形成されている。

カボチャの露地栽培は、一般に春播き夏どりの作型で行われている。日本では日照量や気温が低下する晩秋期にカボチャを収穫することが難しいので、そうした時期にはニュージーランドやメキシコなど海外産のカボチャが出回る。

カボチャは土壌の適応性が広く、吸肥力、耐干性も強く、連作障害もあまり見られず、栽培しやすい作物である。

しかし、スイカと同様に草勢コントロールが重要であり、基肥の肥効が強過ぎるとつるぼけとなり着果しにくくなる。

■土壌の化学性

つるぼけとならず、確実に着果させるためには、基肥の施肥量と追肥のタイミングが重要である。追肥は1番果が着果した後、2番果が着果する頃に効かせるように施用するのがコツで、早過ぎると過繁茂となって1番果の着果が不良となり、反対に遅過ぎると2番果が受精しても肥大せずに落果してしまう。したがって、一般にカボチャの草勢が衰える前に肥料を効かせる必要がある。追肥位置はマルチ栽培の場合、根量の多いマルチ内が効果的であるが、現実的には難しいため、着果節の不定根からの養分吸収を想定し、着果節位置を中心に施用するのも効果がある。

●pH

酸性にはやや強いが、適正な酸度が保持されないと石灰等の肥効低下をもたらし、生育、品質を悪くする。土壌pHは6・0前後が適している。

●窒素

カボチャは着果後の肥効が重要である。順調に生育するためには、無機態窒素が20～30mg／100g必要であり、基肥の施用量は一般に10a当たり20～30kgが適量である。

着果と果実肥大を継続的に行い、収量をあげていくためには、無機態窒素が20mg／100g以下にないよう着果に応じて追肥で補う必要がある。

被覆肥効調節型肥料を利用する場合は、養分溶出が地温の影響を受けることから、栽培期間の温度条件、マルチ資材の特徴等を考慮した上で、適切な溶出期間のタイプのものを選択する。カボチャは果実肥大期に養分を必要とすることから、この時期に溶出するタイプの肥料を利用する。

●石灰

露地カボチャで以前、糖度が低く果実内部が水浸状となったものが多く生産されて、市場で問題となったことがある。その要因を調査した結果、こうした低品質のカボチャが生産された露地圃場は石灰含量が低く、pH5・4程度のところが多く、石灰不足によることが明らかとなっている。

カボチャの低品質果の発生は、土壌中の石灰含量が増えると低下する。したがって、低品質果の発生軽減対策としてはpH6・0程度を目標にし、また、石灰飽和度については50～60%となるよう、石灰資材を施用することが必要である。

土壌の物理性

カボチャ類は一般にあまり土質を選ばない。ただし、日本カボチャについては根群が小さくまとまる特性があり、概して草勢が弱いことから、土層が深く、肥沃な砂壌土~壌土での栽培が望ましい。日本カボチャでは、耕土の浅い痩せ地では多くの収量をあげるのは難しく、地力のある圃場が望ましい。

一方、西洋カボチャは根群が強勢で、広く深く分布しやすい。肥沃な土壌ではつるぼけしやすく、着果不良になりやすい。地下水位が低い圃場の生産が安定し、品質も良くなる。

土壌の生物性

カボチャはに大きな被害をもたらすこれといった病害虫の発生はなく、栽培しやすい野菜である。病害虫で発生するのがうどんこ病である。これは地上部の病害であり、葉に白い粉をふりかけたようなカビがつき、病葉は古くなると枯れ上がる。乾燥気味の気象条件で発生しやすく、日当たりが悪い場合や施肥量が多い場合に発生しやすい。また、施肥量が少な過ぎ、草勢が極端に弱い場合でも発生する。果実の着果後、肥大期から収穫期にかけて発生しやすい。

また、暖地の畑作地帯ではサツマイモネコブセンチュウの被害が見られることがある。

うどんこ病に罹った葉

写真提供:HP埼玉の農作物病害虫写真集

栄養生長、生殖生長不完全転換型作物

●大豆

収穫期を迎えた大豆

■栽培特性

大豆はマメ科の作物で、未成熟のものは「エダマメ」といわれている。九州地方では4~5月頃、北海道、東北地方では5~6月頃に播種され、10~12月頃に収穫する体系で栽培されている。北海道は畑作での栽培が多いが、都府県では水田転作が中心である。近年のわが国の大豆の平均収量は173kg／10a前後となっており、世界の主要生産国であるアメリカ（346kg／10a）、ブラジル（302kg／10a）などと比較して収量が低く高位安定生産が課題となっている。

大豆は出芽時の湿害に著しく弱く、播種時の苗立ち不良は欠株により雑草害を招き、減収につながる。一方、大豆は開花前~莢伸長期にかけては水分要求量が大きく、土壌の過乾燥が生育に大きく影響する。花芽分化期~開花始期の乾燥は、花数の減少と落花、落莢が増加するなどにより収量低下を招く。

水田転作大豆
（8月上旬・栃木県下）

大豆の根には根粒菌が着生し、空気中の窒素を固定して窒素を供給する。したがって大豆栽培では排水対策とともに、地力向上や根粒菌の着生とその活性の向上を図ることが重要である。

また、大豆の栽培では中耕、培土や土寄せといった管理作業が一般に行われる。土寄せの効果は、不定根の発生、倒伏防止、排水性の向上などが挙げられる。

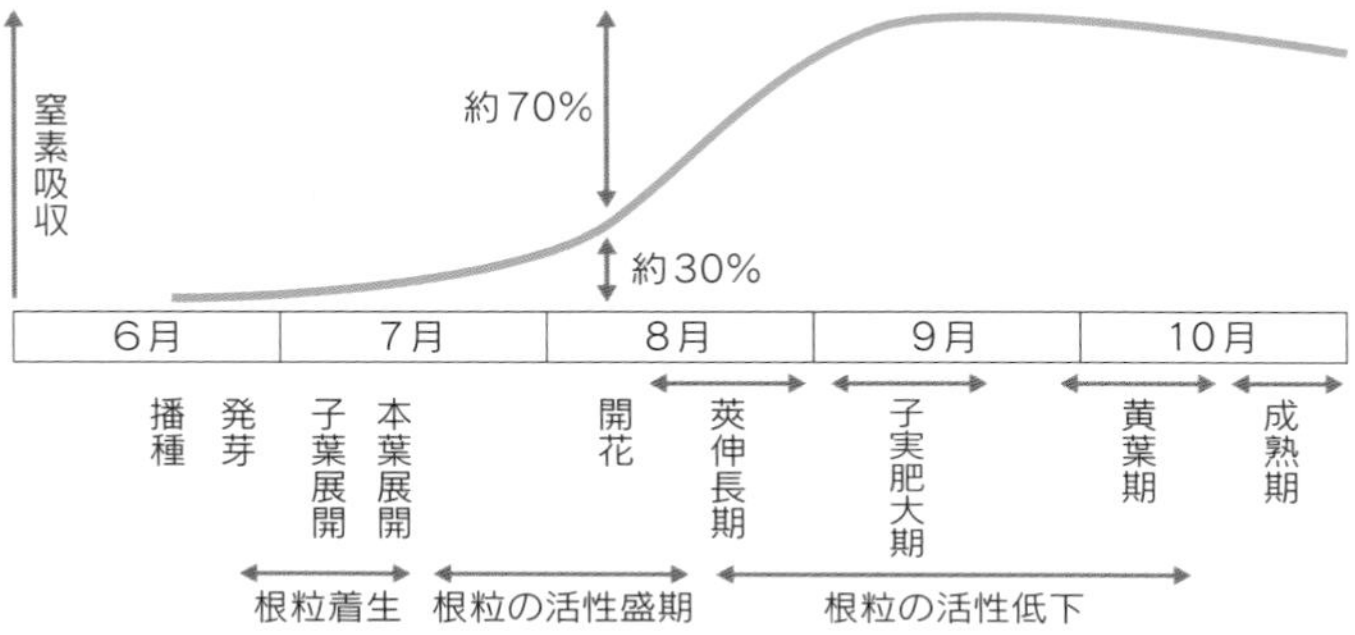

大豆の生育ステージと窒素吸収量（北関東基準）

■土壌の化学性

大豆を100kg生産するための養分吸収量は、水稲と比べて窒素が3倍、カリが2倍、石灰が10倍、苦土が3倍である。このように大豆は多量の養分を吸収するが、なかでも窒素、石灰および苦土の吸収量が際立って多い。大豆の初期生育は緩慢であるが、開花期前後から急激に生育し、子実肥大期に再び緩慢になる。養分吸収も生殖生長となる開花期から莢伸長期にかけて旺盛となる。大豆は、開花期以降に多量の窒素を必要とする。

●pH

大豆の土壌適正pHは6・0〜6・5である。これはpHそのものより、大豆が石灰を好む作物であることと関係している。pHと収量との関係を調査した展示圃の結果では、pHが6・0以下に低下してくると収量も低下してくるとする例が多い。また、根粒菌の窒素固定活動に好適な土壌pHは約6・0〜6・5であり、このpHの範囲は根粒菌の活性の面からも良い。

●窒素

大豆一作の窒素吸収量は30kg／10aにも及び、吸収する窒素の多くは、地力窒素と根粒菌によるところが多い。肥料由来の無機態窒素の施肥効率は10%程度とされている。

大豆の窒素養分を賄うため基肥窒素量を増やしても、収量が増加しない例が多い。これは、窒素を多く施用すると根粒菌の着生が減少するためである。大豆に対する窒素施肥の考え方は、出芽後の初期生育を確保し、根粒菌が活動を始めるまでの「スターター」の意味合いが強い。したがって施肥窒素は少量で十分であり、むしろ過剰な施肥は根粒菌の活性を阻害する。

大豆は開花期以降の窒素吸収量が多いので、有機物施用により地力窒素の発現を高めると収量が向上する。地力窒素は地温が上がる開花期以降の発現が多く、大豆が窒素を必要とする時期とマッチする。一方、大豆の根粒菌は夏季の干ばつに著しく弱く、開花期頃から窒素固定能力は低下してくるので、地力窒素の依存度は高まる。

また、地力窒素の供給量の少ない圃場や排水不良等で根粒菌の着生が少ない圃場では、追肥の効果が高い。追肥は窒素成分で10～15kg／10ａの施用が一般的に適当とされる。

●リン酸

リン酸は、開花期に吸収されたものが子実本体に与える影響が最も大きく、莢伸長期、子実肥大期の吸収がこれに次ぐ。リン酸は、吸収量が窒素に比べて少ないが、根粒菌の着生を促進する効果がある。また、生育や収量に対する影響も大きく、生育初期から開花期にかけて吸収させることが増収に結びつく。

●微量要素

大豆のホウ素要求性は比較的高く、開花受精、子実の肥大に重要な働きをしているとされている。ホウ素欠乏により収量、品質が低下した例がある。

■土壌の物理性

大豆栽培において、圃場が加湿になると出芽不良になり欠株が生じやすい。このため、畝を立てて栽培されることが多い。しかし、大豆は開花前～莢伸長期にかけて水分要求量が大きく、土壌の過乾燥は花数の減少と落花、落莢が増加するなど収量に大きく影響する。干ばつを起こしやすい圃場では潅水を実施する。

また、堆肥等有機物の施用は、根粒菌の着生や活性を高めることになり、収量を高めるために有効である。作土の深さは深いほうが良く、深耕と有機物の施用効果が大きい。

■土壌の生物性

連作は、黒根腐病、茎疫病等の立枯性病害やダイズシストセンチュウを増加させる。特に収量に影響するのは、黒根腐病、茎疫病、白絹病などのいわゆる立枯性病害で、気象条件によっては転換畑を中心に大きな被害を及ぼす。立枯性病害のなかでは、黒根腐病は東北地方から九州地方にかけての広い範囲で問題となり、茎疫病は北海道をはじめ、やや冷涼な地方で被害が大きく、また、白絹病は西南暖地で被害が大きい。

黒根腐病は根、茎に発生する糸状菌病である。生育最盛期に下葉から黄化し、莢が肥大する頃から葉の黄化が進み、子実の肥大が不十分となって収量が低下する。土壌水分の高い圃場で発生しやすい。田畑輪換が最も効果的である。

茎疫病は、排水の悪い圃場で発生しやすい。生育の進んだ大豆では、茎葉の枯凋が見られ、後に枯死する。土壌伝染病であるため連作により被害が拡大する。排水不良の圃場で被害が大きい。連作の回避や圃場の排水改善などの耕種的対策が防除の基本となる。

白絹病は生育適温が30℃程度で、高温多湿条件で発生しやすく、中国、四国、九州地域で重要病害の1つとなっている。

田畑輪換は黒根腐病、茎疫病、白絹病などの病害に対して防除効果があり、低コストで行えるメリットがある。

茎疫病の発病株

写真提供:HP埼玉の農作物病害虫写真集

栄養生長、生殖生長完全転換型作物
●花き

●キク

小ギク

■栽培特性

キクはキク科の作物で、切り花、鉢物、花壇といろいろに利用されている。その種類には、輪ギク、小ギク、スプレーギクがある。

キクは、日照時間が短くなると花芽を形成し、やがてつぼみとなり開花するという性質がある。その性質を利用して、花芽が形成される前に人工的に光を当てることにより、開花時期を遅らせる電照栽培が行われている。キクでは電照を打ち切る時期によって花芽形成の開始時期が決まるので、電照と光を遮る（遮光）技術を組み合わせて一年中キクの花を出荷することができる。電照栽培は輪ギク、スプレーギクで行われている。現在、栽培されている輪ギクは開花生態から夏ギク、夏秋ギク、秋ギク、寒ギクに分類される。

露地小ギク栽培

育苗は挿し芽で行い、定植する方法が一般的であったが、近年は、直挿し栽培、ソイルブロック育苗、セル成型育苗が普及してきている。直挿し栽培は、育苗を行わず挿し穂を栽培圃場に直挿しするため、育苗などの省力化が図られる。

■土壌の化学性

●pH

植えつけ圃場の土壌pHは6・0～6・5が望ましい。

●EC

濃度障害の起こりやすさは定植時が弱く、安全な土壌ECの値は0・6mS／cm以下とされている。ECが1・3mS／cm以上では障害が出やすくなるので注意が必要である。また、直挿し栽培では、特にECが活着率に影響を与えることから、0・3mS／cm以下を目安として管理するのが望ましい。

●窒素

窒素の吸収量は、定植から1ヵ月間の発蕾期まではほぼ直線的に増加し、破蕾期から開花期にかけてやや低下する。このため、輪ギクでは発蕾までの窒素の肥効を高めると、ボリューム十分な切り花となる。窒素を遅効きさせた場合、日持ち性が低下するとともに、白サビ病などの病害も発生しやすくなる。スプレーギクについても窒素が多すぎると品質は著しく低下する。スプレーギクの切り花としての品質は、葉中窒素含有率が高いほど低下する。

●リン酸

連作圃場では、有効態リン酸が過剰に蓄積している圃場が多く見られる。有効態リン酸が過剰の場合には切り花重、根重が低下する傾向が見られる。また、一部産地において、リン酸過剰により鉄欠乏となり、黄白化症状の発生が見られた例がある。キク圃場の有効態リン酸濃度は30～80mg／100gとするのが望ましい。

●カリ

カリ欠乏では節間が詰まり、茎の伸びが抑えられるなどの症状が現れる。また、花首がくびれるように折れ曲がることもある。

カリ過剰では、拮抗作用で石灰欠乏による花腐れが生じたり、下葉に苦土欠乏によるクロロシス症状が出て品質低下を招くことがある。カリを多く含む牛ふん堆肥の連用はカリ過剰となりやすいので、土壌診断でチェックする必要がある。

●石灰

石灰欠乏した場合は、葉がくすんだり、茎の伸長や根の伸びが不良となり、花が小さく花弁数も少なくなる症状が見られる。窒素過多、高温、土壌の乾燥は石灰欠乏を助長する。

●塩基飽和度

一般に輪ギクでは、塩基飽和度100～120%以上では葉色が淡くなり、切り花重の減少、根の褐変および根重の低下が見られ、水揚げ不良などの品質低下が見られる。

スプレーギクでは、塩基飽和度100～150%以上では葉色が淡くなり、切り花重の減少、根の褐変および根重の低下が見られ、水揚げ不良などの品質低下が見られる。

ハウスでは塩基類が蓄積しやすい土壌診断でチェックする必要がある。

■土壌の物理性

キクは過湿に弱く、土壌の孔隙（気相率）が十分あることが大切である。特にスプレーギクは輪ギクに比べて過湿に弱く、定植する場所は排水が良く、有機質が豊富な土壌が望ましい。また、輪ギクでの調査結果によると、有効土層の深さが20㎝以下では生育・品質とも劣り、少なくとも30㎝以上が必要とされている。

土壌物理性を改善するためには、40㎝程度の深耕と同時にピートモス、ヤシ殻チップ、良質のバーク堆肥などの有機物を下層に投入して混合すると良い。

土層の深さと夏秋ギクの品質（灰色低地土）

有効土層（cm）	切り花長（cm）	切り花重（g）	日持ち（日）
15	88.5	70.1	6
25	92.3	74.5	6.3
35	93.6	76.3	7.6

資料：愛知県総合農試（加藤）資料を基に作成

■土壌の生物性

キクの土壌病害では立枯症が問題となることが多い。立枯症は次第に下葉から枯れ上がり、生育途中で萎れて枯死する。6月の多雨時期から8月にかけての高温期によく見られる。立枯症は土壌中の病原菌（リゾクトニア菌類、フザリウム菌、ピシウム菌等）や、土壌センチュウ（キタネグサレセンチュウ、キクネグサレセンチュウ等）によって発生する。病原菌による立枯病の耕種的対策としては、連作しないことが最も良いが、ハウスでは太陽熱土壌消毒や土壌還元消毒が有効である。特にピシウム菌による立枯病は、多湿、湛水条件で多発するので排水対策が重要である。

ネグサレセンチュウによる立枯症には太陽熱土壌消毒や土壌還元消毒が有効であるが、それ以外では対抗作物としてマリーゴールド（品種例アフリカントール種）等の導入が有効である。

・カーネーション

カーネーションのハウス栽培
写真提供：農研機構 花き研究所

■栽培特性

カーネーションはナデシコ科の多年草で、母の日に贈る花として古くから親しまれている。ハウス栽培で年間を通して栽培されているが、一番需要が伸びるのは、母の日がある5月である。カーネーションは大きく分けると、花径4～5㎝の大輪タイプと、小輪のミニカーネーションと呼ばれるタイプがある。

カーネーションの生育に好適な温度は低く、昼温15～20℃、夜温10℃程度である。カーネーションは高温多湿に弱く、30℃を超すと花つきだけでなく生育も全体的に悪くなる。

カーネーションの普通作型は、通常は6月中～下旬に苗を施設内に植えつけ、低温期は加温を行って、翌年の6月上旬まで連続して採花する形態がほとんどである。

■土壌の化学性

カーネーションは、肥料に対して比較的鈍感な作物といわれており、外観上肥料の過不足がわかりにくい。ほぼ1年間栽培され、施肥量も多いので、肥料不足はまずないと思われがちだが、カリの欠乏や窒素の欠乏が発生しやすい。

カーネーションは、他の品目に比べてカリに対する要求量が高く、収量（切り花本数）や品質を確保するためには、カリを十分施用することが大切である。

カーネーションの場合、秋以降採花が続けられ、休むことなく継続して養分を吸収するので、常に吸収量に見合った量が土壌中にあるように施肥する必要がある。肥料不足による切り花の軟弱、徒長傾向はよく見かけられるので、液肥濃度と潅水時期、量の調節は極めて重要である。土耕栽培の利点を生かして、少々の施肥の変動に生育が左右されないような土作りが大切である。

●pH

土壌のpHは6・5前後が望ましい。

●EC

土壌ECはおおむね0・8mS／cm以下が生育にとって良好とされている。EC値が1・0前後になると活着が遅れ、1・5mS／cm以上では生育が抑制されたり枯死株が発生する可能性がある。栽培床のEC値が1・0を大幅に超すことがなければ、液肥は週に1回の割合で積極的に施用したほうが順調に生育する。

●窒素

カーネーションは、窒素濃度の高まりに強いと考えられるが、土壌中の無機態窒素含量の適正値は10～20mg／100gの間にあり、このうち硝酸態窒素含量は10～15mg／100gが適正値である。硝酸態窒素が30mg／100gを超すと生育が抑えられ、40mg／100gを超すと枯死することが多い。

●カリ

カーネーションに含まれている栄養素では、葉、茎、花のいずれの部位においてもカリの含有率が最も高い。このため、必要量もカリが最も多く、カリの欠乏症も発生しやすい。

カリは植物体内を移動しやすく、欠乏症は下葉から症状が現れ、進行すると上位葉や止葉にも症状が現れる。症状は様々な形で現れ、葉先から白色や褐色に枯れ込んだり、葉に白色斑点やまれに紫黒斑点を生じたり、クロロシス症状を呈することもある。

カリ過剰の場合は石灰や苦土の吸収を阻害し、欠乏症を誘発する。カリ過剰症状は、葉に赤紫～茶褐色の斑点を生じ、葉先枯れを起こす。発蕾後であれば、花弁の退色や縮れが見られたり、つぼみのまま開花せず、生育が止まってしまうこともある。

●石灰

石灰が不足すると、症状は先端部から現れ、生長点に近い上位葉の先端部が白く枯れ込む。発蕾後なら、花は著しく萎縮するか開花しない。根部も先端の生育が抑えられるので根量が少なくなる。欠乏症の原因として塩類の集積がある。その要因の1つが苦土過剰である。土壌中の苦土／石灰比（当量比）が0・75以上で発生しやすいとされている。窒素の施用量が多いと石灰の吸収が抑制される傾向にあり、土壌が乾燥している場合は欠乏症が発生しやすい。

●微量要素

微量要素では、ホウ素欠乏症やマンガン過剰症が発生しやすい。カーネーションは、微量要素の中ではホウ素の吸収量が多く、欠乏症も発生しやすい。ホウ素が欠乏すると節間がつまり始め、草丈が低くなる。石灰の含有量が多い土壌ではホウ素の吸収が阻害されるので、土壌中にホウ素が十分に含まれていても欠乏症は発生する。また、高pHや土壌の乾燥によってもホウ素の吸収が阻害され、欠乏症が発生する。

マンガン過剰症は、pHが低い土壌や蒸気消毒をした場合、マンガンが可溶化し、過剰症が発生することがある。

■土壌の物理性

カーネーションは根が細かく、上根が張りやすいことから膨軟な土壌である必要がある。カーネーションの根は気相率19・5％以上の部分に集中し、気相率15％以下の部分には認められない。根張りが良好なのは、気相率19・5％以上、固相率43％以下、緻密度17㎜以下の膨軟な土壌である。さらに生育を良好にするためには、土層の深さは30㎝が必要である。

土壌の物理性を良好に維持するためには、籾殻、ピートモス、バーク堆肥など分解の遅い有機物の施用や、定期的な深耕を行うことなどが効果的である。

潅水は最も重要な管理の1つである。潅水のタイミングは土壌条件によっても異なるが、冬期は5

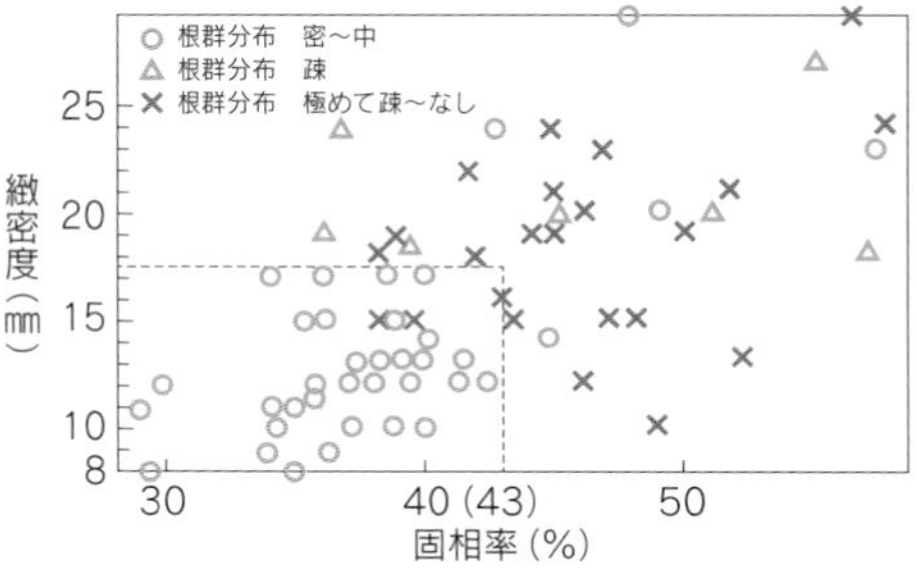

固相率・緻密度とカーネーションの根群分布

資料：千葉県農試（松尾）

～7日、夏期は2～3日に1度、潅水を行う。発蕾期以降の多潅水は、茎が軟弱となり品質が低下するので少なめの潅水を行う。

■土壌の生物性

カーネーションの土壌病害としては、立枯性病害である茎腐病、萎凋病、萎凋細菌病、立枯病が問題となる。茎腐病の発病株は地際部の茎が侵され、水分の上昇が妨げられるため、萎凋し枯死する。定植直後の苗にしばしば発生し、25～30℃の比較的高温で多湿条件になると発生が助長される。さらに未熟堆肥などの未分解有機物を施用すると、発生がより一層多くなる。また、萎凋病は下葉から黄化し徐々に枯れ上がる。株全体が枯死する点で茎腐病に似るが、茎腐病より発病の進展がゆっくりであること、導管褐変があること、地際部の腐敗がないことなどで区別する。立枯病は、摘心跡や葉柄基部、節から上下方向に枯れ込む。気温20℃前後で多湿な環境で多発しやすい。防除対策としては無病苗を導入すること、発病株を速やかに除去すること、土壌消毒を行うことが基本となる。

果樹の作物特性と土壌管理の特徴

永年性作物では圃場選定が重要

果樹は永年性作物で、幼木のうちは栄養生長のみであるが、成木になると結実するようになり、生殖生長が行われるようになる。また、果樹は植えてから結実まで3年以上、果実生産が安定する成園になるまでには10年程度かかるのが普通であることから、気象条件とともに圃場の選定はたいへん重要である。

リンゴやオウトウは深根性であり、耐乾性はやや弱い。有効土層が深いとともに排水性、保水性の良い土壌を好む。ミカンやモモは根の空気要求性が強く、耐乾性があり、通気性、排水性の良い土壌が適している。一方、ニホンナシは他の果樹に比較して水分に対する要求度が高く、比較的湿潤な土壌が適している。ブドウは比較的土壌適応性が広く、一般に耐湿性と耐乾性が強い。

このように果樹の種類によって適する土壌条件が異なるので、樹種に応じて圃場を選定する。

樹体の貯蔵養分翌年の開花、結実に利用

草本性作物では、水稲やトマトなどの結実のための養分は作物が生長し、光合成で蓄えた養分であるが、果樹の場合には、開花、結実に必要な養分は前年に樹体に貯蔵された養分が用いられる。

リンゴ等落葉果樹では、地下部の根や地上部の枝、幹が養分の貯蔵器官となるのに対し、常緑果樹のカンキツ等では、前年に展開した葉への貯蔵割合が高い。

果樹の特色として樹体の養分管理が重要で、本年の果実生産だけでなく、翌年以降の生産維持も考

慮して行う必要がある。今年は豊作、来年は不作というサイクルを繰り返していては経営が成り立たない。永年作物である果樹にとって隔年結果防止対策は重要な課題である。

翌年の生産維持も考慮した養分管理

隔年結果にならないようにするためには、樹勢が維持され、樹体内に養分が適切に蓄積されることが重要である。そのためには、肥料や有機物施用とともに、剪定、摘果（花）などの樹体養分管理が適切になされる必要がある。剪定は新梢への蓄積養分の配分を、摘果（花）は果実への養分配分を適正に行うために重要な管理作業である。

落葉果樹では、収穫期から落葉期までが枝や花芽を充実させ樹体内に貯蔵養分を蓄積させる時期となる。常緑果樹のカンキツでは、9月以降果実が肥大後期から成熟期となる頃に、貯蔵養分の蓄積や花芽分化も開始する。このため、果樹では一般に樹体内に貯蔵養分を蓄積する時期に肥料（お礼肥）を施用し、樹勢回復と樹体養分の蓄積が行われる。

地力窒素の発現をも考慮した施肥管理

果樹の収量、品質に最も大きな影響を与えるのは窒素である。果樹が土壌から吸収する窒素には、施肥窒素と土壌中の有機物が微生物によって分解されて発現してくる地力窒素とがある。その吸収割合は地力窒素のほうが大きい。

窒素施肥を増やすことにより、枝の伸長は旺盛になるが、果実の着色等、品質は低下する。果実は一般に地温が向上する夏から秋の時期に果実が肥大し、成熟するものが多い。リンゴの場合、果実品質を考慮した場合、夏における窒素吸収を抑えることが重要である。しかし、夏場には地温が高まり、地力窒素の発現が多くなり施肥窒素を抑えても窒素供給過剰になる可能性がある。したがって、有機物の投入量も抑制し、全体として窒素が適正に供給されるようにしていく必要がある。

生育障害回避のため土壌養分とともに樹勢を適正管理

果樹では、pHの変化や養分バランスの崩れや樹勢の強さとの関係で生理障害が発生することが多い。

ブドウでは、土壌中の交換性マグネシウムが十分にあっても、樹勢が強く新梢生長が早い場合には基部の葉に欠乏症が発生することがある。また、リンゴ果実の斑点性生理障害であるビターピットはカルシウム欠乏によるものであるが、窒素が過剰であると発生が助長される。樹勢とともに、気象要因が引き金となって生理障害が発生することがある。リンゴのつる割れ症は、8月に雨が多く、樹勢が強い等の条件が揃うと発生が助長される。

こうしたことから、土壌養分のバランスのみならず、樹勢を適正に管理していくことが必要である。

樹勢を維持するための土壌物理性管理

果樹の樹勢は植栽後、数年間旺盛であったものが、次第に衰えてくることがある。その要因として園地土壌の物理性の低下が影響している場合が多い。近年、機械化が進み、スピードスプレヤーによる薬液散布は年間10～13回に及ぶなど、果樹園土壌が踏み固められてきている。このため、細根の伸長が阻害され樹勢が衰弱してくる。この改善のためには、深耕や堆肥等の施用が必要である。

また、農業機械による踏圧の影響は、清耕や裸地園では大きいのに対し、草生栽培や稲わらなどのマルチ園では小さいので、園地管理も考慮する必要がある。

栄養生長、生殖生長 完全転換型作物

●果樹

●リンゴ

収穫期を迎えたリンゴ

■栽培特性

リンゴは北部温帯の果樹といわれ、日本では東北、北海道南部および長野県を中心とする中部高冷地帯が主産地となっている。近年、品種改良、防除法の進歩などにより、温暖な地域にもリンゴ生産が広がってきている。

また、近年わい性台木に接ぎ木した苗を栽培する、わい化栽培が普及してきている。

この栽培方式は、樹高が低く作業が容易であること、早期多収（7年生くらいで最大収量に達しうる）であること、果実の肥大や着色が良く熟期が促進（1週間くらい促進されることが多い）することなどが長所として挙げられている。

リンゴは有効土層の深い土壌では樹勢が良く、排水不良地や極端に乾燥しやすい土壌では生育が悪い。特に、保肥力が低いとともに土壌が硬く、透水性の悪い園では衰弱樹の発生が多くなる。こうした圃場で栽培する場合は十分土壌改良する必要がある。

リンゴのわい化栽培

リンゴでは草生栽培や清耕栽培が多く行われている。リンゴは地力窒素に依存する割合が高く（8割以上）、草生栽培では年数回刈り取り、敷料にすることで、地力窒素の供給、物理性改善、土壌浸食防止等の効果がある。草生栽培では、果樹との養水分の競合や、草丈の高いものでは遮光等による幼木の生育阻害の恐れもあるため、樹冠下は清耕とするなど、園地の状況に応じた工夫が必要である。

リンゴの生育周期と樹体養分消長の推移

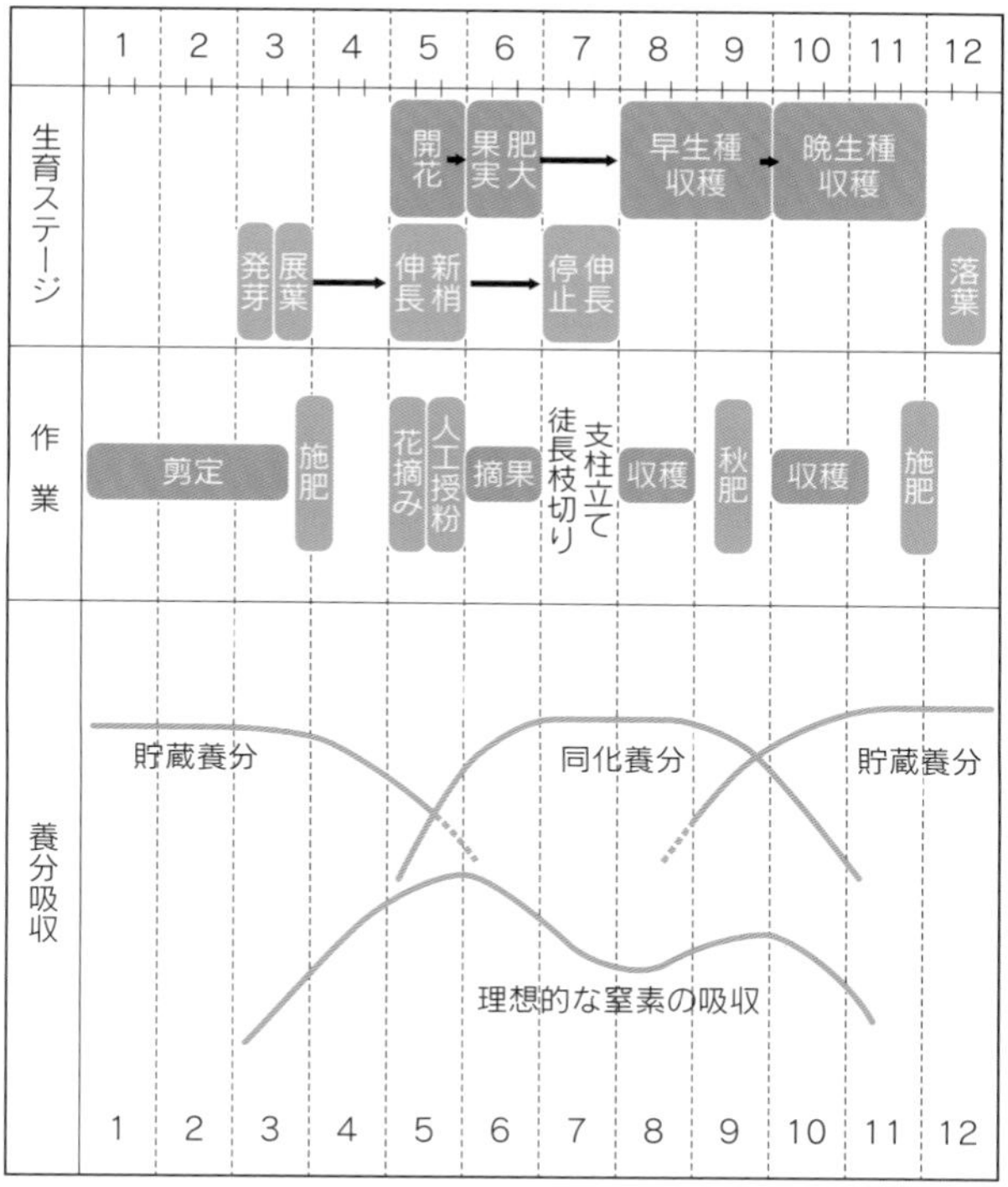

■土壌の化学性

リンゴは春先の根の伸長、葉の展開、開花、結実に必要な養分を貯蔵養分に依存している。果実肥大期からは葉で生産された光合成産物を利用するようになり、果実肥大などに向けられる。収穫期前後になると、光合成産物は貯蔵養分として枝、幹、根に蓄えられ、これらの養分は次のシーズン前半の生長を支える原動力となる。

したがって、翌年に備えて、樹体に貯蔵養分を蓄えるため秋肥（お礼肥）が施用される。

また、着色の良い高品質リンゴを安定生産するためには、新梢伸長停止期から夏期にかけての窒素吸収を抑制することが必要である。

リンゴの土壌化学性では特にpH、苦土、石灰、マンガン、ホウ素の管理が重視される。

●pH

リンゴは、pHに対しての適応性は比較的広いが、強酸性下でマンガン過剰症（粗皮病）、アルカリ性でホウ素欠乏症（縮果病）が発生しやすいことなどから、適正pHは5・5〜6・5が好適とされている。

●窒素

窒素は樹勢や果実の着色等に大きく影響する。リンゴは地力窒素に依存する割合が高いので、有機物の施用量に注意する必要がある。

リンゴ園の有機物の減耗は、年間で1〜2t／10a見積もられており、草生管理では刈草が乾物で0・8t〜1t／10a生産される。一般に低肥沃園では牛ふん堆肥で1〜2t／10aの堆肥が必要とされる。

また、窒素のお礼肥はリンゴ樹の貯蔵養分を考える上で重要である。施肥時期は果実品質への影響がなく根の活動低下の少ない9月頃が望ましいとされている。

●苦土

苦土が欠乏すると、リンゴ基部葉の葉縁や葉脈間に黄変や褐変壊死が発生する。主に開花期と夏期に発生する。秋田県のリンゴ園土壌の調査結果によれば、腐植質火山灰土壌では、土壌中の交換性マグネシウムが20㎎／100g以下で軽い欠乏、10㎎／100g以下でひどい欠乏が発生したとの報告がある。また、交換性カリウム含量が多く、苦土／カリ比（当量比）が1・0以下になると欠乏症が発生しやすくなる。

●石灰

石灰欠乏による障害とされるビターピットは、窒素などの施肥量が多すぎたり、あるいは若木など樹勢の強い樹に発生が多い。ビターピットは、果実に黒く少しへこんだ斑点状の症状が出るもので、果実と葉、枝との間にカルシウムの競合が起こり発生する。したがって、樹勢を落ち着かせて、果実に十分カルシウムを供給することが大切である。

●ホウ素

リンゴのホウ素欠乏症（縮果病）は果実表面にでこぼこが発生する。一般にpH7・0以上になると不可給態のホウ素が多くなり、欠乏症が発生しやすくなる。高温で土壌の乾燥が続く年にも、ホウ素が吸収されにくくなり発生が多くなる。また、この対策のためホウ素肥料を施用した場合、ホウ素の要求量の適正範囲が狭いため、過剰障害も発生しやすいので注意する必要がある。

●マンガン

土壌が強酸性になるとマンガンが溶出し、過剰吸収によって粗皮病が発生しやすくなる。粗皮病は樹皮の表面に小隆起が生じ、症状が進むと新梢の生育が低下し先枯れが起こる。この対策としてはpHを改善することが重要である。

■土壌の物理性

既存園では、長年の農業機械走行等により土壌が硬くなり、根の伸長が阻害されてくる場合が多い。また、土壌が硬くなることにより、透水性不良となり湿害による生育阻害も見られる。特にわい性台木は耐湿性が低いことから、わい化栽培失敗の主な要因にもなっている。

既存園での排水改善対策としては、トレンチャや深耕用ロータリを利用して、樹列間にそって片側ずつ深さ30～40cm深耕し、堆肥等資材を混入する。または、成木樹冠円周部にホールディガー等により直径60cmの穴を掘り、堆肥等資材を混入するのも良い。

■土壌の生物性

リンゴの土壌病害で最も重要なのは紋羽病である。その他、根頭がんしゅ病が問題になることもある。リンゴの紋羽病には白紋羽病と紫紋羽病とがあり、いずれも根に被害を与える。白紋羽病は、根の表面に白色糸状の菌糸束を伸ばして腐朽させ、根はもろくなり手で折れる。紋羽病菌による根の腐朽が進行すると、秋期に早く落葉し、新梢の伸長が悪くなる。

本病は強剪定や着果過多、湿害などにより、地下部と地上部の生育状態が不均衡になった樹での被害が大きい。また、発生園の土壌中に剪定枝などの粗大有機物や木

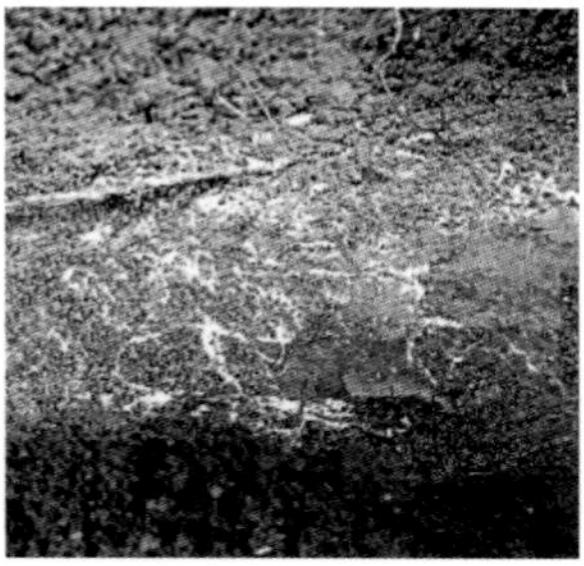

白紋羽病菌の根表面の菌糸

写真提供：農研機構果樹研究所
中村仁氏

白紋羽病によって腐朽した根

写真提供：農研機構果樹研究所
中村仁氏

質の多い未熟堆肥を投入すると、それを栄養源として病原菌が繁殖するために多発する。耕種的対策としては、多発要因となるような管理作業を行わないことが基本である。近年、温水点滴灌注処理などによるリンゴ紋羽病の治療技術が開発されてきているのでその活用してみるのも良い。

　一般圃場での根頭がんしゅ病の発生は、病原細菌に汚染された苗木の持ち込みによる場合がほとんどである。したがって、購入した苗木を入念に観察して無病を確認してから定植することが重要である。

・カンキツ

収穫期の中晩柑類（ハッサク）

■作物特性

　温州ミカンは、一般に年平均気温15～16℃で日照が良く、排水の良好な地帯が適地とされている。こうしたことから、神奈川県より以西の太平洋岸の地域が温州ミカンの主な産地となっている。温州ミカンは耐乾性があり、かつ根の空気要求性が強いことから通気性、排水性の良い土壌が適している。

　一方、「デコポン（不知火）」、「イヨカン」、「ハッサク」等の中晩柑類は一般に大玉果が好まれ、樹勢を強くし、大きな果実を生産する必要があることから、肥沃で作土層が深く、排水の良い土壌が適している。したがって、温州ミカン以上に、土壌の物理性を良くして健全な根を土中広く分布させる必要がある。

　カンキツのなかでも、温州ミカンは水分ストレスを与えることで糖度が向上する。品質向上技術として、これまでは夏から秋の降雨を遮断するマルチ栽培が広く行われてきた。しかし、マルチ栽培の方法では、年によって降雨が少ない場合には乾燥し過ぎて、樹体が弱る、また、夏のマルチ敷設は重労働であり、被覆面積を拡大できない、降雨や土壌水分状況により被覆開始時期の判断が難しい、など多くの問題があった。マルチ栽培の持つ効果を活用しながら、同時にドリップチューブによって灌水と施肥を行うことで、降雨と乾燥のどちらにも対応できる新たな技術として「周年マルチ点滴灌水同時施肥法」（マルドリ方式）が開発され、普及してきている。このシステムではマルチ被覆によって降雨を遮断すると同時に、いつでも灌水や施肥を行えるので、適度な水ストレス管理ができ、長雨や干ばつなど年による予測が困難な気象変化の影響を最小限に抑えることが可能である。

中晩柑類は、温州ミカンとは土壌水分に対する対応がかなり異なる。中晩柑類の糖度は水分ストレスよりも、果実の成熟により上昇する傾向が強い。

また、中晩柑類は果実の大きい方が商品性に優れることから、乾燥をできるだけ避け、果実の肥大促進を図るために十分な灌水を行うことが重要である。

カンキツはリンゴやカキとともに、隔年結果性が強い。温州ミカンの隔年結果の主な要因は、地力の低下や施肥量の減少などとされている。特に秋肥（お礼肥）は、樹体の回復とともに、翌年の着花を促すためにも施用することが重要である。

■土壌の化学性

中晩柑類では、温州ミカンと異なり9月の秋肥を施用すること、年間窒素施肥量が多いことなど、温州ミカンとは施肥体系が異なる。中晩柑類が窒素多施肥でも果実品質が悪くなりにくいのは、収穫時期が温州ミカンに比べ遅い2～5月であること、もともと果皮が厚く浮皮が発生しないことが挙げられる。中晩柑類の樹勢強化と大玉果生産には、堆肥等有機物施用が重要である。

●pH

ミカン園土壌の適正土壌pHは5・5～6・5とされている。pH5・5以下となると生育に影響が出てくる。特に多肥栽培が一般化している中晩柑では、土壌が酸性化している例が多く見られるので注意が必要である。

●窒素

窒素の過不足は、次年度の着果の良、不良に大きく影響する。窒素の不足は樹勢の低下を招き、収量の減少や隔年結果の原因となる。これに対して、窒素の供給過剰は、温州ミカンの場合、着色の遅延、浮皮の増加、果肉歩合の低下、糖度の低下など果実品質低下の原因となる。

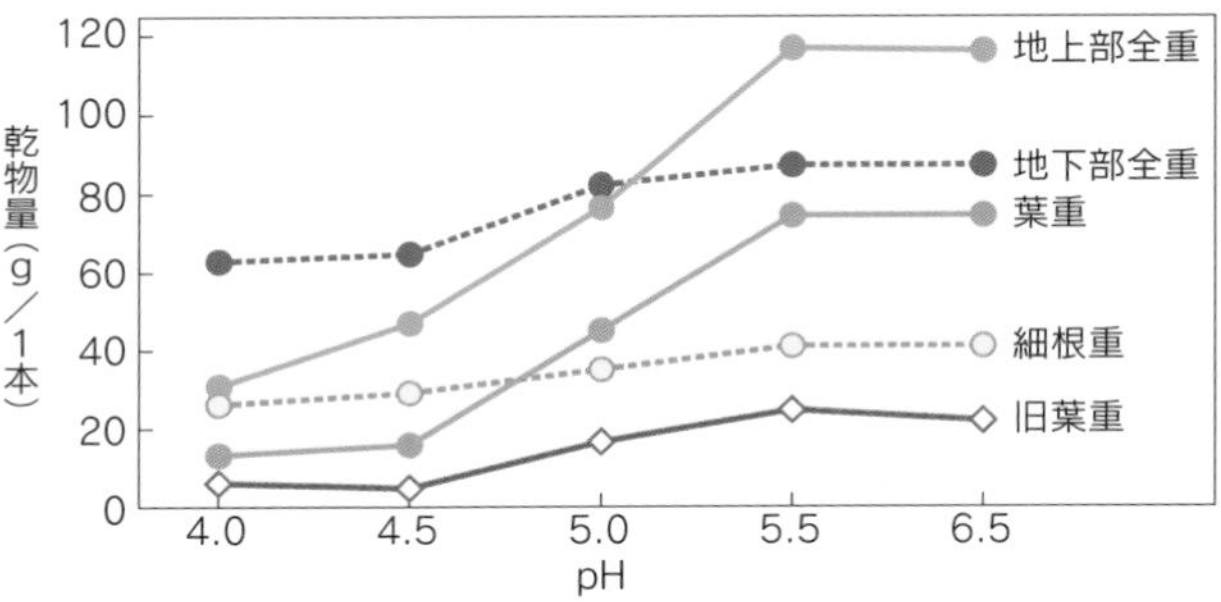

土壌pHがミカン生育に及ぼす影響

資料:農作物生育環境指標（(一財)日本土壌協会）

温州ミカンの窒素養分は、施肥窒素よりも地力窒素の寄与割合が大きい。果実に取り込まれた窒素の調査事例では、地力窒素46・1%、施肥窒素17・2%、樹体貯蔵窒素36・7%であった。カンキツはリンゴ等他の果樹と同様に地力窒素と貯蔵窒素の寄与率が極めて高いので、特に、温州ミカンにおいては、有機物の過剰施用に留意する必要がある。

●カリ

温州ミカンにおいて生産現場でカリ欠乏症が問題になることはほとんどない。逆に多過ぎた場合には果皮が厚くなり、糖度の低下、酸含量の増加、着色の遅延などが見られる。

●苦土

苦土はリン酸との相助作用、カリとの拮抗作用が顕著であり、その欠乏症は土壌中の交換性マグネシウム含量の不足よりも、塩基バランスの不均衡によることが多い。苦土欠乏の発生は「宮内伊予柑」が最も多く、極早生温州ミカンなどにも見られるので、塩基バランスに留意する必要がある。

●石灰

カンキツでは樹上で、あるいは貯蔵中に果皮の一部が不規則に小陥没を起こし、時として褐変をもともなう果実の生理障害（こはん症）が発生することがある。本症状は、温州ミカンにも発生するが、主として中晩柑類での発生が多い。これは、果皮中のカルシウムに対してカリウムあるいはマグネシウムが多い場合に発生が多くなる。石灰／苦土比（当量比）が1付近と低い場合には、石灰欠乏症発生の恐れがある。

●マンガン

カンキツではマンガン過剰症が発生することがあるが、その要因は土壌の酸性化による場合が多い。多肥栽培によりpHが低下し、マンガンの土壌中溶出量が多くなって葉が黄化し、チョコレート色の斑点が生じて落葉する。昭和30年代の温州ミカン増産期頃の温州ミカン、50年代の「宮内伊予柑」に多発し、落葉する大きな被害があった。現在でも施肥量の多い「河内晩柑」などで発生が見られている。

ハウス栽培の早生温州ミカンや「アンコール」の栽培においてもマンガン過剰症が見られる。マンガン過剰症による異常落葉は、樹勢を低下させるだけでなく、翌年の着花数を著しく減少させて隔年結果を助長する。

●ホウ素

葉面散布剤を多用する「ハウスミカン」では、ホウ素過剰症が見られることがある。カンキツのホウ素過剰症は葉の先端から黄化し、次いで葉脈間が黄色に退色する。対策としてはホウ素の施用量を控えるとともに、雨水が当たるようにしてホウ素の洗脱を図るのが良い。この他、土壌pHを6・5以上に維持するよう石灰資材を投入して、土壌pHを矯正して防止する。

土壌の物理性

温州ミカンは耐乾性があり、根の空気要求性の強い果樹であるから、土壌条件も通気性、排水性の良い土壌が適している。マルチ栽培では肥効を良くする意味からも、園地の表層10㎝くらいの浅い層に細根を多くすることが必要である。

近年、作業労働の機械化が進み、その踏圧等により樹勢が衰えてくる園が見られる。その対策として樹園地の深耕や堆肥等、有機物の投入が重要である。現在、深耕のための機械としてトレンチャが導入されている。また、傾斜地向きの深耕法としてホールディガーによる深耕法が開発されている。ホールディガー法は処理時間が短く、動かす土量は少ないにもかかわらず効果が認められている。

「デコポン」は、着果負担の根に与える影響が大きく、特に細根量が減少し、樹勢が低下しやすい。こうした特性を補い、発根を促進するためには、腐植含量が多く、保水性、排水性が良く、有効土層は50㎝以上ある土壌が望ましい。また、定植後も定期的に有機物の投入や客土を行い、土壌改良を実施して根域の拡大に努める必要がある。

また、樹勢が衰えやすい「宮内伊予柑」では、毎年夏芽がいくらか発生する程度の強めの樹勢が良い。枝梢の発生を増やすためには、有機物を施用して地力を高め、活力のある細根を多くする必要がある。

■土壌の生物性

カンキツについて、土壌病害としてあまり大きな問題となるものはない。土壌病害として発生が見られるのは紋羽病等である。

・ナシ

収穫期のナシ

■栽培特性

ナシには「ニホンナシ」、「セイヨウナシ」、「チュウゴクナシ」があるが、国内では「ニホンナシ」が大半で、その他「セイヨウナシ」が出回っている。ナシは、他の落葉果樹とともに低温には比較的強く、主産地は年平均気温が12～15℃の地域に分布している。

ナシは、比較的湿潤な土壌が適しており、有効土層の深い土壌が適している。耐水性は比較的強いが耐乾性が弱く、水分要求度は果樹のなかでは高いほうである。耐水性が強いといっても、排水不良の過湿地では良果を収穫することは望めない。

また、ナシは一般に有機質に富み土層が深く、排水の良い壌土（指

ナシ圃場

先の感触で砂と粘土が同じくらいに感じられる）で生育が優れている。

ナシの産地はこうした気象条件や土壌条件を満たす東北の福島県、関東の茨城県、栃木県、埼玉県、千葉県、中部の長野県、さらに鳥取県を中心とした山陰地方など、中部温帯地域に形成されている。

■土壌の化学性

秋肥（お礼肥え）はナシ樹を果実肥大の疲労から回復させ、翌年の貯蔵養分を多く作る目的で施用されている。窒素の欠除時期試験等の結果でも9～10月の肥料を抜くと、翌年の初期生育が不良となり、遅伸び型となる。

●pH

pHは5・5程度が好適であり、pH6・5以上や4・5以下は生育に影響が出る。土壌pHが6・5以上ではナシの葉にマンガン欠乏症が発生しやすい。

●窒素

ナシの果実肥大期に表層40cm深さまでの土壌中硝酸態窒素含量が高いと、収量が多いという結果が得られている。ただし、果実糖度とは負の相関が認められ、埼玉県では果実肥大期の適正な土壌中の硝酸態窒素含量は3～5mg／100gとしている。

●微量要素（マンガン）

ナシのマンガン欠乏は葉の着生位置にかかわらず発生する。新葉、旧葉ともに葉色が淡く、葉脈間が黄白化するクロロシス症状を示し、多くは新葉が展開した5月下旬頃から発生が見られる。土壌pHが6・5～7・0以上となると、マンガンが不可給態化し、マンガン欠乏症が発生する可能性が高くなる。

●生理障害（ユズ肌化果）

ナシの生理障害果の代表としてユズ肌果が挙げられる。ユズ肌果の発生原因は、水分不足とともに石灰吸収の不足である。石灰の吸収不足は土壌中の欠乏よりも、根のカリ過剰による吸収阻害が多く、この傾向は苦土過剰にも見られる。したがって、土壌中のカリ、苦土と石灰のバランスが重要で、交換性カリウム含量については30～50mg／100g程度が適当である。

●生理障害（みつ症）

ナシのみつ症は果肉障害であり、

基本的に果肉の過熱現象である。低温年、樹勢の悪い樹や樹勢が強い樹、土壌水分の変動等の要因で発生が多くなる。カルシウム欠乏がみつ症発生の要因と考えられている。基本的には樹勢の維持、土壌改良、排水対策などを適切に行うことが重要であるが、カルシウム剤の葉面散布によって発生を軽減することができる。

■土壌の物理性

農業機械等の踏圧により土壌が硬く締まった園地では、根の生育だけでなく地上部の生育も抑制される。埼玉県における実態調査からは、収量の多い園地ほど径1㎜以下の細根量も多いという結果が得られている。細根量を多くしていくためには、梅雨明け後の土壌硬度（表層から20㎝までの深さ）は山中式土壌硬度計で16㎜以下であることが望ましいとされている。

土壌の物理性が劣る園では凍害、早期落葉、ユズ肌果などの各種障害が発生しやすい。

これを改善するためにはトレンチャによる50㎝程度の深耕や、ホールディガーによる穴掘りと合わせての堆肥の施用が効果的である。その際、堆肥を施用せずに単に土を埋め戻しただけでは根系は発達しないので、堆肥を施用することが重要である。

ホールディガーを用い、牛ふんおが屑堆肥を局所施用した長野県における試験結果では、径0・5㎜以下の根量が増加するとともに果実収量が増加している。

ホールディガーによる堆肥局所施用と幸水ナシの果実収量と根量

試験区	着果数（個／㎡）	平均果重（g）	果実収量（kg／10a）	根量（乾物g／㎡）		
				～0.5mm	～1mm	～2mm
無処理	11.7	410	4,830	11	11	15
堆肥局所施用	12.7	413	5,250	23	13	13

資料:長野県南信農試

■土壌の生物性

ナシでは白紋羽病の発生が多い。発病樹では新梢の伸びが悪く、新梢の発生数が減少し、さらに樹勢が弱まり、症状が進むと衰弱枯死する。

発病樹の治療は、根を掘り上げ、白色菌糸が付着した腐敗根をできる限り除去し、殺菌剤を土壌潅注して埋め戻す。発病樹はできるだけ着果負担を軽くし、樹勢の回復を図る。

なお、発病樹に対する治療対策として、近年開発された小型給湯器を用いた50℃の温水処理も有効である。

栄養生長、生殖生長完全転換型作物

●稲・麦

●稲

収穫期の稲穂

■栽培特性

稲は水生植物としての特性があり、日本ではわずかに栽培されているが、ほとんどが水稲として水田で栽培されている。

水稲の生育は、茎葉が形成される栄養生長期と、開花し、穀実が形成される生殖生長期からなる。その転換期は穂の原基である幼穂の形成される時で、その時期はおおむね出穂前の32～35日である。

水稲の収量は、葉での光合成産物が穀実に蓄積されることによって得られることから、収量を向上させるためには、十分葉面積を確保するとともに、受光態勢を良くしていくことが必要である。

このための土壌管理としては、まず、根が十分張ることのできる作土の深さとともに、根に酸素を

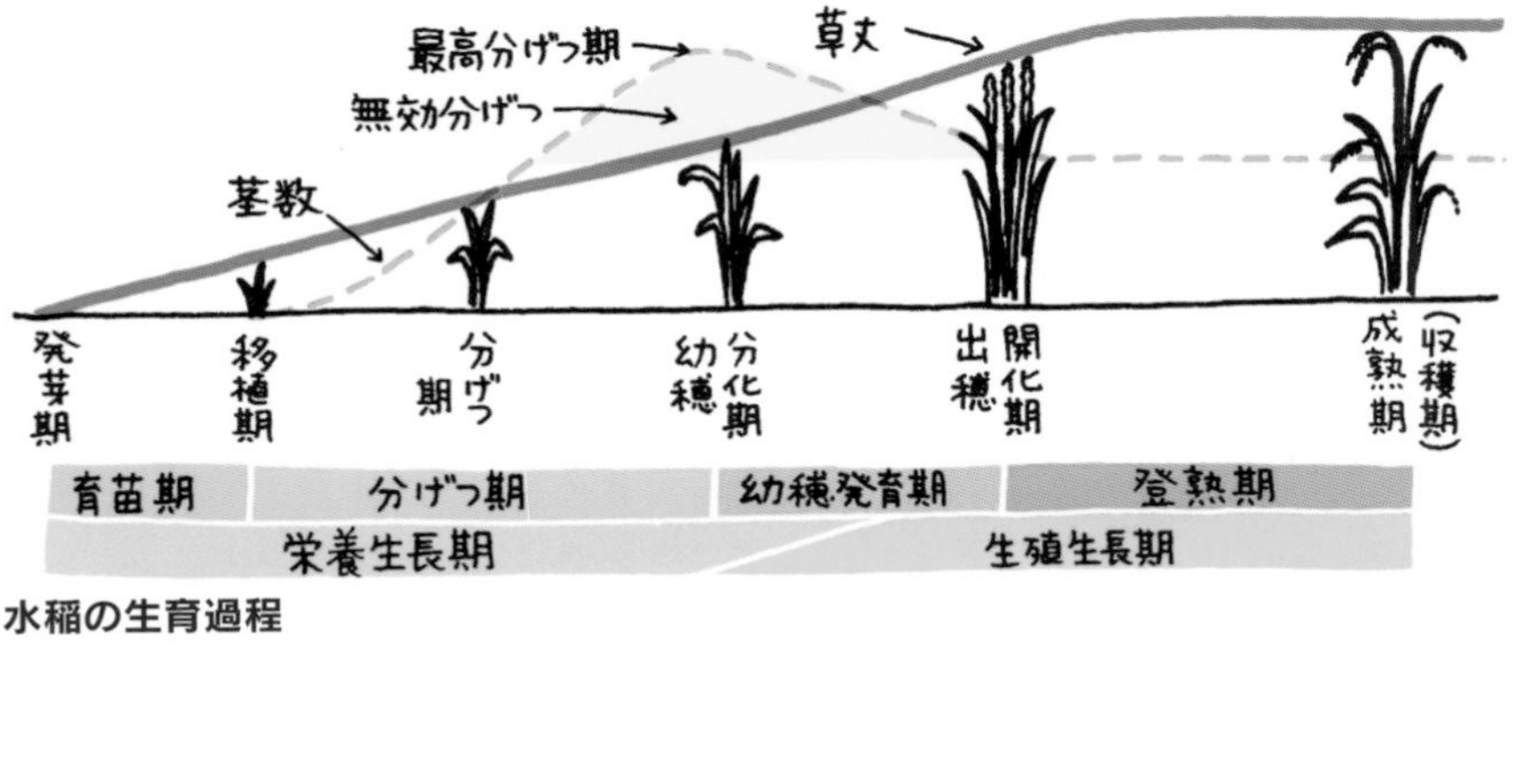

水稲の生育過程

十分供給できる水管理が重要である。また、生育や受光態勢を良くするためには、適切な栽植密度とともに、必要な養分を供給することが重要である。水稲の肥料養分として特に重要なのは、作物体を大きくするための養分である窒素と、作物体を強健にし、倒伏しにくくするなどの養分であるケイ酸である。

　食用米については、粒張りが良く、食味の良い米の生産を行っていく必要がある。そのためには、登熟期における稲体を健全に維持しながら、登熟後半まで乾物生産が順調に行われるような養水分管理が必要である。

■用途

水稲の用途の多くは食用米として利用されるが、最近では新規需要米として飼料用米の需要が拡大している。

　食用としては、炊飯用以外では、酒造用、米菓等加工用などがある。

　食用（炊飯用）米は、タンパク質含有率が増えると食味が悪くなるので、精米中のタンパク質含有率を高めないことが必要である。また、酒造好適米も酒米の加工適性面から、タンパク質含有率が少ないことが求められる。

　タンパク質含有率と窒素とは密接な関係があり、稲への窒素供給量が増えるとタンパク質含有率が高まる傾向にある。また、出穂時期の窒素追肥（実肥）もタンパク質含有率を高める。そのため、適切な量の窒素を施用するとともに、施用時期にも留意する必要がある。

　飼料用稲は茎葉と子実を収穫し、ホールクロップ・サイレージ（WCS）にして乳肉牛に給与するものと、粗玄米をニワトリやブタに

水稲の用途と特に求められる品質等

用途	内容	特に求められる品質等
食用米（炊飯米）	うるち米	良食味（タンパク質含量の低いもの）
	もち米	
加工用米	酒造好適米（心白の発現する大粒の米）	タンパク質含量の低いもの
	米菓類、味噌等用	
新規需要米	発酵粗飼料用稲（ホールクロップサイレージ）（乳肉牛に給与）	収量、タンパク質含量の高いもの
	飼料用米（籾や粗玄米）（ニワトリ、ブタに給与）	収量、タンパク質含量の高いもの
	米粉用、バイオエタノール等用	

給与するものとに区分される。

価格が安い飼料用稲は低コスト生産が重要で、省力化や多収化が求められる。また、飼料用米ではタンパク質含有率の高いものが飼料としての栄養価が高まるので、むしろ多いほうが望ましい。このため、窒素施肥量も一般に多収品種を用いた場合には食用稲の1・5～2倍程度多く施用される。

■収量、品質向上のための土壌管理

●土壌の化学性

水稲が必要とする養分は、窒素、リン酸、カリの3要素以外は土壌や潅漑水から供給される割合が高い。ケイ酸は水稲にとって特に多く必要とする養分であり、施肥で補う必要性が高い。

●窒素

窒素は水稲の生育に最も影響する養分で、欠乏すると葉が黄色くなり、生育が抑制される。過剰になると、生育が軟弱となるとともに過繁茂となり、受光態勢の悪化や倒伏などをもたらす。

水稲に供給される窒素は、肥料として施用される窒素と土壌中の有機物が微生物によって分解されて発現してくる地力窒素とがある。これらのうち、水稲の窒素吸収は地力窒素の吸収割合が大きく、60～70%程度とされている。こうしたことから、日本の暖地と寒地とでは地温の格差から地力窒素の発現に時期的な相違が見られ、これにより水稲の生育様相が異なる。暖地の水稲は寒地稲に比べて、本田初期に地温が上がりやすく、地力窒素の発現が多いことから生育初期の生育量が大きい。このため、茎葉の過繁茂を起こし、生育の中期以後、秋落ちの生育となりやすい。したがって、暖地水稲は基肥を少なくし、追肥重点の施肥法にすることが望ましい。

一方、寒地水稲では本田初期の地力窒素の発現は緩慢であり、基肥窒素に依存する割合が大きい。寒地では初期生育の良否が収量に大きく影響する。

また、窒素を効かせる時期が水稲の収量に大きく影響する。特に、大きく影響するのは水稲の分げつ期と幼穂形成期である。幼穂形成期に施用する追肥は穂肥と呼ばれ、穂数や1穂籾数を増加させ、登熟も向上させる。穂肥の施用時期は、正確には幼穂の大きさを観察して行うことが望ましい。幼穂が穎花原基分化期（一般に出穂前16～23日が該当）にある時に施用すると穂肥の施用効果が高い。

倒伏した水稲

収穫期を迎えた圃場

なお、穂揃い期に施用する実肥は、登熟を向上させ、玄米千粒重を重くする効果があることから以前には施用されていたが、玄米中のタンパク質含有率を高めるため最近では行われなくなった。

●リン酸

リン酸は生育初期に必要とされ、欠乏すると分げつ、草丈が抑制される。水田土壌では湛水により還元化が進むので、鉄等と結合した難溶性リン酸の溶解度が増し有効化しやすい。こうしたことから、一般の畑作物ほどリン酸の施用量は多くなくても良く、一般に有効態リン酸で20㎎／100ｇ以上では、リン酸を施用してもほとんど増収しないとされている。

●塩基類

普通、水田でカリ、石灰および苦土が不足することは少ない。カリは灌漑水、有機物などに由来するいわゆる天然供給量の最も多い成分である。カリは細胞の水分調整、光合成、タンパク合成に携わり、土壌中交換性カリウムが15㎎／100ｇ未満の圃場では、カリ無施用にした場合、収量減少や整粒歩合の低下が見られることがある。岩手県農試では、土壌中の交換性カリウムが40㎎／100ｇ以上の水田は、カリを施用しなくても水稲収量にほとんど影響がないことを明らかにしている。

●ケイ酸

水稲はケイ酸を積極的に吸収する好ケイ酸作物である。ケイ酸の効果としては、①光合成の促進、②稈を強くし倒伏軽減、③受光体制の改善、④病虫害に対する抵抗性付与、⑤根の活力向上、⑥増収と品質向上などが挙げられている。特に最近では、食味の向上や高温障害の軽減の観点から重視されてきている。

ケイ酸は一般に基肥より幼穂形成期以降の追肥の効果が高い。地力増進基本指針における改善目標は、土壌中有効態ケイ酸含量15mg／100g以上となっているが、近年、ケイ酸が不足している水田が多く見られる。

■土壌物理性

水稲の根は湛水下でも呼吸を維持できるが、土壌の還元が極度に進むと根腐れがひどくなり、根の機能は急激に低下する。このため、水田に適度な透水性を持たせることが必要である。適度に透水性の良い水田では土壌中に酸素が補給されるし、土壌中に発生する種々の有害物質（例えば酢酸、酪酸などの有機酸、硫化物等）が排除される。このような水田では根が健全に生長するので、多収が期待できる。しかし、透水性が良すぎると、寒冷地や山間部では冷水害の恐れが出るし、肥料の損失が大きくなるなどの問題が生じる。水田の透水性の良し悪しは日減水深が目安となるが、水稲の生育にとって望ましい、減水深は20～30㎜／日とされている。

近年、水稲栽培の作業効率を上げることが重視され、作土層が浅くなってきている。作土層が浅いと肥料の持続性が短いばかりでなく、根の機能の低下も早まる。特に、根張りが浅いと登熟期の高温に対する抵抗力を弱め、品質が、低下するので、作土層の確保が重要である。耕深を深くすると根が深く張り、秋優りの水稲となるので、少なくとも15㎝程度の作土深を確保することが望ましい。

■土壌管理が関係する生育障害

●秋落ち水田

秋落ちとは、水稲の栄養生長期間の生育は健全であるが、生殖生長期になって次第に生育が不良となり、出穂期前後からは下葉の枯れ上がりが増え、収量が低下する現象である。以前は秋落ち水田が大きな問題とされ、含鉄資材の投入などの対策が行われてきた。しかし、近年はそうした対応がなされなくなってきて、再び秋落ち水田が問題となってきている。秋落ち水稲の特徴は、根腐れをともなうことが多く、合わせてゴマハガレ病が発生しやすい。

秋落ち水稲の発生しやすい水田は、老朽化水田と呼ばれる砂質で排水の良い乾田や、泥炭土のような腐植過多の湿田で暖地の平坦部に多い。秋落ち水稲の症状は還元状態で発生する硫化水素等が根に障害を与えることによって起きる。通常の水田では作土中に鉄があるので硫化鉄となって無害化されるが、秋落ち水田では下層に流亡しているため結合できず障害を受ける。また、生育後期にカリ、ケイ酸、マンガン、マグネシウム、鉄などの成分が下層に流亡し欠乏すると、根が健全であってもゴマハガレ病にかかりやすくなり、秋落ち水稲と同じような姿となって減収する。腐植過多の湿田土壌では、還元状態で有機酸などの有害物質や硫化水素が発生し、障害を受け秋落ち症状が発生する。

●高温障害

出穂後20日間の平均気温が27℃と高温に推移すると、白未熟粒が発生しやすい。白未熟粒はデンプン蓄積の低下や異常により、デンプン粒の形成が十分ではなく空隙を生じるために、乱反射が生じ白濁したものである。白未熟粒のうち、乳白粒は籾数の過剰で発生しやすい。また、登熟期に窒素供給が切れるような場合には、白未熟粒のなかでも特に背白粒、基部未熟粒の発生を増大させる。胴割れ粒も低窒素条件下で発生が助長される。

水田の作土深が5～21㎝の範囲では、作土が深くなるほど乳白粒や背白粒の発生の減少が認められている。分げつ期の深水管理は無効茎数や過剰な籾数を制限することになるため、白未熟粒の発生を軽減できる。

■主な栽培法、施肥法における土壌管理

近年、水稲では、環境影響の軽減とともに、省力化、コスト低減が重視されてきている。こうしたなかで、移植栽培でも側条施肥田植法とともに、最近では疎植栽培法や育苗箱全量施肥法が導入されてきている。さらに一層のコスト低減や省力化を図るため、直播栽培法が拡大してきている。

●**直播栽培**

直播栽培は播種前の入水の有無によって、湛水直播と乾田直播に大別することができる。最近では湛水直播栽培において鉄コーティング湛水直播方式が、乾田直播では不耕起V溝直播方式などが開発されるとともに、播種法も散播とともに条播の方法が導入され、これら新方式が普及してきている。

直播栽培の課題としては、出芽・苗立ちの安定化と耐倒伏性の向上がある。これらは新方式により改善されてきつつあるが、移植栽培と比較して収量が1割前後減収となる場合が多い。

施肥については、コシヒカリの場合の基肥窒素施用量は倒伏防止のため、移植栽培の2～3割減肥とする場合が多い。また、直播栽培は生育中期に肥切れしやすいので、その時期に溶出するタイプの緩効性肥料を利用するなどの対応が必要である。

水稲の栽培法・施肥法の内容と特徴

栽培法	内容	特徴
移植栽培法	慣行栽培	基肥を全面全層施肥し、田植え機で移植し栽培する。
	側条施肥田植法	移植と同時に、基肥を植付け株の横2cm程度、深さ3～5cmの位置にすじ条に施肥する。初期生育が促進される。肥料が根の近傍に存在するため、施肥窒素の利用率は30～40%と高い。
	育苗箱全量施肥法	育苗期間中に肥料成分がほとんど溶出しない肥効調節型肥料を用い、一作で必要な窒素全量を育苗箱に施肥する。肥料が根に接触していること、移植後水稲のチッ素吸収パターンに近似して窒素成分が溶出することから施肥窒素の利用率は80%と極めて高い。播種時に施肥をするため、施肥作業が省力化できる。
直播栽培法	湛水直播	圃場を耕うん代掻き後、コーティング種子を播く。播種後落水出芽させ、出芽揃い後は湛水管理する。
	乾田直播	よく乾燥させた圃場に耕起と同時に種籾を播種する。乾田状態で出芽、2.0～3.0葉期に湛水管理に移行する。

麦

二条大麦
（栃木県下・5月下旬）

■栽培特性

麦類はイネ科に属し、小麦、大麦、ライ麦、エンバクがある。

国産麦の主な用途は、小麦では麺用、六条大麦や裸麦は精麦し食用、二条大麦は醸造用に利用されている。小麦ではタンパク質含有率が重視される等、用途により求められる品質が異なる。乾燥地を発祥とする麦類は、土壌の過湿や酸性に弱いなどの特性があり、これらを満たした土壌条件でないと十分に生育しない。

地域ごとの播種の時期は、北海道の一部で春播き小麦栽培がなされているが、ほとんどが秋播き栽培で、収穫は翌春から夏にかけてである。麦の作付けは北海道では畑作が多いが、都府県では水田に作付けされることが多く、過湿が問題になりやすい。

麦の栽培管理は、発芽してから冬を越し、晩春に至る期間に麦の基部を土によって覆い保護する作用をする土入れが行われる。土壌の排水改善や分げつ茎の強化、根の健全化につながるとともに、春季雑草の発生を防止する。また、麦の茎葉を踏みつけ、同時に土の表面をも踏み固める、麦踏み（踏圧）作業がある。霜柱による凍土のひどい所では効果が大きく、欠くことのできない重要な作業である。

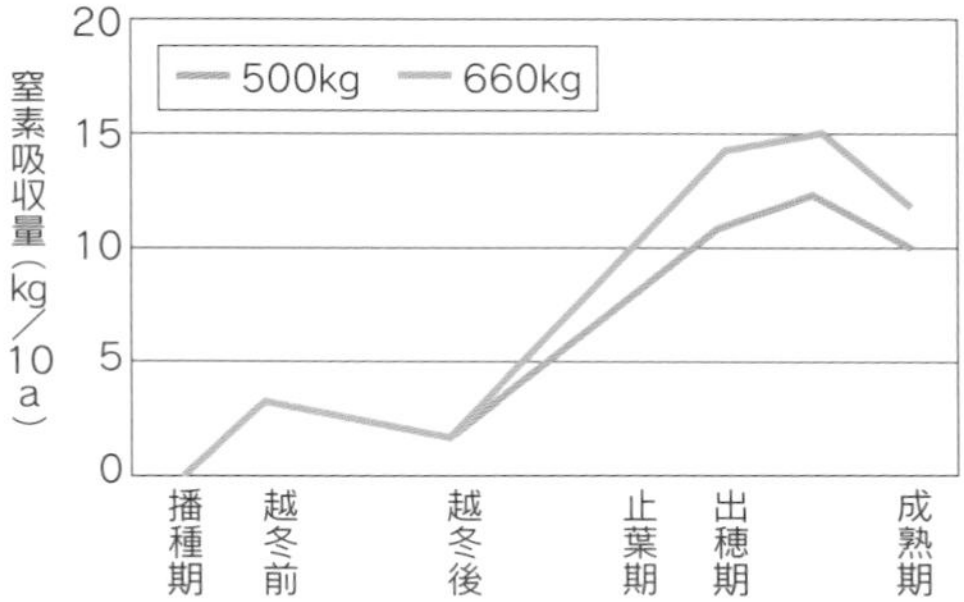

秋播き小麦の窒素吸収過程（模式図）
原図：北海道立中央農試

■土壌の化学性

「水稲は地力で、麦は肥料で作る」といわれるように、麦では水稲より多量の施肥が必要である。転換畑、既存畑に限らず畑地の地力は水田よりも著しく消耗が早い上に、麦は生育期間中の低温期が長く地力窒素の発現が期待できない。このため、麦が吸収する養分のうち土壌由来のものは少なく、収量は施肥量に大きく左右される。

●pH

麦類の適正pHは6・5~7・0程度で、酸性に弱い作物である。小麦はpH6・0前後、大麦はpH7・0前後を好む。土壌が酸性化すると根の生長が阻害され、生育が不良となる。

●窒素

麦の生育期間は長く、冬期には生育の一時停滞期がある。このため、麦の施肥は生育ステージに応じ必要量を分施するのが基本である。基肥は越冬前の生育量を確保し、越冬後の追肥には穂数の増加や1穂粒数、千粒重を高める効果がある。基肥と追肥の両方を適正に施用することが良質多収につながる。幼穂形成期の追肥が穂数を増やす効果が最も高い。越冬後の窒素追肥は、一般に時期が早いほど穂数を増加させる効果が大きい。時期が遅くなるのにともない一穂粒数、さらには粒重を増加させる効果が大きくなり、出穂期以降ではタンパク質含有率を上昇させる効果が大きくなる。一律に施肥を行うと倒伏を招き品質の低下をもたらすので、生育状況や気象状況に応じて対応する。

●微量要素

銅の吸収量はごく少ないため、通常施肥する必要はないが、不足しやすい土壌があり、施肥によって補う必要がある。銅欠乏は不稔、登熟不良等が起きる。また、一部の地域でホウ素欠乏症が見られたこともある。

■土壌の物理性

麦類は土壌空気を多く必要とする作物で、空気で満たされた孔隙が土壌全層に分布していることが必要である。麦類のなかでは一般に、小麦より大麦のほうが湿害に弱い。麦類の湿害に弱い時期は、出芽から生育初期と節間伸長期から登熟期にかけてであるが、特に節間伸長期から登熟期にかけてが最も弱い時期である。節間伸長期の湿害による影響は、穂数、千粒重、稔実歩合などの低下となり、収量と品質低下をもたらす。

排水不良圃場では、砕土が粗く播種精度が低下するなどにより、出芽苗立ちを悪くする。明渠などを必ず設置して湿害を防止する。後に述べる縞萎縮病回避にも効果がある。

■土壌の生物性

麦類の病害のなかで特に重要な病害に、赤カビ病と縞萎縮病があるが、土壌伝染する病害として重要なのは小麦や大麦の縞萎縮病等である。

縞萎縮病は土壌伝染性のウイルス病である。病原ウイルスはカビによって伝搬し、ウイルスを保毒した土壌中のカビが麦の根に寄生することによって起こる。症状は葉身にかすり状の退緑斑点が現れ、後に株が萎縮する。発病は株単位で発生する。防除としては、大麦と小麦の縞萎縮病は別の種類なので、麦の種類を変えて栽培することによって軽減できる。また、反転耕で30㎝程度の深耕をすると発病をある程度抑制することができる。

小麦縞萎縮病発病圃場

写真提供：HP埼玉の農作物病害虫写真集

小麦縞萎縮病発病葉のモザイク症状

写真提供：HP埼玉の農作物病害虫写真集

	生育特性	窒素成分の吸収パターン
	水稲の移植から幼穂分化期までが栄養生長期で、茎葉を繁茂させるが、幼穂分化期以降生殖生長に移行し、同化産物のデンプンを籾に貯蔵するようになる。	山型吸収 
	初期生育は緩慢であるが、開花期以降急激に生育し、子実肥大期に再び緩慢になる。	山型吸収 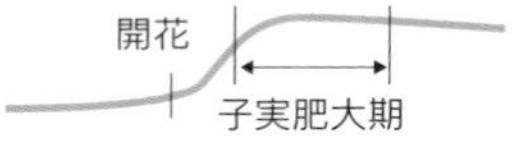
	栄養生長期にある葉部を生育最盛期に収穫する。	連続吸収 
	当初は栄養生長のみであるが、収穫期になると、生殖生長と栄養生長が並行して進む。	連続吸収 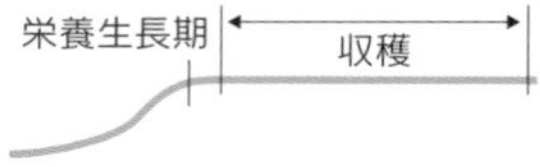 山型吸収 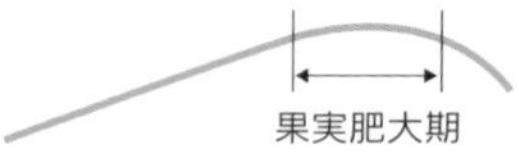
	長日刺激により、生長点でりん片が形成されて、生育相が転換する。	山型吸収 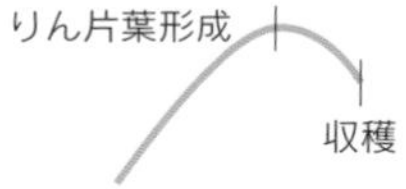
	外葉の生長のあと、球葉が形成されて、生育相が転換する。	連続吸収に近い山型吸収 
	生育前半は地上部が生育し、生育後期に養分が移行して根が肥大する。	山型吸収 
	栄養生長は止葉の出現により停滞し、生殖生長に転換する。	山型吸収 
	栄養生長後、花芽分化期から生殖生長に転換する。	山型吸収 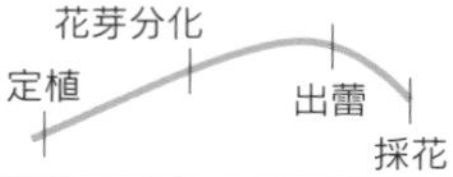
	春の発芽期から生育初期は貯蔵窒素が主に使われるが、その後は当年に吸収した窒素の役割が大きくなる。秋以降に吸収された窒素は貯蔵窒素として蓄積される割合が高く、翌年の生育に使われる。	山型吸収 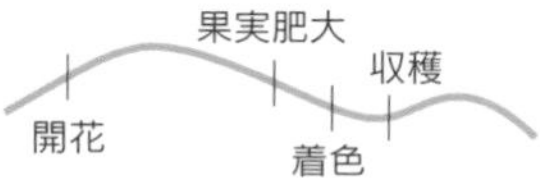

主要作物のタイプ別生育特性と養分吸収パターン

<table>
<tr><th></th><th>グループ</th><th>種　類</th></tr>
<tr><td rowspan="2">穀類・豆類</td><td>栄養生長、生殖生長完全転換型</td><td>稲・麦</td></tr>
<tr><td>栄養生長、生殖生長不完全転換型</td><td>豆類（大豆等）</td></tr>
<tr><td rowspan="7">野菜類</td><td>栄養生長型</td><td>ホウレンソウ・コマツナ・シュンギク</td></tr>
<tr><td>栄養生長、生殖成長、同時進行型
（つるぼけ抑制）</td><td>［弱抑制］トマト・ナス・キュウリ・ピーマン
［強抑制］スイカ・メロン・カボチャ</td></tr>
<tr><td rowspan="4">栄養生長、生殖生長、不完全転換型</td><td>［直接的結球］タマネギ・ニンニク・ラッキョウ</td></tr>
<tr><td>［間接的結球］ハクサイ・レタス・キャベツ</td></tr>
<tr><td>［根肥大型・直根型］ダイコン・カブ・ニンジン</td></tr>
<tr><td>［根肥大型・塊茎類］ジャガイモ・サツマイモ・サトイモ</td></tr>
<tr><td>栄養生長、生殖生長、完全転換型</td><td>スイートコーン・ブロッコリー・カリフラワー</td></tr>
<tr><td>花き類</td><td>栄養生長、生殖生長、完全転換型</td><td>カーネーション・キク</td></tr>
<tr><td>果樹類</td><td>栄養生長、生殖生長、完全転換型</td><td>［常緑］カンキツ類・ビワ
［落葉］リンゴ・ナシ・カキ・ブドウ</td></tr>
</table>

COLUMN

野菜に対する竹粉施用の効果

竹粉施用によって野菜の収量や品質が良くなると多くの方がいわれる。こうしたことに関心を持つある町役場から竹の有効活用をしていきたいので竹粉の調査試験を実施して欲しいという要請を受けた。竹粉施用についてはまだわからない点が多く、町役場と農家の協力を得て圃場試験を行ってきた。特に私が明らかにしたかったのは野菜の種類により効果が異なるのか、また、施用量は一般に10a当たり50kg程度と言われるが、これが適量なのかということ、さらに効果が発現する要因は何かということである。

これまで試験を行ってきた結果では、確かに野菜の収量や品質の向上の効果は認められるが、施用量は作物の種類によって異なることがわかった。全般的に見て栽培期間の短い野菜は施用量が少なくても良いが、イチゴやニラのように栽培期間や収穫期間が長いものは施用量が多くないと効果が低いということである。

ニンジンでは、30kg／10aで収量が最も良く、50kg／10a、80kg／10aと施用量が増えると収量が低下してきた。竹粉は炭素率（C／N比）が150程度と高いので、生育期間の短い野菜では窒素飢餓の影響が出やすい。

一方、タマネギのように生育期間の長いものは100kg／10a程度で収量や品質が良かった。イチゴやニラのように栽培期間が長く繰り返し収穫するものは300kg／10a程度で良かった。

イチゴの促成栽培の試験では特に生育前期の無機態窒素レベルが低く抑えられていた。イチゴの場合、野菜類で最も低い窒素レベルである5mg／100gが好適とされ、竹粉は好適レベルを維持しやすかった。また、一般に5月末頃で通常イチゴの草勢が落ちてくるが、竹粉施用イチゴは落ちなかった。

ニラは半年ほどの株養成期間を経て年末から1か月間隔で収穫するが、竹粉施用区のニラの収量が多かった。分茎数が多いことがその要因であった。

イチゴで草勢が落ちにくいこと、ニラで分茎数が多くなる要因については、まだ不明なことがあるが、ニラで最後に株を廃棄するときに根系を比較すると、竹粉施用区の方が大きかった。イチゴでも根が衰えていなかった。また、竹粉施用区のニラの土壌の孔隙率や硬さを調査すると、明らかに土壌は柔らかく、孔隙率が高かった。

竹粉はゆっくりと分解が進むので、栽培期間の後半になるほど腐植含量も高まっていた。竹粉施用効果発現の大きな要因として、土壌の物理性の維持、改善効果が高いということが挙げられた。

第3章

有機栽培における土作り・施肥

水稲の有機栽培における土作り・施肥

有機農業は、有機農業推進法で「化学的に合成された肥料及び農薬を使用しないこと並びに遺伝子組換え技術を利用しないことを基本として、農業生産に由来する環境への負荷をできる限り低減した農業生産の方法を用いて行われる農業」と定義されている。したがって、有機農業においては化学合成肥料や化学合成農薬は使用できないことから、生産は一般に不安定である。

有機農業にはこうした制約条件があることから、有機農業の取り組み面積は少ないが、近年緩やかに増加しており、平成29年度には2万3000haになっている。

有機農業は有機農業推進法に基づき、今後、生産拡大していくこととなっているが、現在、次のような生産技術上の課題がある。

①有機栽培が安定的に営まれるまでの年数は、作物によって異なるが数年かかる。

②有機農産物の収量、品質は全体的に慣行栽培と比較して減収することが多く、収量変動も大きく生産が不安定である。

現在行われている有機農業の栽培技術は、先駆的有機農家の試行錯誤のなかから創出されたものが多く、科学的裏づけがなされていないものや、一定の環境条件のなかで成り立っている技術が多い。こうしたことから、日本土壌協会が中心となって作物別の技術的課題を調査するとともに、成功している有機農家の技術的要因の調査を行った。

有機水稲栽培の技術的課題

有機水稲農家に対して栽培技術上の課題についてアンケート調査（2007年と2011年）を行った。これによると、最も大きな問題は、①雑草防除で、②次いで土作り、施肥、病害虫防除であった。こうしたことから、有機栽培転換後、収量、品質が安定するまでに「4～5年」の年数を要し、収量も慣行栽培と比較して約2割減収という農家が多い。

有機水稲の安定生産と土作り・施肥

◇収量の高い農家と収量の低い農家の土壌の腐植含量等に相違が見られる

有機水稲の生産安定と土作りの課題を明らかにするため、雑草防除が安定的に行われている有機水稲農家を対象に、収量の異なる圃場について比較調査を行った。調査の結果、「収量の高い農家」は水稲収量が600kg／10aに、地域の慣行水田と比較しても高い収量の有機農家がいる一方、「収量の低い農家」では230kg／10aと、地域の慣行水田の収量と比較してかなり低い農家もいた。

こうした収量水準の異なる農家圃場の土壌分析を行ってみると、腐植含量等に相違が見られた。収量の低い有機水稲水田は腐植含量、全窒素含量や可給態窒素含量が、いずれも低かった。「収量の高い農家」は十分な堆肥等を施用しているのに対し、「収量の低い農家」では堆肥や有機質肥料の施用量が少ない。その裏づけとして、収量の低い農家は「有機資材の肥効が足りず、目標とする籾数が確保しにくい」とコメントしている。このように、有機水稲の10a当たり収量の低さの大きな要因として腐植含量等が低い窒素肥沃度の低さが挙げられる。

◇安定生産と腐植含量等とは密接な関係がある

有機水稲収量の相違が、主として腐植含量等窒素肥沃度の差であることの検証と今後の対応を検討するため、栃木県のT氏圃場で調査を行った。T氏は借地により有機水稲の規模拡大を進めてきており、そのなかに、有機栽培転換中の圃場も含め、有機栽培歴年数の異なる圃場がある。また、水田は同一地域にあり（黒ボク土水田）、すべて品種はコシヒカリでありながら収量や品質が異なる。こうしたことから、収量の異なる圃場で土壌の腐植含量等の相違を調査した。なお、T氏の有機水田の雑草

同一地域で有機年数の異なる水田の腐植含量等と有機水稲の収量、品質

対象水田	T氏の圃場別の土壌評価	地力関連分析項目		収量、品質	
		腐植含量（%）	全窒素含量（%）	平成21年収量	食味値
有機９年NO.11	やや肥沃、トロトロ層大	11.9	0.6	450	88
有機９年NO.21	痩せ地、トロトロ層なし、茎数少ない	4.7	0.26	330	84
有機７年NO.27	肥沃、トロトロ層大、やや倒伏	10.3	0.5	450	—
有機11年NO.8	肥沃度中、トロトロ層大	9.6	0.47	420	—
転換３年NO.51	借地、肥沃度中	9.5	0.47	390	88
転換１年NO.47	借地転換初年目、雑草多い、浮草出ない、肥沃度低	6.2	0.34	360	—

資料：（一財）日本土壌協会

抑制はよくできている。

これらの水田土壌を分析した結果、腐植含量等が水稲の収量と密接に関係していた。T氏圃場では腐植含量が10％程度で４５０kg／10ａ程度の安定した単収が得られているが、それ以下であると収量が低下している。また、腐植含量が12％程度になるとやや倒伏する傾向が見られ、適正な腐植含量は10％程度と考えられた。

このように、有機水稲の安定的な収量を確保するためには腐植含量を高めていく必要がある。腐植含量は地力窒素発現の目安となり、特に有機水稲は地力窒素依存度が高いことから収量に大きく影響する。腐植含量の適正値は土壌の種類、地温等によって異なるので、地域の安定した収量、品質の有機水稲圃場の値を目標とするのが適当と考えられる。

◇安定生産を図るためには、有機栽培予定圃場の窒素肥沃度を高めておく

有機水稲収量が極めて高い農家は、収量向上のため、どのような対応を行っているかを調査した。

福島県喜多方市のS氏は、天候が良ければ有機水稲（コシヒカリ）で６００kg／10ａの収量を得ている。喜多方市はもともと水稲収量水準の高い地域ではあるが、S氏は地域の慣行栽培水田と比較しても上回る収量を上げている。S氏は地力窒素の発現を向上させ収量を安定させるため、有機水稲栽培実施予定圃場に対し、当初多めに牛ふん堆肥を連用している。その

喜多方市S氏の収量の高い有機水稲圃場
（十分茎数も確保されている）
除草は紙マルチ+機械除草で雑草はほとんど発生していない。

圃場の地力窒素の発現が多くなってから有機水稲に移行している。

一般に慣行水田は腐植含量が低く、地力窒素の発現が少ないことが多い。収量水準の高い農家の多くは、慣行水田を有機水田に転換する場合、2~3年、堆肥等有機物を施用し早期に地力を高めている。収量安定のためにはこのような対応が重要である。

◇生育が劣る圃場が見られる場合には土壌診断も行ってみる

土壌診断の結果、有機水田でリン酸欠乏等により水稲収量が低下している例が見られる。東北のある地域では、リン酸肥料を施用していても、資材のリン酸有効化率の問題から有効態リン酸が欠乏し茎数不足を生じていた。一方、有機水稲でもケイ酸不足の水田も多く見られる。ケイ酸は高温障害を軽減したり、登熟を良くするなどの効果がある。時には土壌診断を行ってみる必要がある。

有機水稲で問題となる雑草抑制対策と土作り

有機水稲の雑草防除については、ヒエとコナギ対策で悩んでいる農家が多い。有機水稲の安定生産上、最も大きな課題は雑草防除であるが、土作りは雑草の抑制に対しても重要な役割を果たしている。土作りと雑草抑制とは次のような関係がある。

①土壌の窒素肥沃度等が雑草の発生に影響を与える。

②有機物施用にともなう土壌物理性の構造の変化が、雑草の発生に影響を与える。

③深水管理等水管理が雑草抑制に

コナギ（雑草）の被害を受けている有機水田

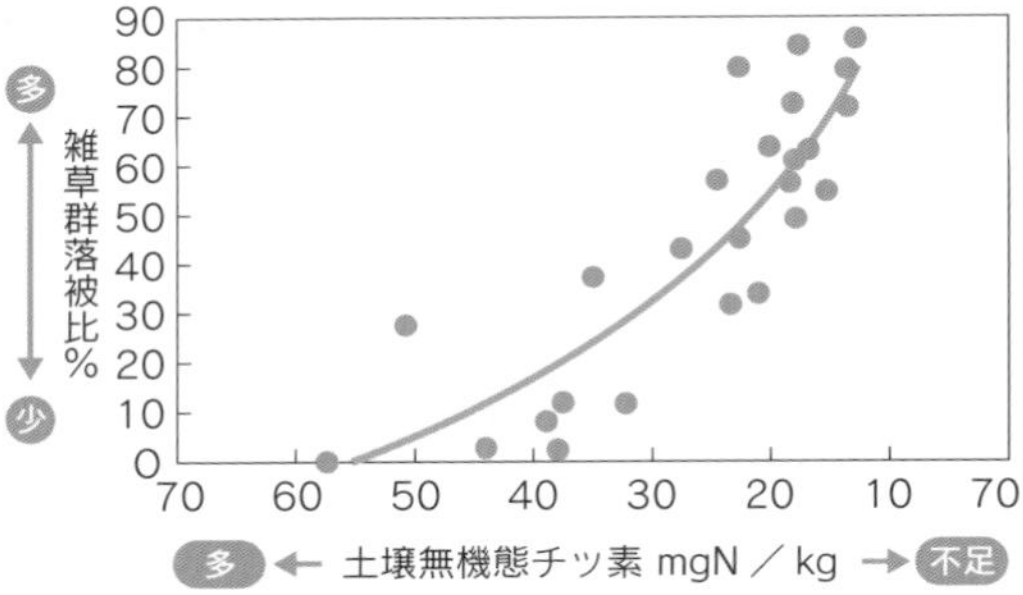

水田土壌の窒素肥沃度と雑草発生
資料：（公財）自然農法国際研究開発センター（岩石ら作図）

影響を与えること（深水管理や長期間の湛水維持ができる圃場でないと雑草（特にヒエ）の抑制は難しい）。

◇窒素肥沃度が特に低い痩せ地では雑草が多い

窒素肥沃度が低い水田では、痩せ地でも生育できる強い雑草が優占してくるが、ある程度窒素肥沃度が高いと水稲生育が優占してくる。東日本の26圃場を調査した結果によると、田植え時期の地力窒素の発現量が多くなると水稲の生育が優占し、雑草の発生量は減少するという結果が得られている。地力窒素由来の無機態窒素濃度が26㎎／kg（2・6㎎／100g）以下になると、雑草発生が急増する傾向が見られる。過剰な地力窒素の発現は水稲生育にとっても害になるが、水稲生育を優占させ、雑草発生を抑制する観点からは、有機物施用によりある程度窒素肥沃度を高めておく必要がある。

また、リン酸についても、リン酸欠乏水田に窒素施肥を行うと雑草が優占する水田になるが、リン酸の欠乏を改善すると水稲生育が優占する水田となってくる。

◇水田の表層土壌にトロトロ層が形成されると雑草発生が少ない

有機水稲の代表的雑草であるヒエとコナギの発芽特性は相反する。ヒエは酸素のある状態で発芽し、コナギは酸素の少ない状態で発芽する。したがって、深水管理で酸素を少なくした状態でヒエの発生は抑制できるが、コナギの発生は抑制できない。

雑草害を克服した多くの有機水稲水田の地表10cm程を切り取って見ると、スポンジケーキにクリームがのったような、土の性状が異なる層構造が発達しているのが見られる。なめらかなクリーム部分に当たるのが、いわゆるトロトロ層またはトロ土層と呼ばれるものであり、直径0・06mm程度の微小団粒が堆積している。地表面のトロトロ層は、代掻きや有機物施用の影響を受けて形成される。また、小動物のエラミミズ（イトミミズ類）が、上層土壌にある分解途上の有機物や土壌および微生物を摂食し、地表に排ふんする働きにより強固な団粒が徐々に地表を覆い、トロトロ層ができ上がる。

土壌表層にトロトロ層ができている圃場では、雑草種子が埋め込まれる現象が観察される。種子径の小さなコナギは地表2mm（深くとも5mm）からしか出芽できない。その結果、発芽可能深度にある雑草種子が深く埋没して、雑草密度がかなり減少することが確認されている。

トロトロ層のできやすさは土壌の種類によっても異なり、特に黒ボク土でできやすい。

また、有機水稲圃場でトロトロ層が形成されている圃場では、藻や水草等の水生生物の繁茂による水面の遮蔽効果で光が地表面に届かず、雑草抑制が行いやすくなるなどの現象が見られている。

こうしたトロトロ層を形成させたり、水草等水面を覆う水生生物を発生させるために、作土全体により安定した粘土・腐植複合体を増加させることが重要となる。そのためには、収穫残さ等有機物や堆肥などのすき込みで腐植を蓄積する必要がある。

有機水稲圃場のトロトロ層（栃木県）

緑肥作物を利用した有機水稲栽培

レンゲ、ヘアリーベッチ、などを栽培して翌年春にすき込み、肥料として利用する有機水稲農家も見られる。レンゲ、ヘアリーベッチなど緑肥作物の利用は、裏作が可能な地域では運搬コストをかけないで土作りが可能であり、養分供給、景観形成などの効果がある。

この栽培方法は、こうした効果が期待できる一方、問題点もある。こうしたことを考えて条件の整った地域で実施することが望ましい。

◇緑肥作物を導入する上での課題

①窒素肥効コントロールが必要

緑肥の生産量は気象や土壌条件によって変動し、すき込み後の分解も異なってくる。すき込み時期等の調整や有機質肥料の追肥で補完することが必要である。

②未熟有機物施用にともなう障害を回避

すき込み後は通常2週間程度放置し、有害物質濃度が低下してから代かき作業を開始することが必要である。

◇緑肥作物を利用する上での留意点

①適切な草種を選択する

水稲作には基本的に施肥が不要なマメ科緑肥作物の利用が望ましいが、草種により播種適期、開花時期、生産量、窒素固定量が大きく異なる。そのため、栽培地域の気象、土壌肥沃度、移植開始時期などの条件にマッチした草種を選択する必要がある。

また、緑肥作物の利用は基肥重点型の肥培管理になるので、水稲

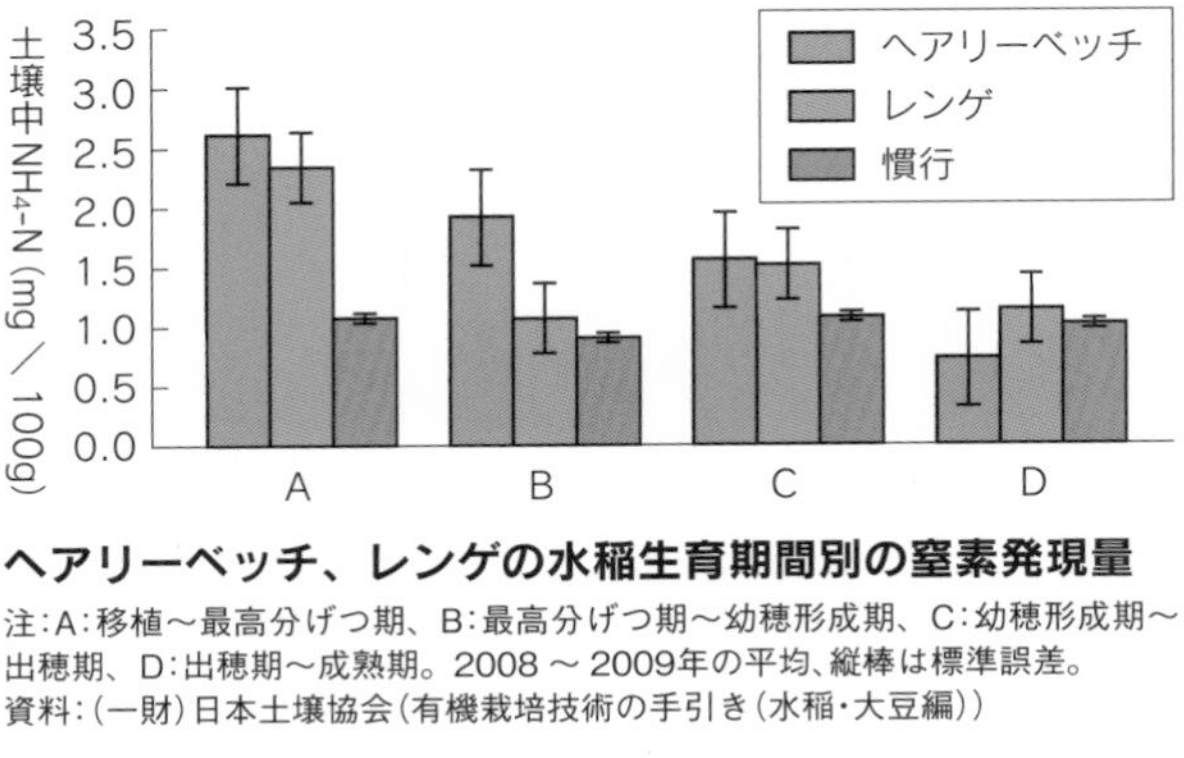

ヘアリーベッチ、レンゲの水稲生育期間別の窒素発現量

注：A：移植～最高分げつ期、B：最高分げつ期～幼穂形成期、C：幼穂形成期～出穂期、D：出穂期～成熟期。2008～2009年の平均、縦棒は標準誤差。
資料：（一財）日本土壌協会（有機栽培技術の手引き（水稲・大豆編））

の耐倒伏性も考慮する必要がある。

水稲作付け期間における窒素発現量はヘアリーベッチとレンゲからは栽培初期に多量の無機態窒素が放出される。特にヘアリーベッチは窒素固定量が多いため、レンゲに比べて水稲の出穂期までの間、土壌中のアンモニア態窒素濃度が高い。

②湿害に注意する

水田裏作に使用できる緑肥は湿害に弱い草種が多いため、土壌が過湿の場合は生育が悪かったり、圃場内で生育ムラができる。そのため、湿田では暗渠や明渠の排水対策が必要である。

③すき込みと湛水時期のタイミングを考慮する

緑肥作物は苗立ち量、天候条件などにより生育量などが変動することが多い。水稲移植時期はほぼ例年決まっているため、緑肥作物の生育を見ながらすき込み時期と湛水時期のタイミングを調整する必要がある。

マメ科緑肥作物の窒素固定量が最も多いのは開花時期であり、この時期にすき込むと最も多く窒素を土壌に供給できる。しかし、緑肥作物の生育が旺盛で生産量が多過ぎる時は窒素が過剰になり、水稲生育に悪影響を及ぼすので、供給窒素量の調整を行う必要がある。具体的には、緑肥作物の生育が過剰であればすき込み時期を早め、湛水までの期間を長くすることで窒素供給量を低減できる。逆に緑肥作物の生育が不足する場合は、すき込み時期を遅くし、湛水までの期間を短くする。また、すき込みから湛水までの期間を寒冷地では長くし、温暖地では短くすることにより、新鮮有機物の分解の際に発生する生育抑制物質の影響を回避できる。

野菜の有機栽培における土作り・施肥

有機栽培における技術的課題

有機農家に対して日本土壌協会でアンケート調査（2007年と2011年）をした結果によると、有機野菜栽培を行う上での技術的課題としては、雑草防除、土作り、施肥、病害虫防除が多く挙げられている。

土づくり、施肥の課題については、①新たに有機栽培を開始する圃場の肥沃度が低く、収量が上がりにくいこと、②熟畑化した圃場については、養分バランスの崩れ等による障害が見られる場合があること、③ハウス栽培等の連作圃場では、土壌病害虫による被害の発生が見られること等が挙げられている。

こうした問題は、有機野菜栽培に限らず慣行栽培でも起きるが、有機野菜栽培では化学合成肥料を用いることができないという制約がある。こうしたことから、有機野菜栽培では慣行栽培以上に各種有機物の養分含有量等特性を知って利用していくことが求められる。

有機野菜栽培における土作りの問題とその対応

◇新たに有機野菜栽培を開始する圃場の土作り

有機野菜栽培を開始したり、規模拡大をする際には、農薬使用歴の少ない耕作放棄地等を借地する場合が多い。このような圃場は一般に肥沃度が低いことから、野菜生産が安定生産するまでに時間を要する例が多い。特に新規参入者にあっては早く収入を上げる必要があることから、土壌肥沃度の早期向上は大きな問題である。

有機野菜栽培を行うために借地した圃場は土壌の化学性のみならず、物理性にも問題がある場合が多い。このため、有機資材を用いて改善していく必要があるが、その際、どのような有機質資材をどの程度施用すれば良いかが重要な点となる。

新たに開始する有機野菜圃場での土作りの対応

◇腐植含量等が低く土が硬い圃場の改善

新規借地圃場で収量が上がりにくい圃場と、安定して生産できている近接の野菜圃場とを土壌分析して比較してみると、特に地力窒素発現に関係する腐植含量やリン酸含量などとともに、土の硬さに相違が見られる。

◇黒ボク土圃場における例

栃木県茂木町において、耕作放棄地を借用して有機野菜栽培を営んでいる農家では、近接した圃場間で野菜の生育が大きく異なっている。生育の異なる圃場間の土壌分析結果から、生育の劣る圃場は生育に大きく影響する腐植含量が特に少なく、無機態窒素の発現量が少ない。また、有効態リン酸含量が8・7㎎／100gと欠乏しており、こうしたことが生育阻害要因となっていた。この他にも、仮比重が低くなっており、土壌が緻密で硬いことも生育阻害要因となっていた。

生育の良い圃場は、牛ふん堆肥（牛ふん、食品残さ、落ち葉等を原料としたもので全窒素含量（乾物）1・9％）を当初3t／10a、その後2～3t／10aを6年連用している。その他、発酵鶏ふんを作付け前に基肥として施用してきている。

このため、腐植含量が高まり、

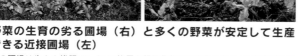

野菜の生育の劣る圃場（右）と多くの野菜が安定して生産できる近接圃場（左）

右の圃場は牛ふん堆肥2t／10a施用と緑肥作物のすき込みのみ、左の圃場は6年前から牛ふん堆肥を当初3t／10a、その後2～3t／10aを毎年施用）。

有機野菜の生育の劣る圃場と良い圃場の土壌の化学分析結果

	仮比重	pH	CEC	リン酸吸収係数	腐植	全窒素	硝酸態窒素	アンモニア態窒素
生育の劣る圃場	0.76	6.4	30.4	1823	7.1	0.35	0.58	0.45
生育の良い圃場	0.81	6.5	39.4	1798	8.6	0.45	4.85	0.79

	有効態リン酸	交換性カリウム	交換性マグネシウム	交換性カルシウム	塩基飽和度
生育の劣る圃場	8.7	39.3	28.5	274.6	39.6
生育の良い圃場	25.5	154.2	62.6	538	64.9
県土壌診断基準（葉菜）	20～60	—	—	—	60～70

注：腐植、全窒素、塩基飽和度は％で、硝酸態窒素等養分はmg／100gである（以下、同）。
資料：（一財）日本土壌協会

地力窒素の発現が多くなってきているとともに、発酵鶏ふんの施用で有効態リン酸含量が高まってきている。こうしたことが野菜の生育改善につながっている。

◇褐色低地土圃場における例

埼玉県の有機野菜農家は、耕作放棄地を借地し規模拡大を図っている。有機栽培初年目には食品残さ、剪定枝などを主な材料とした窒素成分の高い食品リサイクル堆肥を2t／10a施用したが、ブロッコリーの生育は良くなかった。

近接の野菜生育の良好な圃場と比較して土壌診断してみると、生育の劣る圃場は特に腐植含量が低かった。また、圃場の土壌の種類が褐色低地土であることから固相率が高く、特に土が硬かった。こうしたことが生育阻害の大きな要因となっている。

近接の生育の良い圃場は、有機栽培3年目圃場である。この圃場ではこれまで、全窒素3・9％（現物）と窒素成分の高い食品リサイクル堆肥を3年間に12t／10a（1年目4t／10a、2年目6t／10a、3年目2t／10a）と大量に施用してきている。その結果、大幅に腐植含量が高まってきている。また、堆肥施用により固相率が低下し土がやわらかになってきているとともに、易効性有効水分率が向上し、保水力が向上してきている。

このように、大量の食品リサイクル堆肥施用により圃場の化学性や物理性の問題が解消されてきたことから、有機栽培開始2～3年

堆肥３年連用土壌

堆肥１年施用土壌

堆肥３年連用キャベツ

目からは良品のキャベツが収穫できるようになってきている。

新たに有機栽培を行う圃場において土作り実施する上での留意点

◇土壌診断を行い、生育阻害の問題点を明確にする

腐植含量が少なく、土が硬いという問題のみでなく、前述したようにリン酸不足等の問題がある場合もある。したがって、土壌診断により問題点を明確にしていくことが重要である。

葉菜類のなかにはホウレンソウやキャベツのように、比較的窒素やリン酸を多く必要とするものと、コマツナやミズナのようにさほど必要としないものがある。圃場の地力の高まりに応じて作物を選択していくことも、早く収量を上げていくために考慮すべきことである。

◇堆肥は当初多めに施用するとともに、速効性の有機質肥料も施用する

堆肥の施用については、当初、大量（5～10t／10a程度）に施用し、物理性を改善していくとともに、ぼかし肥料や鶏ふんのような比較的速効性の有機質肥料を合わせて施用すると早く生育が改善する。腐植含量の低い圃場では、炭素率（C／N比）18程度の一般的な牛ふん堆肥を大量に入れただけでは、葉菜類の生育は良くならない。特にホウレンソウのよう

有機野菜栽培の開始時期等により生育の異なる圃場間の化学分析結果

	仮比重	pH	CEC	リン酸吸収係数	腐植	全窒素
生育の劣る圃場（1年目）	1.04	6.2	17.3	811	1.6	0.11
生育の良い圃場（3年目）	0.83	6.1	26.4	1,185	4.5	0.29

	有効態リン酸	交換性カリウム	交換性マグネシウム	交換性カルシウム	塩基飽和度
生育の劣る圃場（1年目）	13	11.1	42.6	260.2	67.1
生育の良い圃場（3年目）	41.4	103.1	32.2	321.9	57.9
県土壌診断基準	10 ～ 75	—	—	—	63 ～ 110

資料：（一財）日本土壌協会

に窒素を多く必要とする葉菜類は、良品が生産しにくい。

前述した茂木町の有機野菜農家圃場において、牛ふん堆肥（C／N比20）の5t／10a施用区と10t／10a施用区を設け、その後、有機質肥料を入れずにミズナ、コマツナ、ホウレンソウ等を作付けした。堆肥のみでは無機態窒素の発現が少なく、特に窒素やリン酸を多く必要とするホウレンソウの生育は良くなかった。

堆肥施用年数の異なる圃場での固相率、易効性有効水分率等

	三相分布			易効性有効水分（%）
	固相（%）	液相（%）	気相（%）	
生育の劣る圃場（1年目）	54.3	36.8	8.9	2.6
生育の良い圃場（3年目）	38.5	39.1	22.4	7.1

資料：（一財）日本土壌協会

◇熟畑化した有機野菜圃場は養分バランスの崩れ等に注意

長く有機野菜を栽培している圃場では、養分バランスの崩れによって生育障害が発生している例が見られる。

また、土壌が肥沃になってきたことにより、ホウレンソウやコマツナで葉の硝酸イオン濃度が高くなってきて、流通業者から注意される例も見られる。

◇有機ホウレンソウの生育障害の発生事例とその要因

有機農業を長年実施している地域で、葉に障害が発生している例があった。ホウレンソウの葉に黄緑色の斑が出る症状が発生しており、調べてみると地域の多くの有機農家の圃場にも同じ症状が見られた。

マンガン欠乏症の発生している有機ホウレンソウの葉
黄緑色の斑が見られる

葉に黄緑色の斑の症状の発生している圃場と未発生の圃場とを土壌分析してみると、発生している圃場はpHが高かった（pH7・5前後）。その結果、土壌中のマンガンが根から吸われにくい形態となっていた。葉の黄緑色の斑の症状はマンガン欠乏症であった。

このようになった要因としては、長年、入手しやすさなどから発酵鶏ふん（採卵鶏）を肥料として用いてきたことでpHが高まったことが挙げられた。採卵鶏ふんは、カルシウム含量が高い。

土壌診断に基づく施肥改善と作付体系改善

◇有機農業も土壌診断が必要

ホウレンソウにのマンガン欠乏の発生した有機野菜産地では、土壌診断結果を基に、地域ぐるみで発酵鶏ふん堆肥を利用するのを止め、牛ふん堆肥等異なった種類の堆肥を用いるようにした。発酵鶏ふん堆肥は肥沃度の低い圃場で利用している。

また、マンガン欠乏症の発生している圃場では、応急的にJAS有機で認められている硫酸マンガン資材を施用した。その結果、現在ではホウレンソウにマンガン欠乏症の発生している圃場は見られなくなった。

◇センチュウ害等の発生の抑制対策を実施している

有機野菜栽培においても慣行栽培同様、市場関係者から周年供給していくことが求められる。こうしたこともあって、十分な輪作間隔で野菜栽培ができず連作障害の発生が見られる。このため、太陽熱土壌消毒方法が多くの圃場で行われているが、その効果は主に作土層であることから、水を媒介して移動するセンチュウ等は土壌中に残ることが多い。

土壌病害やセンチュウ害の発生抑制対策としては、太陽熱土壌消毒のみに頼るのではなく、これらが発生しにくい土壌環境に改善することが重要である。特に土壌の排水性を改善するとともに、窒素、リン酸等の養分過剰を是正していくことが必要である。

千葉県で長年有機野菜を栽培してきている農家は、土壌診断に基づき養分が過剰にならないような施肥管理を行うとともに、輪作体系に組み入れる作物に留意するなどして、慣行栽培に劣らない品質の良い野菜を安定生産している。

このように有機野菜が安定的に生産できているのは、次のような対応を行っているからである。

◇土壌養分がほぼ適正水準になっている

ハウス圃場と露地圃場で土壌診断を行った結果では、養分が適正レベルにあった。長年有機野菜栽培を行ってきている圃場にしては有効態リン酸もハウス圃場で１００㎎／１００ｇ程度とそう多くなく、養分過剰になっておらず、他の養分バランスも適正域であった。

その要因としては肥料成分の低い堆肥に変えたことが大きい。以前は豚ぷん堆肥を利用していたが、土壌診断の結果、養分蓄積が見られてきたことから、自己の堆肥舎で籾殻等の資材を多く入れた肥料成分の低い堆肥を作り、施用していることが挙げられる。

また、施肥については特に秋冬の葉物野菜では初期生育を確保するために地力窒素の発現のみでは不十分となる。そのため、野菜収

生育収量の良い有機栽培レタス

有機栽培農家の輪作体系の実例

	類型1	類型2
露地栽培	[1～6月]春ニンジン	[3～6月]緑肥
	[9～12月]ブロッコリー	[8～2月]秋冬ニンジン
	[4～１２月]サトイモ	[4～12月]サトイモ
ハウス栽培	[2～3月]ダイコン	[1～6月]レタス
	[4～6月]コマツナ	[1～6月]ホウレンソウ
	[7～11月]ネギ	[7～9月]緑肥

資料:(一財)日本土壌協会

穫後に土壌中に窒素が残りにくい速効性の有機肥料を施用している。

有機質肥料はいろいろ試してみるなかで、目的にかなうものを選び利用している。

◇輪作体系のなかにセンチュウ抑制効果のある緑肥作物を導入している

輪作体系に組み込む作物も、養分蓄積にならないよう、養分要求量の異なる野菜を組み合わせている。

また、輪作体系のなかにセンチュウの対抗作物としてエンバク、ライムギ、ギニアグラス、クロタラリアを組み込み、センチュウ密度の低下を図ってきている。

この有機野菜農家の輪作体系の実施例は上の表のとおりである。

果樹の有機栽培における土作り

有機果樹栽培の技術的課題

果樹は最も有機栽培しにくい作目で、そのネックとなっているのは病害虫防除である。現在、この問題が克服できる樹種についてのみ有機栽培が営まれている。

また、有機栽培の難易度がさほど高くない樹種でも、日本土壌協会のアンケート調査結果では、生産安定のため5年以上要している例が最も多かった。

有機栽培を行う上で、病害虫防除に次いで重要な技術的課題として、土作りが挙げられている。

有機果樹栽培農家の多くは、土作りが病害虫発生軽減と果実品質向上の基礎になるといっている。土作りと施肥管理を適切に行って樹体を健全にしていくことができれば、病害虫が発生しても一部に留まり、よほどの悪条件が重ならない限り、多少、外観品質の劣る果実が生産され商品化率は劣るものの問題はないとしている。

温州ミカンでは、樹に壊滅的被害を与える害虫にナガタマムシとゴマダラカミキリがいるが、樹勢が強ければナガタマムシは回避できるし、ゴマダラカミキリの幼虫が樹に侵入しても樹液で死滅する例が多いという。

有機果樹栽培開始時の留意点

果樹は永年性作物であることから、特に栽培開始当初の樹種選定や圃場の選定が有機果樹栽培を成功させるために重要である。

◇樹種選定

果樹の樹種別の有機栽培実施の難易度は、有機栽培実践農家や有識者等の意見を総合すると、次の3段階に評価される。

①有機栽培の難度が著しく高い樹

種

リンゴ、ナシ、モモ

②有機栽培の難度が高い樹種

ブドウ、カキ、サクランボ

③有機栽培の難度が普通の樹種

温州ミカン、中晩柑、レモン、ユズ、キウイフルーツ、ウメ、ブルーベリー

この他、果樹ではないが、茶樹も難度が普通に評価される。

現在、実際に有機栽培されている樹種は、③に分類される有機栽培の難度が普通の樹種が多く、その他茶樹が多い。

◇有機栽培実施圃場の選定

果樹はいったん植栽されれば、年々根系が広く深くなる。このため、当初の土壌改良が重要であるが、これのみでは改良できにくいこともあり、有機栽培に適した園の選定はたいへん重要である。慣行栽培園から有機栽培園に転換するのであれば、慣行栽培園のなかでも最も苦労なく栽培できる園が有機栽培園として一番望ましい。果樹の樹種によって異なるが、一般に排水性、通気性など土壌の物理性が良い圃場を選定することで生育も良く、その後の栽培管理の手間が少なくなる。

◇有機栽培開始当初の土作り

①堆肥等有機物施用と草生栽培の組み合わせ

慣行栽培から有機栽培への転換時の土作りは、土壌物理性の改良や肥沃度の向上を重視して行うことが重要である。肥沃度の低い土壌を早期に熟畑化するには堆肥等、有機物施用と草生栽培とを組み合わせるのが良い。この方法が最も土壌の腐植含量を増加させ、年々土壌肥沃度を向上させる。草生栽培単独では植えつけ後2年目までは腐植含量が増加するが、それ以降の増加はさほど認められない。

②良質な堆肥の施用

慣行栽培から有機栽培への転換を図る際には、樹勢を維持しながら一定の収穫量を上げることが重要で、そのためには有機質肥料による早期の肥沃度向上が必要となる。

また、新規参入や規模拡大を図る場合には、遊休園地の活用が手っ取り早い。30年あまりにわたって有機果樹栽培を行っている先進農家は、慣行果樹栽培園地から移行するよりも、遊休園地からの移

行するほうが、はるかに短い期間で安定した有機果樹園ができるといっている。これを実現するためにも良質な完熟堆肥の施用がモノをいうが、草生栽培を併用すると、より簡単に肥沃度の早期向上が図れる。

なお、先駆的なミカンなどの有機農家は、皆伐による新植の場合や有機栽培への転換期には、良質の完熟堆肥を通常の3割増し程度投入し、3年目くらいに通常の量に戻し、その後は樹勢や結実量を勘案しながら、土壌の微生物性にも配慮した施用を行っている場合が多い。また、堆肥は良質なものを用いることが重要で、有機栽培失敗の原因の一つとして堆肥の品質を挙げている有機果樹農家も多い。

また、化学肥料や除草剤を連用していた圃場では土壌微生物の働きが不活発なことが多く、ミカンなどではチッ素成分量も本来の施用量の基準比で初年目の投入量は1・5倍、2年目は1・2倍、3年目は1倍を目安として増施したほうが良い結果が得られることが多い。これは、堆肥や有機質肥料を分解する土壌微生物の種類や量が当初少なく、活動も不活発なため、肥効が順調に発現するようになるまでに2~3年かかる場合が多いためである。同様の傾向は新規開園地や大量の客土をした場合にも当てはまることである。有機栽培では、いずれの場合も2~3年間は特に土壌の施肥管理に注意し、樹勢や葉色、病害虫の発生状況などの観察を入念に行い、対応する必要がある。

◇育苗と幼木管理

育苗は挿木可能なキウイフルーツについて有機栽培で育苗する例も見られるが、ミカンなどは種苗業者からの購入苗を利用するのが普通である。

温州ミカンなどは、育苗や幼苗育成において化学合成農薬を使わずに病害虫に対処することは現状では無理があり、自然に任せた場合には、結果樹齢に達するまでに幼木期間が1~2年長くかかる。そこで、有機栽培を早期に軌道に乗せるために、小面積の育苗圃を設けて苗木を仮植して集中管理し、当初は慣行栽培と同様に農薬を利用して、短期間で2~3年生の大苗を育成してから定植する方法が多く行われている。

大苗を定植するにしてもこれらの樹は樹勢が弱く、病害虫にも弱い等の問題がつきまとうため、定植後2～3年間は慣行栽培と同様な形で管理し、一定の樹体が形成されてから有機栽培に転換し、以後の生育を順調にしていく方法も考慮すると良い。

幼木は根が浅く、未発達のため、施肥は少量ずつ回数多く行うようにする。幼木の施肥管理としては、樹勢に力強さが感じられ、徒長枝が少ない樹の育成を目標に行う。

生育期と成木期の土壌管理と施肥管理

果樹園は一般に開園後、年月が経てば農業機械の走行などによって、土壌は圧密を受け物理性が悪化する。また、有機物が分解することで土壌の孔隙量や養分が減少し、さらに新根の発生が少なくなり活力が低下し、樹勢が衰える。

果樹園の樹の衰弱の原因は様々であるが、ほとんどの場合、根の量的な減少が共通した現象として認められる。根のなかでも特に細根が減ってくると、地上部の生長に見合う養水分の供給ができなくなり樹勢が衰える。根張りが不十分だと、ミカンでは干ばつ被害を受けやすくなるとともに、食味も低下する。このため、圃場別の樹勢の状況を見つつ、堆肥の施用などを行う必要がある。

また、有機果樹園土壌の化学性診断結果では腐植含量やpH、土壌養分の過不足、塩基バランスに問題がある例も見られており、定期的に土壌診断を行う必要がある。

◇園地の地表面管理法（草生栽培）

有機果樹栽培の地表面管理法としては草生栽培法が中心で、それに合わせた形でマルチ栽培法が実施されている。草生栽培は有機物の供給とともに、傾斜地においては土壌侵食の軽減効果がある。これ以外にも雑草抑制、通気性や保水性向上、干ばつ防止、天敵や土壌動物の保護、樹冠への害虫転移防止、園地における暑熱防止による作業環境の改善など、幅広い場面で効果が認められている。このように、草生栽培には多くの利点があるが、草生管理が不十分だと樹と下草との養水分競合を起こし

有機ブドウ園の草生栽培

写真提供：（一財）日本土壌協会

有機キウイフルーツ園

写真提供：（一財）日本土壌協会

たり、管理作業を行いにくくする。

こうした問題を回避するため、通常、年間4～5回の草生地の草刈りを行う必要がある。樹冠下に刈り敷きをすることにより、微生物の活動にも好影響を与えている。

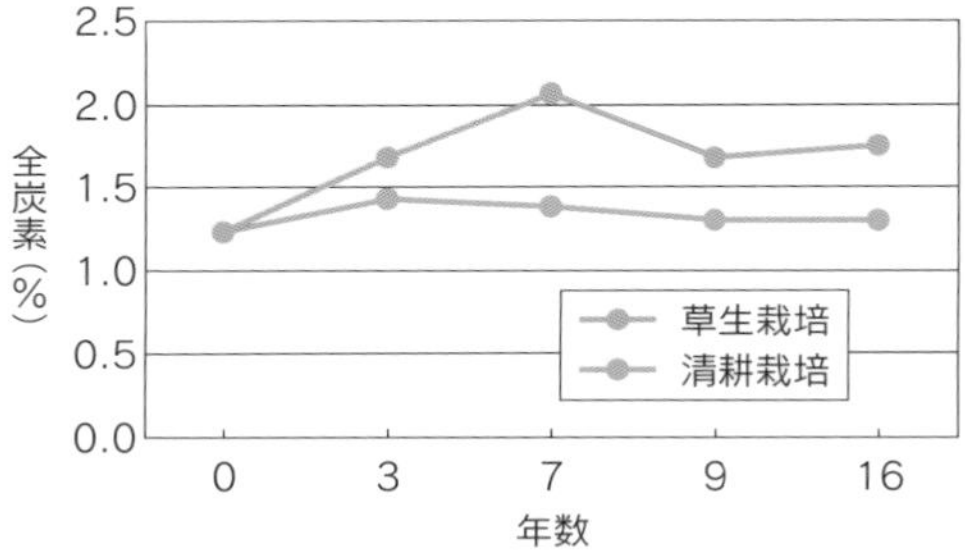

ミカン園における表土の全炭素含有率の推移

資料・藤山2012
注：長崎県果樹試験場、指定試験1964～1995データから作図

草生管理が適切な園地では、多食性のクモや天敵の増加により、害虫抑制効果が高くなることを実感している有機果樹農家が多い。

有機果樹農家は雑草草生が多いが、つる性の雑草等の管理に苦慮している農家も多い。なかには、ナギナタガヤ、ヘアリーベッチ等、草種を選定して草生栽培している農家も多い。

ミカン園で、草生栽培と清耕栽培を長年続けた場合の表土の全炭素含有率（腐植含有率とほぼ比例）の推移を図に示した。草生栽培が園地の腐植含量の増加にも役立っていることがわかる。

◇腐植含量の維持と養分管理

①窒素

果樹の樹勢や収量、品質に大きく影響を与えるのは窒素である。

果樹の根から吸収される窒素としては、施肥窒素以外に土壌中の有機物が分解して発現してくる地力窒素があり、これが生育等に大きく影響する。果樹の生育や品質との関係で問題になるのが、地力窒素の発現量とともに発現時期である。地温の高まる果実肥大期や成熟期に最も多く発現してくる場合が多く、この時期に地力窒素が多いと、糖含量が低下したり、着色不良になる。窒素施用が過剰になると、新梢が徒長し、果実の熟期の遅れ、着色不良、食味低下や生理障害を生じやすい。また、一般に、窒素過多の樹園地では、病害虫の発生が多い。

こうしたことから、堆肥等有機物の施用に当たっては、施用量に注意するとともに、堆肥を連用する場合には窒素成分の低いものを用いることが望ましい。

実際に有機キウイフルーツ園で土壌が肥沃になり過ぎたため、キウイフルーツに壊滅的被害を与える病気である、かいよう病が発生している例が見られた。

有機キウイフルーツ農家を調査した際、かいよう病で枯死した樹の多い園と健全な園があったので、双方の園の土壌分析を行った。かいよう病で枯死している樹が多い園の腐植含量は16・0％で、健全な園が9・6％であった。園の土は黒ボク土壌なので腐植含量はもともと高いが、枯死している樹が多い園のすぐ近くの慣行栽培園で、も腐植含量が10・2％なので異常に高いといえる。窒素成分の高い堆肥を年間2・5t／10a連用してきたことが原因と考えられた。

キウイフルーツはブドウのように花振いや着色障害がないため、比較的多肥栽培されがちであるが、病気の発生面からは問題となる。

有機果樹農家のなかには、草生管理と有機質肥料のみで堆肥を施用していない圃場もある。神奈川県の有機キウイフルーツ農家は、

肥沃度が高く、かいよう病発生で枯死した有機キウイフルーツ

写真提供：(一財)日本土壌協会

かいよう病の発生対策のため、堆肥を施用していない。この農家の圃場は黒ボク土で土壌の物理性が良く、もともと土壌の特性として保肥力や腐植含量が高く、地力窒素が発現しやすい土壌であるという背景もある。

一方、有機ウメ農家で土壌の腐植含量が低下したため、収量が上がらなくなったという圃場も見られている。奈良県の有機ウメ農家では、圃場の排水性が良く、肥沃度が中程度であったので、堆肥を用いず放任状態にしたところ、年々ウメの収量が減少し、全滅寸前までになった。ウメの生育は、葉が伸びる前に開花、結実し、収穫期が主要な果樹のなかでは最も早いという特徴がある。ウメは他の樹種に比べ、前年の夏秋期に生成された貯蔵養分の影響を強く受ける。このため、ウメ収穫後の樹体への養分蓄積を十分図ることが収量を上げ、品質の良いウメ生産を行う上で重要であり、有機質資材を施用し、適正な地力窒素の発現がなされるようにしていく必要がある。

この他の樹種でも、圃場間の腐植含量の相違により収量格差が生じている例が見られる。

同一有機レモン農家のレモンの成木園において、生育の良い圃場と劣る圃場とで土壌分析を行った結果、生育の劣る圃場は腐植含量が低く、無機態窒素の発現量も少なかった。その他の項目で特に生育上問題となる要因が見られないことから、このことが生育の劣る要因と考えられた。

このようなことから、生育安定期の有機果樹園では、圃場別の樹勢の状況を見つつ、堆肥等を施用し、腐植含量の維持を図っていくことが望ましい。

◇土壌養分の過不足と塩基バランスに注意

有機果樹園土壌について、いくつかの圃場で土壌分析を行うと、pHの高い圃場や養分の過不足や塩基バランスが崩れている圃場が見られた。

主な診断項目別には、pHの高い圃場が多く見られるとともに、リン酸やカルシウムなど塩基類が過剰である圃場が多く見られた。石灰資材や鶏ふんなど有機質資材を連用していると知らず知らずの間にpHが高くなってくるとともに、

有機レモン農家の生育の良い圃場と劣る圃場の化学分析結果（和歌山県レモン農家）

圃場評価	pH	CEC	腐植（%）	全チッ素（%）	硝酸態チッ素（mg/100g）
生育が良い	7	29	3.1	0.5	2.9
生育が劣る	7.1	20	1.9	0.2	0.5

資料:『有機栽培技術の手引き』（一財）日本土壌協会

塩基類が集積してくる。

pHは微量要素の溶解性に影響し、マンガンやホウ素はpHが高くなると、溶解性が低下し欠乏症が発生しやすくなる。

有機果樹園の土壌分析結果ではpHが7・0を超す圃場がいくつか見られ、このため、交換性マンガン含量も低い圃場が見られた。

ブドウは好石灰作物で、土壌中のカルシウム含量の減少により果粒密度が粗くなり、花振いの状態になる。このため、ブドウは石灰を多用する傾向にあるが、土壌pH（適正pHは6・0〜7・0）が高い場合には土壌中マンガンが不可給態化し、マンガン欠乏によるゴマシオ症（同一果房内で着色粒と着色不良粒が混在する型で、着色不良果粒は糖度、果粒重が低く、酸度が高い）が発生しやすくなる。

また、有効態リン酸とともに、交換性マグネシウム、交換性カリウム、交換性カルシウムの塩基類が過剰な圃場が多かった。有効態リン酸は、ブドウの場合はリン酸施用に敏感で生育が良くなってくるが、それ以外の樹種はリン酸施肥を増やしても収量や品質に影響しない場合が多い。

交換性カリウムが多いと、温州ミカンでは糖含量が低下しクエン酸含量が高くなる傾向が見られ、他の果樹でも同様の報告があるので、食味の点から過剰にならないよう留意する必要がある。

有機果樹園でも養分過剰な圃場が多く見られる。今後、定期的に土壌診断を行い、pHや養分の過不足や塩基バランスをチェックしていく必要がある。

COLUMN

有機栽培ホウレンソウの生理障害

有機栽培農家の栽培技術や土壌の調査に7～8年携わったことがある。

ある歴史の長い有機野菜グループで調査していたとき、主力作物のホウレンソウで販売先から葉に黄緑の斑が少し見られるが、この原因は何なのかという問い合わせがあったので、調べてほしいと言われた。

ホウレンソウの葉を太陽に透かしてみると、斑があることが良くわかり、実態を聞いてみるとかなりの割合で発生しているという。

そこで、ホウレンソウの黄緑の斑の発生している圃場と発生していない圃場をいくつか選んで土壌の化学分析をし、発生している圃場の特徴を調べてみることとした。

分析結果から特徴的なことは発生圃場のpHが7.3～7.5程度とややアルカリ性であったことと、有効態リン酸含量がかなり高いことであった。これが、ホウレンソウの黄緑の斑の発生とどう関連するかについては当初検討がつかなかった。色々文献を調べていくなかで、ホウレンソウ産地でpHが高いためマンガン欠乏症が発生しているという試験場報告があり、土壌中易還元性マンガン含量が30ppm以下で欠乏症の発生数が特に多いと報告していた。

そこで、発生圃場の易還元性マンガン含量を調べてみると30ppmをかなり下回っていた。pHが高くなるとマンガンが不可給態化し欠乏症が発生しやすくなるが、有機野菜グループの発生圃場もまさに、マンガン欠乏状態にあった(243ページ)。

なぜ、pHが高くなったかを調べることが対策を考える場合に重要なので、施肥について聞き取り調査を行った。基肥として長年、採卵鶏の発酵鶏ふんを用いてきたという。発酵鶏ふんはカルシウム含量が高く、pHを高めやすい。ホウレンソウは年に少なくとも2作栽培し施用回数も多いので、これが要因として考えられた。また、栽培年数の長い圃場ほど有効態リン酸含量も非常に高くなってきており、これも発酵鶏ふんの連用によると考えられた。今後、リン酸過剰による生育阻害が起きる可能性も考えられた。

こうしたことから、有機野菜グループでは応急的には有機栽培で認められているマンガン肥料を施用するとともに、熟畑化した圃場では発酵鶏ふんを利用しないという対応をされた。この結果、1～2年後にはマンガン欠乏の圃場は見られなくなった。

有機野菜グループの何人かは有機栽培においても生産安定のためには土壌診断など科学的裏付けが必要であるとの感想を漏らしていた。

第4章

近年の土壌環境や気象変化に対応した土壌管理

地力や土壌養分の変化の農作物への影響と対策

地力改善と有機物施用

「地力」という言葉はよく用いられるが、具体的に地力改善を行っていく場合には、その意味するところをよく知っておく必要がある。

地力とは、作物の生育に役立つ土壌の能力とされている。その土壌の能力とは、具体的には土壌の化学的、物理的、生物的な性質が総合されたものであり、地力を高めるとはこれらの性質を改善していくことである。

土壌の化学性、物理性や生物性を総合的に改善する資材としては、堆肥等有機質資材がある。これらを施用することによって、土壌中の腐植含量を高め、窒素等養分の供給、土壌の団粒化等物理性の改善、土壌微生物の多様性を高めることができる。したがって、地力を高める方法として取り組みやすいのは、堆肥等有機物の施用によって土壌中の腐植含量を高めていくことである。

しかし、近年、水田を中心として堆肥等の施用量は低下してきており、野菜、畑作においても、全体的に堆肥等有機物投入量は低下してきている。

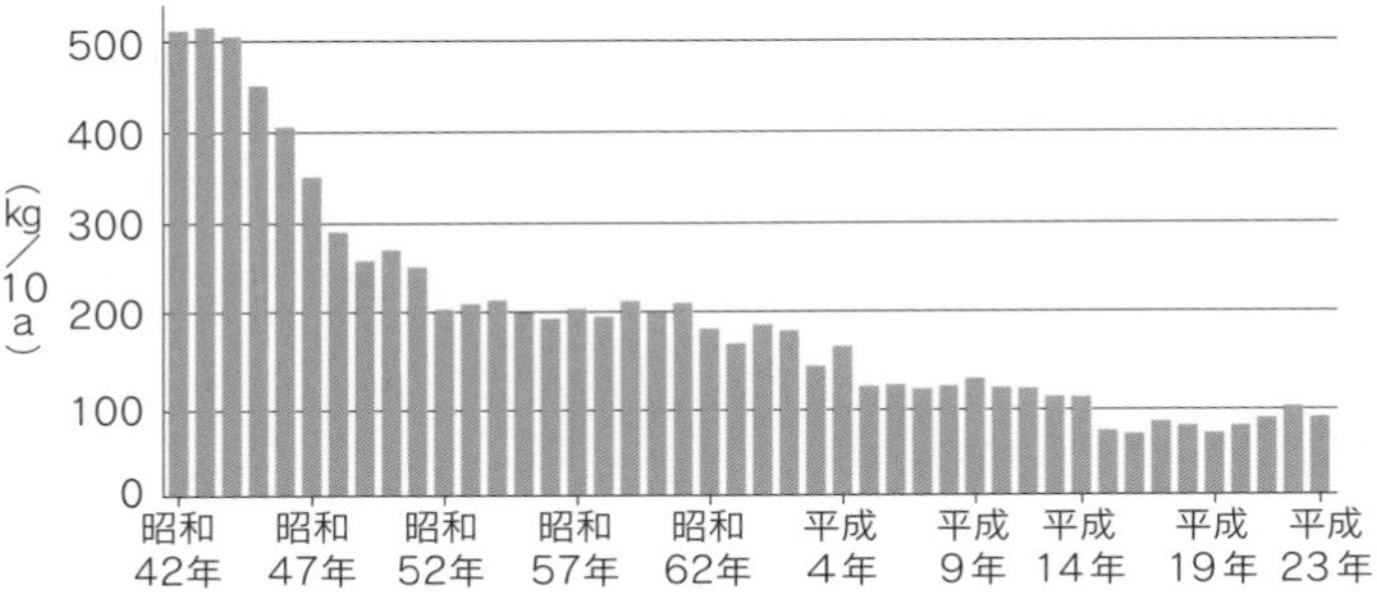

水田における堆肥施用量の推移

資料:米生産費調査より作成

腐植とは

　土壌に入ってくる動植物遺体は微生物によって分解され、暗褐色ないしは黒色の有機物が合成される。腐植という言葉は、土壌中に存在する有機物の総称である土壌有機物と同義語で用いられる場合もあるが、一般には土壌有機物のうち、まだ明確な形が残る新鮮な動植物遺体（粗大有機物）を除いた無定形の褐色ないし黒色の有機物を指している。これらには未分解のタンパク質、炭水化物等や微生物の代謝産物を含み、黒いほど分解が進んだもので腐植化度が高いとされる。腐植物質としては、フルボ酸、腐植酸（フミン酸）、ヒューミンがあり、フルボ酸は淡褐色～黄褐色を呈し、他の物質より腐植化度が低い。

　分解の進んだ腐植物質は、粘土鉱物と同様、陽イオン交換機能を有し、塩基類を保持する能力が高い。フルボ酸は、植物生育促進等があることが知られている。

　土壌中における腐植の存在形態としては、有機物粒子として単独で存在するものもあるが、多くは土壌の粘土粒子等と有機・無機複合体を形成して存在している。

堆肥1年施用圃場

堆肥3年連用圃場

耕作放棄地の圃場に、3年間で12t／10aの食品リサイクル堆肥を施用した圃場が下の写真である。腐植が増加し、キャベツが栽培できるようになった。

腐植の役割とは

◇地力窒素の発現等により養分供給

　作物生育には窒素が最も影響する。有機物の施用を行うと、微生物により分解されて発現してくる無機態窒素である可給態窒素（地力窒素ともいう）の量が増大してくる。こうした地力窒素の増加は、作物の収量増加の大きな要因となっている。

　土壌中の腐植含量は、地力窒素の発現量と相関関係がある。腐植

腐植と地力改善との関係

	腐植の役割	内 容
化学性	作物養分の貯蔵庫と地力窒素等供給	有機物の形態で蓄えられた窒素やリンなどが、微生物の働きによって無機化されて作物に吸収・利用されるようになる。
	土壌の保肥力の増大	腐植物質の陽イオン交換容量（CEC）は、一般に粘土鉱物よりはるかに大きく、塩基類の肥料養分を保持する力が大きい。
物理性	土壌団粒の形成	腐植物質を餌とする微生物が生産する多糖類や糸状菌の菌糸の働きなどで、土壌粒子を結合し団粒構造を形成する。
生物性	土壌微生物の多様性の向上	有機物施用により根圏微生物の多様性を高め、土壌病害虫の侵入の抑止が図れる。

含量が多ければ、地力窒素の発現量が増加し、また、地温が高くなるとより多く発現する。

気温の高い時期に栽培される作物は、地力窒素の依存割合が基肥窒素よりも大きい。水稲においては、基肥窒素の利用率はこれまでの試験データから30～40%程度であり、残りの60～70%は地力窒素に依存している。

また、ピーマンは、生育初期は施肥窒素の吸収比率が大きいが、生育中期～後期には土壌や堆肥由来の窒素（地力窒素）吸収の占める比率が大きくなる。高温期の8～9月には地力窒素の吸収比率が8割程度となっている。したがって、高温期には地力窒素の発現が増大してくることを考慮して施肥を行うことが必要となる。

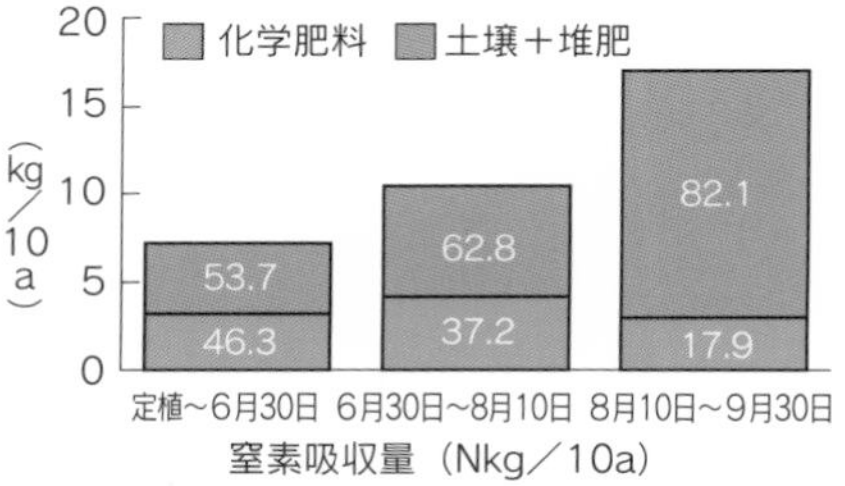

ピーマンの肥料、土壌由来の窒素の時期別吸収量と吸収比率

注:図中の数字は期間ごとの各窒素給源の比率（%）
資料:大分県農業技術センター

◇土壌の陽イオン交換容量（CEC）の拡大による保肥力の増大

腐植は粘土鉱物と同様に陽イオン交換を行い、カリウムなど陽イオンを保持する。腐植物質のCECは、一般に粘土鉱物よりはるかに大きい。水田に多い灰色低地土のCECは通常15～25me／100gであるのに対して、腐植は30～280me／100gである。このように腐植含量の多い土壌では、陽イオンの保持力が高まることから保肥力が高い。

◇土壌の団粒構造の形成による根の生育促進

団粒構造が形成された土壌は、通気性、透水性や保水性が適度に維持され、作物の根の生育にとってたいへん良い。団粒構造は、有機物が分解される過程で増殖する微生物や腐植物質によってもたらされる。団粒には大きさが様々あり、まず土壌の無機物粒子同士がくっついて小さな団粒（ミクロ団粒）ができる。次に小さな団粒がくっついて大きな団粒（マクロ団粒）ができ、さらにそれらが複雑にくっつき合うことでより巨大な団粒（粗大団粒）ができる。

腐植物質のなかで腐植度の進んだ腐植酸は、粘土粒子の表面に吸着するため、粘土粒子どうしを結びつけて団粒を作る働きがあり、接着剤のような働きをしている。マクロ団粒はミクロ団粒と粗大有機物が結びつけられてできており、その形成を行っているのは、有機物を餌として増殖した微生物である。こうした微生物が生産する多糖類や、糸状菌の菌糸の働きで、土壌粒子を結合し団粒構造を形成する。このように土壌団粒構造形成の主役は微生物である。

◇土壌微生物の多様性と土壌病害虫の侵入抑止効果

根から1㎜程度の範囲の根圏は根から糖、アミノ酸等が分泌されることから微生物の種類の多様性や密度が高い。この根圏の微生物の種類や密度を高めると、土壌病害虫の侵入に対する抑止力が高まるといわれている。こうした現象が起きる原因として、①非病原菌と病原菌の間で餌と棲み場所等を巡って競争が起き、素早く増殖した非病原菌が多くを占め、少数の病原菌を排除すること、②根圏微生物のなかには拮抗作用を持つものもあり、病原微生物の増殖を抑止しているものがいる、ということが挙げられる。

このような増殖抑止効果は寄生性センチュウにおいても見られている。堆肥などの有機物の施用は、土壌の微生物数や種類を豊富にし、土壌病原微生物の増殖抑止効果があるといわれている。こうした効果は腐熟した堆肥によってもたらされるが、未熟有機物では土壌病害が助長したという例が多い。

有機質資材の施用による土壌改良効果

◇有機質資材の種類による土壌改良効果の相違

有機質資材は多種多様のものがあり、その特徴を理解して利用する必要がある。一般に有機質資材といわれているものとしては、①稲わら等粗大有機物、②牛ふん等堆肥、③大豆油かす等有機質肥料、④ソルゴー、レンゲ等緑肥作物がある。緑肥作物は一般に栽培した後、圃場にすき込んで利用される。

有機質資材の種類と地力向上効果との関係は特徴があり、①主として肥料効果の高いもの、②主として土壌物理性改善効果の高いもの、③主として土壌微生物抑制効果の高いものが挙げられる。その具体的な内容は表のとおりである。

◇土壌の種類による物理性改善効果の相違

有機物施用の効果を把握するため、農林水産省では都道府県農業試験場の協力を得て昭和51年から8年間、全国の水田91地点、畑68地点で組織的に調査試験を行っている。有機物施用量は、畑では一作当たりおおむね稲わら堆肥1500kg／10a施用した。この

主な畑土壌の種類別の堆肥施用の効果（8ヵ年平均）（%）

	全体	黒ボク土	褐色森林土	赤黄色土	灰色低地土
孔隙率	102.5	100	104.4	106.6	102.9
土壌硬度	92.8	97.8	89.5	83.5	91.4
仮比重	96.6	99.8	93.6	91	96

注：堆肥連用開始時点を100とした場合の8ヵ年平均の指数。

有機質資材の種類の特徴と土壌改良効果

種類	特性
粗大有機物（稲わら、麦わら、落ち葉等）	◆炭素率（C/N比）が高く有機物の分解は遅い ◆主として土壌の物理性改善効果
堆肥（家畜ふん堆肥、バーク堆肥等）	◆家畜ふん、樹皮、食品残さ等を原料とし腐熟させたもので種類により炭素率（C/N比）が異なる ◆土壌の物理性、化学性、生物性の改善効果、堆肥の種類により物理性、化学性等の効果が異なる
有機質肥料（油かす、魚かす、骨粉等）	◆炭素率（C/N比）が低く分解が早い ◆主として肥料効果（化学性）、ほかに生物性、物理性改善効果（団粒形成）もある
緑肥作物（ソルゴー、クローバ類、クロタラリア、ヘアリーベッチ等）	◆種類により物理性、化学性、生物性の改善効果が異なる ◆物理性の改善（ソルゴー、ギニアグラス等） ◆化学性改善（肥沃化：ヘアリーベッチ、レンゲ等、クリーニングクロップ、ソルゴー等） ◆生物性の改善（センチュウ抑制：クロタラリア、マリーゴールド等）

注：炭素率（C／N比）はおおむね20を境をして、それより小さいと微生物による分解により窒素が放出されてくるので肥料効果が高くなる。一方、炭素率（C／N比）20以上の資材は土の中のチッ素が微生物の増殖の際に取り込まれるため土壌中チッ素が少なくなる。

試験によって土壌物理性に関して次のような結果が得られている。

①土壌の種類別で土壌物理性の改善効果が高かったのは赤黄色土で、次いで褐色森林土であった。黒ボク土については大きな効果は見られていない。

②測定項目別には、土壌硬度の改善効果が最も大きい。

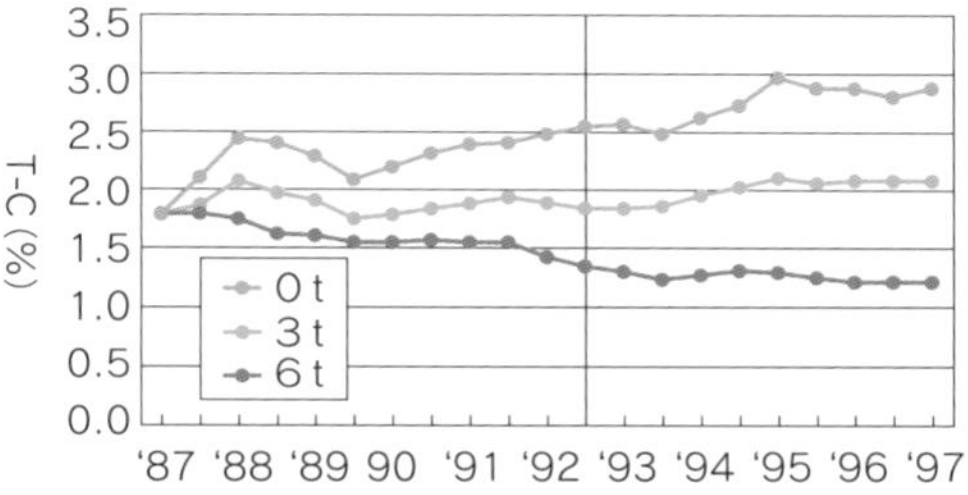

堆肥の施用量別栽培跡地土壌の全炭素（腐植）量の推移

注:野菜畑作の年2作体系、黄色土、腐植含量＝全炭素×1.724
資料:兵庫県農試

有機物施用に当たっての留意点

◇有機物の過剰施用に留意する

窒素に対して敏感に反応する作物は、過剰な有機物施用の影響を大きく受ける。堆肥等有機物の施用量は、耕作放棄地など腐植含量の少ない圃場では、当初、5t／10a程度の牛ふん堆肥の施用が必要である。しかし、地力が高まり安定して作物が栽培されるようになれば、腐植含量が一定に維持できるように施用する必要がある。腐植含量を一定に保つためには、黄色土の水田では牛ふん堆肥で1t／10a程度、畑では2～3t／10a必要である。

◇養分バランスに留意する

堆肥は大量に施用するとともに連用することから、養分バランスが崩れ、生育障害が発生することがある。牛ふん堆肥ではカリの成分比率が高いことから、カリ過剰により塩基バランスが崩れることがある。このため、ブロッコリーで花蕾黒変症が発生した産地がある。

また、採卵鶏の発酵鶏ふんについてはカルシウムの成分比率が高く、連用によりpHが高くなり、マンガン等微量要素欠乏症が生じた例がある。こうしたことから、土壌診断を行い、養分バランスに問題がある場合には改善する必要がある。

養分バランスの崩れによる生育障害

土壌養分は蓄積してきている

作物の種類によって、それぞれ適した養分含量があり、養分が過剰になると収量、品質が低下する。

農林水産省が定点調査により全国農耕地の養分の推移（おおむね2000年まで）をとりまとめた結果によると、作物の種類によって異なるが、全体として水田、畑作、果樹作とも土壌養分は蓄積傾向にある。作物間や養分間にバラつきがあり、養分の蓄積は多肥を要する野菜類で多く見られ、特に降雨の影響を受けないハウス栽培で養分が蓄積している。養分の種類では有効態リン酸が各作物とも蓄積してきており、交換性マグネシウムは不足している傾向が見られる。交換性カリウムや交換性カルシウムは、作物間で蓄積の状況が異なっている。

有効態リン酸含量は、特にハウス栽培において、国の地力増進基本指針の有効態リン酸の上限値（灰色低地等100㎎／100g）を超えている圃場が多い。

塩基類については、果樹では指針の改善目標と比較して、交換性カルシウムでは半数が過剰域、交換性カリウムの3割強が過剰域となっている。

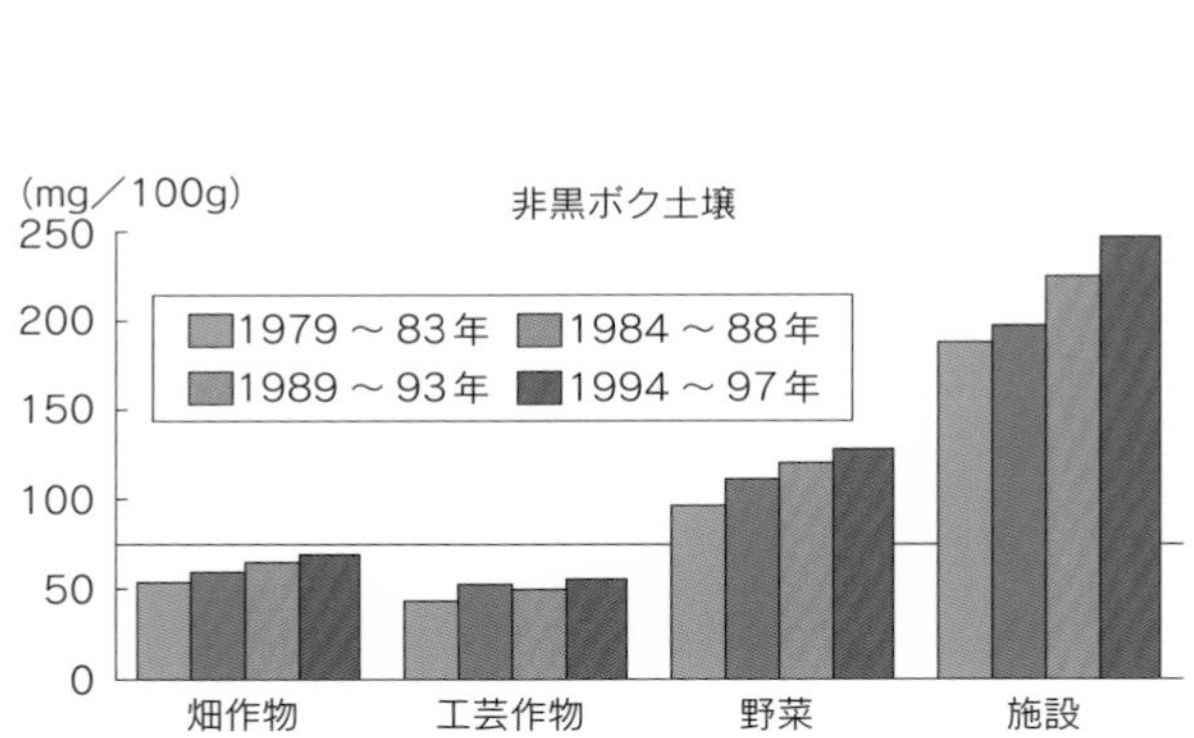

畑土壌における有効態リン酸含量の推移

資料：農林水産省 土壌環境基礎調査

レタスの窒素施肥量と結球重および機能性成分

N施肥量	結球重（kg）			ブリックス（%）			硝酸濃度（g／kg）			ビタミンC（mg／kg）		
	栽培日数（日）			栽培日数（日）			栽培日数（日）			栽培日数（日）		
kg／10a	27日	32日	38日	27日	32日	38日	27日	32日	38日	27日	32日	38日
0	0.17	0.25	0.65	4.4	3.3	2.1	0.69	0.33	0.76	32.7	12.1	8.4
5	0.26	0.43	0.7	4.1	3.3	2.5	1.11	0.7	0.76	20.3	16	7.3
10	0.31	0.58	0.77	4.2	3.4	2.6	1.2	1.06	0.8	21.2	9.6	7.7
15	0.29	0.56	0.71	3.6	3.2	2.4	—	1.4	0.97	13.3	8.5	7.6

資料：長野県中信農試1993一部改変
注：栽培日数は苗定植から収穫までの日数で示した。硝酸濃度、ビタミンC濃度は新鮮物当たり。

土壌養分の過剰は作物収量、品質の低下につながる

養分のなかで最も生育に影響するのは窒素である。窒素が過剰の場合には軟弱徒長気味に生育し、収量、品質が低下するとともに、病害虫にも罹りやすくなる。

長野県中信農試の窒素施肥量を変えたレタス栽培試験によると、窒素の過剰施肥は、糖（ブリックス）、ビタミンC含量が低下し、硝酸態窒素濃度が高まるという結果となっている。窒素施肥量は10kg／10aでレタスの結球重、ブリックス糖度が最も良い結果となっており、窒素施肥量がそれ以下でも、それ以上でも結球重、ブリックス糖度が劣る結果となっている。

こうした養分の過剰による作物の収量、品質低下は窒素のみならず、各種養分でも同様に見られる。

養分の過不足は土が吸える養分環境変化の影響が大きい

土壌中の養分の過不足は、多くの場合、肥料や堆肥等有機物の施用量の増減によって生じる。しかし、土壌中の養分の溶出量は、地温、土壌水分、土壌pH、塩基間拮抗作用、土壌消毒等によって変化する。また、作物の根からの養分吸収や作物体内での養分移動は、節水栽培など栽培様式の変化やカルシウム等養分の作物体内での移動特性によって変化する。こうした、養分の土壌中での溶出量や養

分の作物体内での移動環境の変化は、作物の生育に大きな影響を与える。

養分量の変化と作物生育への影響

	要　因	作物生育への影響
土壌養分含量の変化	肥料、堆肥等有機物の施用	窒素等過剰では収量、品質が低下。
	土壌pHの変化	pHがアルカリ性でマンガン欠乏症等発生。
	塩基バランスの崩れ	カリウム過剰でマグネシウムの吸収が低下する等。
	降雨、潅水	特にハウスでは養分蓄積し、ECが向上。
	土壌消毒	土壌消毒後、窒素、マグネシウム等の溶出減。
作物の養分吸収と移動の変化	節水栽培	特にカルシウム、ホウ素の吸収減。
	接ぎ木（台木）	ユウガオ台木でマグネシウム欠乏しやすい。
	整枝法	スイカ等の強い整枝はマグネシウム欠乏しやすい。

近年では、このような土壌や作物栽培環境の変化により生育低下や生育障害が発生することが多い。

養分過剰や養分バランスの崩れによる生育低下や障害の発生要因

近年における養分が関係する生育障害等の多くは、養分過剰や養分バランスの崩れ等によって発生している場合が多い。特にハウス栽培が普及するとともに、軟弱野菜のように年に数回栽培する方式が多くなってきたこと等により、養分蓄積が進んできている。こうした背景のなかで養分過剰になったり、養分バランスが変化することによって、生育障害等が発生しやすくなってきている。

リン酸やカリ養分の蓄積と生育への影響

リン酸やカリは、過剰に施用しても窒素のように直接生育に影響することが少なく、過剰に施用される傾向がある。リン酸やカリの過剰障害はこれまで発生しにくいとされてきたが、最近いくつかリン酸やカリ過剰による障害の報告がなされている。

◇リン酸

神奈川県の施設スイートピー産地で、かつて下位葉から白化が始まり、激しくなると上位葉まで白化が進展する症状が見られたことがある。現地の発症株と未発症株の葉身などの養分含量を比較すると、発症株はすべての部位でリン酸含量が高く、現地土壌を用いたポット試験や、養液栽培による再現試験の結果、葉の白化はリン酸過剰による障害であることが明らかになっている。

　果菜類については、長野県のキュウリ産地で葉に白斑症状が発生する問題が発生したことがあるが、これもリン酸過剰が要因になっていることが明らかになっている。

　一般に多くの作物で有効態リン酸含量が300㎎／100gを超えると、作物の過剰障害が発生しやすくなるとされている。

◇カリ

　作物はカリウムを贅沢吸収するといわれ、多く施用しても一般に過剰障害は発生しにくいとされてきた。しかし、近年、過剰なカリ施用によって収量、品質が低下する例が多く報告されてきている。

　北海道のハクサイ産地では、ハクサイ収量がカリ飽和度10％を超えると低下してきている。この傾向は3年間同様に認められている。

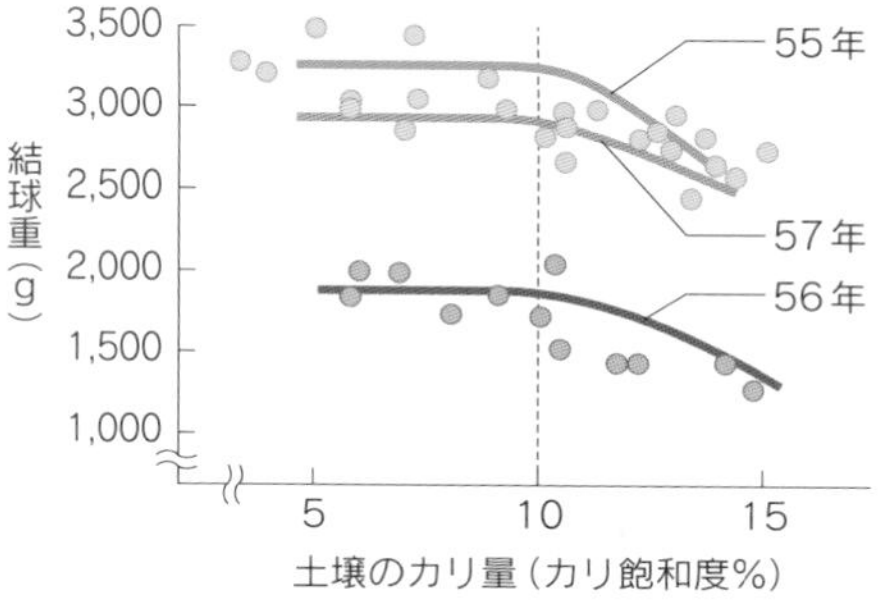

ハクサイの結球重とカリ飽和度との関係

資料：北海道農業を支える土づくりパートⅡ　土づくりQ&A

　また、カリが多く必要とされるサツマイモについても、茨城県農試が、交換性カリウム含量が高まると青果用カンショのデンプン含量が低下してくると報告している。果樹についても、温州ミカンなどで交換性カリウム含量が多いと有機酸が多くなり、品質が低下することが知られている。

　一方、作物の病害については、カリが適正量であると抵抗性を増すことが知られているが、過剰であると、作物によっては病害に罹りやすくなることが明らかとなっている。

　埼玉県のブロッコリー産地では、交換性カリウム含量の高い圃場で花蕾内部が黒変するべと病症状が見られたことがある。埼玉県農試で再現試験を行ったところ、カリ過剰によってべと病の発生が助長されたことから、カリ過剰が原因であることが明らかとなっている。

塩類濃度（EC）の高まりによる生育影響

ハウス栽培では、一般に多くの肥料が施用され、降雨の影響がないことから塩類濃度が高まりやすい。特に、窒素やカリの施肥量の増加は土壌中のECを高め、塩類濃度障害により生育が悪くなったり、発芽障害が発生する。

特に、ホウレンソウ等、播種して栽培する作物では、発芽が揃わない等の影響が見られる。

塩基類の高まりによる生育影響

近年、ハウスを中心に苦土、カリ、石灰の塩基類が蓄積し、塩基飽和度が100％を超えている圃場が見られる。塩基飽和度が100％以上となると、土壌が保持できない塩基類が土壌溶液中に溶出してきてECが高まるとともに、塩基バランスが崩れやすくなる。

塩基飽和度の適正範囲は作物の種類や土性によって異なるが、一般に塩基飽和度が100％以上となると作物の生育は悪くなってくる。

また、塩基間には拮抗関係があり、カリが多くなると苦土が吸収

実際の圃場での塩類濃度障害の例（ホウレンソウ）

ECの高いハウス（欠株が見られる）（下）、正常に生育しているハウス（上）。ホウレンソウはECが1・5mS／㎝以上になると発芽障害、生育障害を起こしやすい。

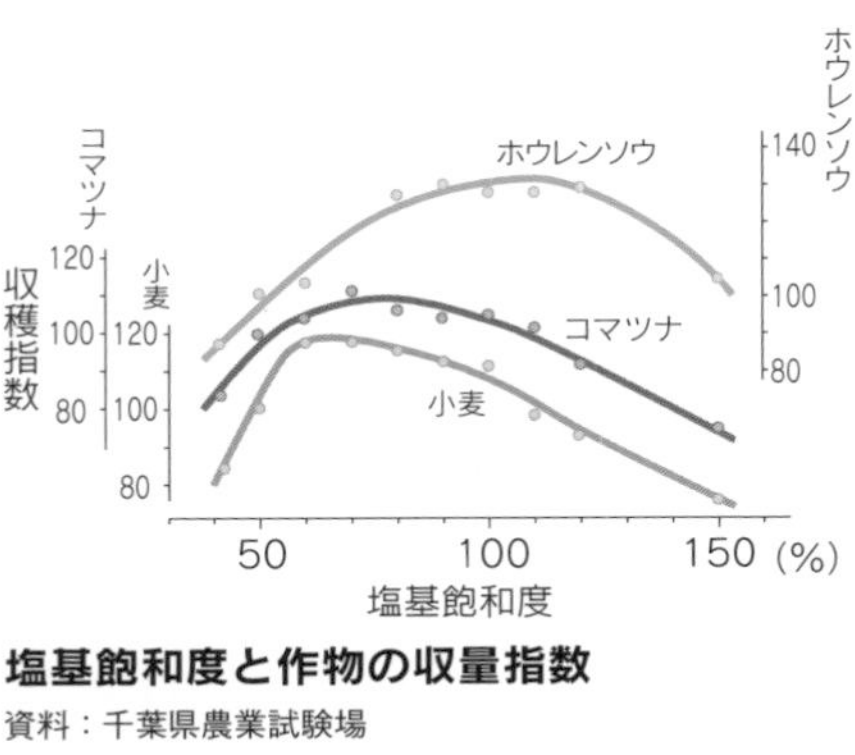

塩基飽和度と作物の収量指数

資料：千葉県農業試験場

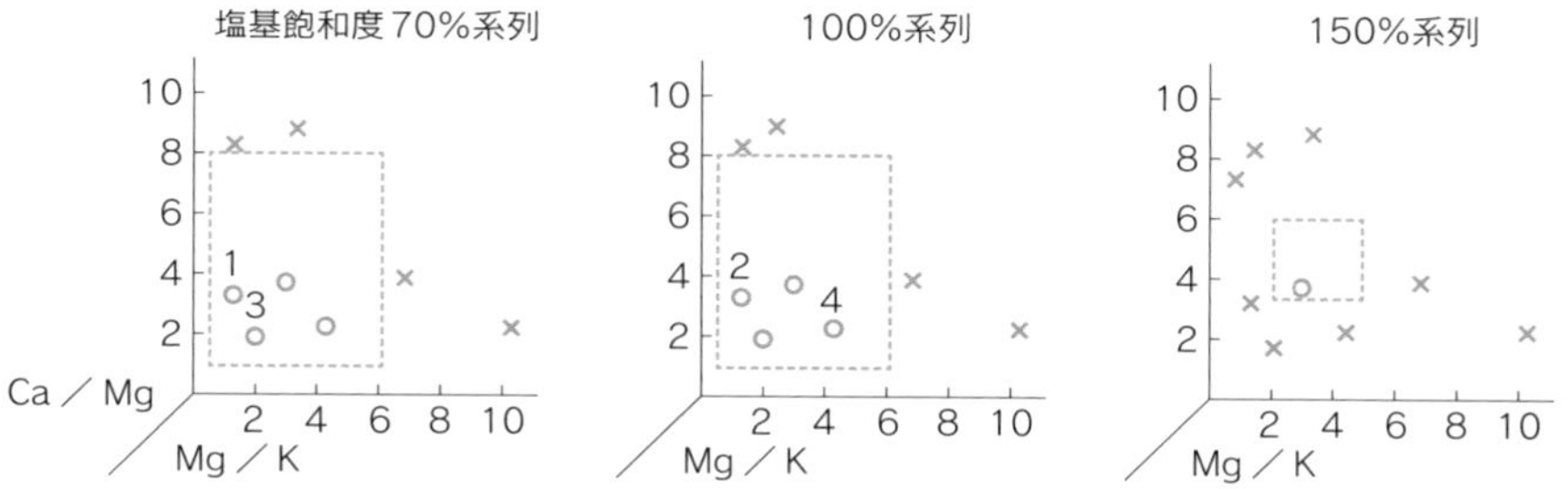

ホウレンソウの収量に対する苦土／カリ比、石灰／苦土比の適正範囲

注：○印は2g／株（平均）以上に生育した生育良のもの、×印は2g／株（平均）以下の生育のもの（静岡県農業試験場・ポット試験）。

されにくくなるといった関係にある。こうしたことから、塩基間のバランスの比率は、作物の生育に影響する。

静岡県農試がホウレンソウを用い、塩基飽和度を3段階にして苦土／カリ比（当量比、以下同）、石灰／苦土比を変えた場合の生育比較試験を行っている。上の図でホウレンソウの生育の良い株が○印で示した、点線の囲み内は、ホウレンソウの生育の良い株が多かった範囲である。その範囲外の×印の株については塩基バランスの崩れが影響し、生育不良になっている。

この試験結果によると、苦土／カリ比2～5、石灰／苦土比4～6で生育が優れていた。また、塩基飽和度が100％、150％と高まってくると、適正範囲がより狭まってきている。

塩基バランスの崩れによる生育障害の例はいくつか報告されており、千葉県内のプリンスメロン産地では苦土／カリ比が低いことによるプリンスメロンのマグネシウム欠乏症（葉枯れ症）が発生したことがあった。

また、近年、石灰の多施用や石灰を多く含む採卵鶏ふんの連用により、pHが弱アルカリ性となってきている圃場が多く見られる。こうした圃場では、マンガンやホウ素が吸われにくくなり欠乏症が発生しやすい。ホウレンソウで鶏ふん連用によりpHが弱アルカリ性となり、マンガン欠乏症が発生した産地が見られている。

日本は降雨が多いので、土壌が

酸性に傾きがちになるということから、これまで土壌診断をせずに石灰を施用してきたきらいがあるが、留意する必要がある。

カルシウム、マグネシウムの吸収等の特性による生育障害

カルシウムとマグネシウムについては、土壌中に不足しない程度の養分含量があっても、作物の栽培方式等の変化により欠乏症が発生することがある。

特にカルシウムは、土壌が乾燥していると根から吸収されにくく、また、作物体内では難移動性である。こうした特性のため、土壌中にカルシウムがあっても欠乏症が発生する例が多く見られる。トマト等の尻腐れ症は、夏期高温時期などに土壌を乾燥させ過ぎた時発生しやすい。

また、ハクサイ等の芯腐れ症は、窒素過剰で生育が旺盛である場合、生育の盛んな部位（芯等）にカルシウムがスムーズに移動しにくいため発生する。

また、マグネシウムは、結実の時、葉に含まれていたマグネシウムが多量に果実に移動するため、ミカン果実周辺の葉に欠乏症が発生することがある。スイカやナスでは強い整枝を行うと、葉の果実負担が大きくなって、葉にマグネシウム欠乏症を発生させる場合がある。

この他、果菜類では、土壌病害対策のため接ぎ木栽培を行うことが普及しているが、台木のマグネシウム吸収に対する特性から欠乏症が発生することがある。スイカ等に台木にユウガオを用いた場合、マグネシウム欠乏症が発生しやすい。

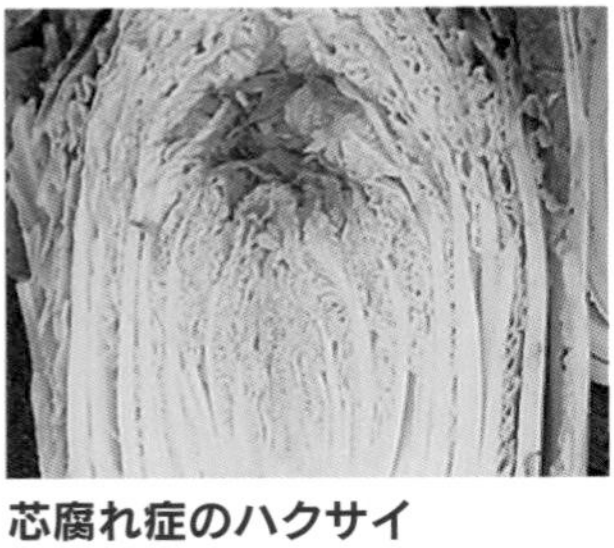

芯腐れ症のハクサイ

石灰欠乏による芯腐れ症はハクサイ以外にレタス、キャベツでも見られている。
写真提供：
吉田清志氏（信州土壌医の会会長）

土壌養分に起因する生育障害発生の防止対策

生育障害の発生防止や対策には土壌診断が重要

土壌診断は通常、生育障害発生の未然防止の観点から、施肥管理などによって変化しやすい診断項目について実施される。具体的にはpH、EC、無機態窒素、有効態リン酸、交換性カリウム、交換性マグネシウム、交換性カルシウムといった分析項目である。また、分析した結果から計算される苦土／カリ比など塩基バランスも施肥により変化しやすいので同様に多く診断される。

こうした診断項目のなかで、pHやECは生育に及ぼす影響が大きく、土壌の健康状態を総合的に診断できる項目であり、特に重要である。

土壌分析した結果の評価としては通常、都道府県の土壌診断基準が用いられ、分析値が望ましい範囲にあるかどうかを判断する目安とされている。

現実に作物の生育異常が起きている場合には、健全に生育している圃場と生育異常が見られる圃場との分析値の比較を行うなどにより、問題となる養分を特定する必要がある。特定するに当たっては、例えばpHの酸性化、アルカリ化によって微量要素の溶出が変化し、過剰症や欠乏症を起こす場合が多く見られるので、微量要素を分析する場合もある。

土壌の化学性診断における分析項目

対象	分析項目
水田、畑地、樹園地	陽イオン交換容量（CEC）、リン酸吸収係数、腐植、pH、EC、チッ素（全窒素、無機態チッ素、可給態窒素）、有効態リン酸、塩基類（交換性カリウム、交換性マグネシウム、交換性カルシウム）、微量要素（マンガン、ホウ素等8元素） （以下計算により算定） 塩基飽和度、石灰飽和度、苦土飽和度、カリ飽和度、苦土／カリ比、石灰／苦土比
水田	有効態ケイ酸、遊離酸化鉄

土壌診断項目別の生育障害の発生要因と防止対策

◇pHの影響

●窒素

茶、ブルーベリーなどの好アンモニア性作物では、pHが中性域になると硝酸化成が促進され、土壌中のアンモニア態窒素が硝酸態窒素に変化し生育が悪くなる。

●リン酸

土壌pHが5・5以下になるとリン酸はアルミニウムあるいは鉄と反応して難溶性のリン酸塩として沈殿、固定される。逆にpH7・0以上になると石灰との結合により難溶性化合物になり、リン酸が吸収されにくくなる。土壌pHが5・5～6・5の時にリン酸の有効度は最も高いといわれている。

●微量要素

土壌pHが低下すると、マンガン、鉄、銅、亜鉛等の微量要素が溶出しやすくなる。このなかで、現地でマンガンの過剰障害が特に問題となる。過剰症は土壌が酸性で、排水不良により還元状態になっている時に多く見られる。以前にカンキツでは酸性化の進んだ圃場で、マンガン過剰により異常落葉が問題となったことがある。

逆にpHが高くなると、マンガン、ホウ素等が不溶化してきて欠乏症状を起こしやすくなる。マンガンはpHが6・5以上になると不可給態化し、根から吸われにくくなる。特に土壌が乾燥しているとこの変化が現れやすく、果樹に欠乏例が多い。野菜ではホウレンソウなどに欠乏例が多い。

また、ホウ素はpHが7・0以上とアルカリ化すると根から吸収されにくくなり、欠乏しやすくなる。その他、高温、乾燥状態でホウ素は吸収されにくく、欠乏しやすくなる。特にダイコン、キャベツ等アブラナ科作物はホウ素の要求性が高く、これらの作物を毎年作付

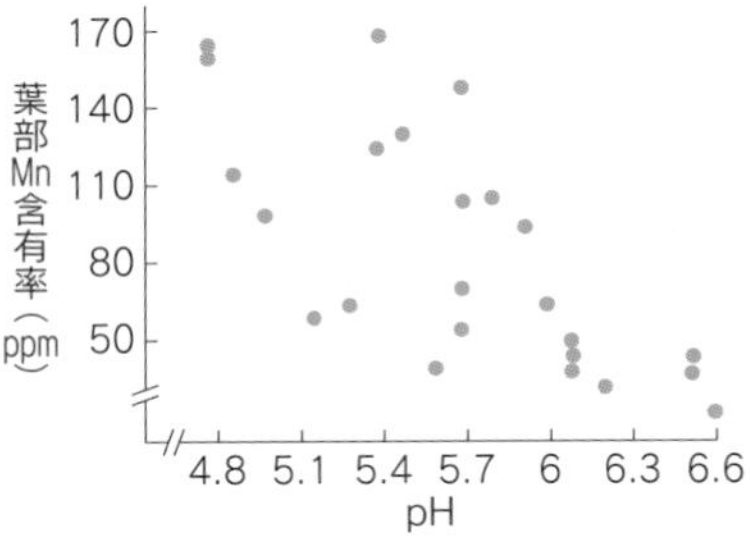

pHとホウレンソウの葉中マンガン含量
資料：北海道立農試

けするところではホウ素欠乏症が発生する例が多い。

●アルミニウム等有害物質

アルミニウムイオンはpH5・0以下の酸性土壌で活性化しやすく、アルミニウムイオンが土壌から溶出すると根の伸張阻害を起こす。

◇土壌の酸性化の要因

土壌の酸性化の進行は、一般に①降雨と②施肥による場合が多い。特に不適切な施肥により酸性化が進みやすい。硫酸アンモニウム、塩化アンモニウム、硫酸カリウム、塩化カリウムといった生理的酸性肥料は化学的には中性であるが、土壌中で肥料成分が作物に吸収された跡に硫酸根や塩素根など酸性の副産物が残り、酸性化する。さらに、硫酸イオン、塩素イオン、硝酸イオンは石灰等塩基と結合し水溶性となり、潅水などによって塩基類が流亡することも酸性化の要因である。

また、アンモニアや尿素態窒素肥料は畑地土壌中で硝酸化成菌によって硝酸態窒素に変化し、それが作物に吸収されずに残ると硝酸イオンにより土壌を酸性化させる。したがって、窒素が過剰に施用されると、より土壌の酸性化が進行することとなる。

◇アルカリ化の要因

土壌のアルカリ化の進行は、一般に①石灰質肥料の過剰施用、②ハウス栽培での塩類集積による場合が多い。

pHの測定を行わず、慣例的に石灰質肥料を連用しているとpHが高くなりやすい。また、有機質肥料でも、石灰を多く含む採卵鶏の鶏ふんを連用した場合にpHが高まる。

ハウス栽培では、降雨による溶脱がほとんどないのでカルシウムなど塩基性成分が蓄積し、土壌pHが高まる傾向にある。

近年においては、こうしたことによって、施設野菜や露地野菜畑を中心にpHの高い圃場が多く見られるようになってきている。

◇pHの改善

pHの値を適正に維持するためには、酸性化やアルカリ化が進むような施肥管理を避ける。それでもpHを矯正する必要がある場合には次のような対策を行う。

●pHを高める

pHを高めるためには石灰資材を

用いるが、資材によって酸度矯正力が異なる。高い順に、生石灰＞消石灰＞苦土石灰＞炭酸石灰である。同一pHにするために要する資材の量は生石灰を１００とした場合、消石灰１３３、苦土石灰１４５、炭酸石灰１５１である。

　pHを上げるための石灰必要量は土性や腐植含量によって異なり、目標pHに改善するための必要量は砂土では少なくて良いが、植壌土では多く必要とする。また、腐植含量の多い土壌では、少ない土壌と比較して石灰の必要量は多くなる。

　目標pHに改善するための資材量を把握するためには、アレニウス表のような早見表を活用すると良い。

　一方、近年、塩類の集積したハウス圃場などでは土壌分析の結果、カルシウム等塩基類の含量が高い値になっているが、pHは低いという現象が見られている。これは、ハウスでは硝酸イオンや硫酸イオンが流亡しにくく作土層に蓄積するためで、これらの陰イオンの影響で塩基類が十分あってもpHが低くなっている。このように、pHが低いにもかかわらず塩基飽和度が高いという分析結果が出た場合には、石灰質資材を投入するのは望ましくない。クリーニングクロップ、湛水除塩等により硝酸塩などを除去することが適切な対策となる。

●pHを下げる

　pHが高い場合は石灰類を無施用とするが、特に高い場合には、ピートモス、硫黄華、硫酸第一鉄のようにpHを低下させる資材を施用する。

pH低下に用いる資材

資材名	特徴
ピートモス	フミン酸などの腐植酸を多く含んでいるためpHが酸性を示す。pH低下のためには成分無調整（一般にpH3.5～4.5）のものを用いる。
硫黄華	土壌中の硫黄酸化菌の作用により硫黄が硫酸に変化することで土壌pHが低下する。硫黄によるpH低下にはかなりの日数がかかる。
硫酸第一鉄主成分資材	土壌に施用した場合、二価鉄が三価鉄として沈殿した後に残る硫酸によって土壌pHが低下する。

◇EC

　土壌のEC（塩類濃度）が高くなると作物の発芽や生育が不良になり、生育中の作物は葉の周辺から枯れ上がり、最終的には株全体が枯死する。特にハウス栽培では降雨の影響がないとともに、一般に周年栽培されることが多く塩類が集積しがちである。

特に、イチゴは塩類濃度障害を受けやすい。イチゴは比較的水分を多く要する作物であるが、潅水量が少なかったり窒素施肥量が多い場合には、ECが高くなり濃度障害が発生する。

●ECを高める要因

土壌のECを高める要因としては、①過剰施肥、②ECを高めやすい種類の肥料の利用が大きい。いずれも土壌・施肥管理に関する問題である。

ECの高まりは硝酸イオン、硫酸イオン、塩素イオン等、陰イオンの増加と関係している。

ハウス土壌の塩類集積の要因は、主に水溶性硝酸イオンと水溶性硫酸イオンであり、ECの上昇を抑制するにはこの両イオンの増加を抑えることが重要である。特に硫酸イオンは植物の吸収量が少ないことから、EC上昇の抑制においてより重要性が高い。

●肥料の種類によるECの高まり

ECを高めやすい肥料成分は窒素とカリで、リン酸は低い。肥料形態では、窒素とカリは塩化物＞硝酸塩＞硫酸塩＞リン酸塩の順で溶液濃度を高める。肥料の陰イオンのうち土壌溶液濃度を高めるのは、塩素イオン、硝酸イオン、硫酸イオンで、他の陰イオンは化合物の塩の溶解度が低いためほとんど上昇しない。これらのなかで硝酸イオンは窒素として必要ではあるが、過剰に供給される傾向がある。硫酸イオンも、そのなかの硫黄は作物の重要な養分ではあるが、吸収量はリン酸程度とされており土壌中に残りやすい。塩素イオンは微量要素でイネ科にごく少量吸収される程度であり、ほとんど吸収されずに土壌中に残る。このようにして、作物に吸収されない陰イオンを持ち込む肥料の施用は、回数の増加にともなってECを高めることになる。

普通肥料の他に畜ふん堆肥等有機物の過剰施用が、硫酸イオン等の集積につながることがある。家畜ふん堆肥のカリは塩化カリウムや硫酸カリウムで、塩素イオンや硫酸イオンを含む。硫酸イオンは豚ぷん堆肥や鶏ふん堆肥にやや多く含まれる。堆肥は普通肥料と比較して、土作りのため多く施用されるので、過剰施用には注意する必要がある。

◇ECが高い場合の対応

従来、ECが高過ぎる場合は除塩などを行ない、残存養分を少なくしてから施肥を行う場合が多かった。しかし、残存養分が多ければ多いほど除塩により流亡する成分量が多く、環境保全面からは望ましくない。したがって、日頃から除塩を行わなくても済むよう、土壌診断に基づく適正施肥に努めることが基本となる。

塩類集積が進んでいる圃場では次のような対策を行う必要がある。

①窒素やカリ肥料の減肥

ECは一般に窒素の過剰施用とともにカリ施肥によって高まるので、施肥量を減らす必要がある。特に塩化カリ等、ECを高める肥料の施用を避ける。

葉菜類のように年間数回作付けする作型では、収穫後に無機態窒素（特に硝酸態窒素）が残存するので、残存量を見つつ窒素施用量を減らす。

②クリーニングクロップの活用

クリーニングクロップは、過剰に集積した肥料成分を吸収する目的でも用いられる。この目的で利用される緑肥作物としてはソルゴー、スーダングラス、青刈りトウモロコシなどがある。刈り取った緑肥作物を土壌にすき込むと、残さが分解して吸収した成分が土壌中に放出されるので、圃場外へ持ち出す必要がある。低下する項目はECと硝酸態窒素が中心で石灰、リン酸等はあまり低下しない。また、クリーニングクロップの利用により十分な除塩効果を期待するには、50日程度の栽培期間を要するため、夏期休閑期のある作型に限られる。

③湛水除塩

湛水除塩法はハウスでよく用いられる方法である。除塩の効果は肥料養分によって異なり、特にリン酸は水に溶けにくいためほとん

ソルゴー栽培後の土壌のECの変化
（単位：mS／cm）

試験区	作付け前	38日後	65日後	96日後
対照	1.18	0.91	0.9	1.03
ソルゴー	1.18	0.81	0.51	0.58

資料：宮城県園試

ど除去されない。硝酸態窒素による地下水などへの影響が懸念される場所での実施は注意が必要である。十分な除塩効果を期待するには少なくとも300㎜の湛水が必要で、水の便が良くないと実施不可能である。100㎜／日の湛水割合で一時湛水処理を3日間連続することで、十分な除塩効果が得られる。

湛水除塩法とクリーニングクロップとの除塩効果の相違は、表層の除塩では湛水除塩法が優れるが、深層ではクリーニングクロップ利用の効果が高い。

④深耕によるECの低下

作土の下層まで肥料養分が蓄積していない圃場においては、深耕するとECが低下する。深耕によって各種養分が低下するので生育不良となる可能性がある。深耕するに当たっては、一挙に深くするのでなく、作物の生育状況を見つつ少しずつ深くしていくのが良い。

湛水処理による土壌養分等の変化

項目	pH	EC (mS/㎝)	硝酸態窒素 (mg/100g)	有効態リン酸 (mg/100g)	交換性塩基(mg/100g)		
					カリ	石灰	苦土
湛水前	5.4	1.1	16.7	31.9	49	292	44
湛水後	6	0.27	1.3	30	28	266	42
前後の差	0.6	0.83	15.4	1.9	21	26	2

資料：JA全農こうち
注：14ヵ所のハウスで約1ヵ月間湛水した結果の平均値

土壌養分過不足を改善する手順と考え方

土壌養分の分析結果を評価し、適正範囲になければ施肥改善を行っていくことになるが、その手順は次のページの図のとおりである。施肥改善に当たっては、普通肥料からの養分供給のみでなく、堆肥からの養分供給も考慮して行っていくことが一般的となっている。

◇土壌養分の分析値が適正範囲にあるかどうかを判断する目安（土壌診断基準）

土壌養分を分析した結果の値が適正範囲にあるかどうかを判断する必要があるが、その目安となるのは一般に都道府県が策定している土壌診断基準である（都道府県のウェブサイトから入手可能である）。土壌診断基準は都道府県によって表示スタイルは異なるが、水稲、普通畑作などごとに、有効態リン酸など主な診断項目の適正範囲を示している。これに土壌分析した値を照らして、養分が適正範囲にあるかどうかを判断する。

土壌分析結果が適正範囲になければ、次作の施肥に当たっては適正範囲に入るように肥料の施用量を調整するようにする。

なお、土壌診断基準は望ましい養分の範囲を示しているもので、その範囲を超えているからといって直ちに生育異常が発生するという性格のものではない。

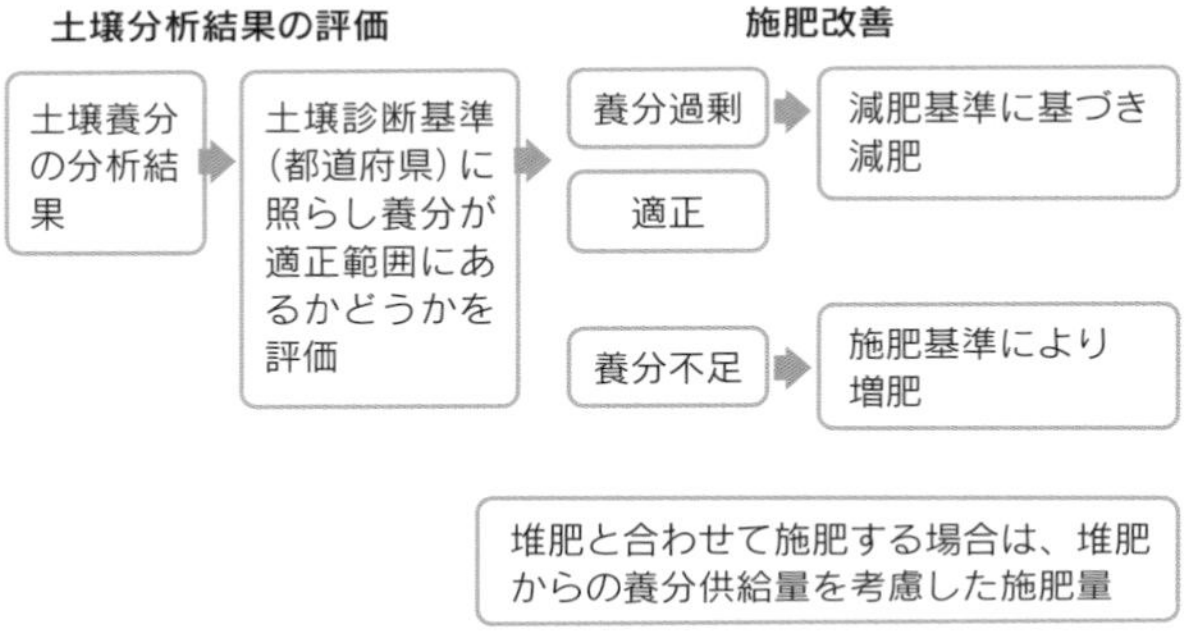

土壌養分過不足の改善手順

◇施肥改善する場合の施肥量等の目安（施肥基準）

土壌診断して施肥改善が必要となった場合には、次にどの程度施肥量を増減すべきかが課題となる。これまで施肥してきた結果の反映

県の土壌診断基準（千葉県の例・抜粋）

作物・土壌			交換性塩基(mg／100g)			塩基飽和度(%)	当量比		可給態リン酸トルオーグ法(mg/100g)	可給態ケイ酸(mg/100g)
			カルシウム	マグネシウム	カリ		石灰／苦土	苦土／カリ		
水稲		水田土壌	225～355 (45～65)	40～80 (10～200)	10～50 (1～5)				5～20	10～25
畑普通作物および飼料作物	普通作物	火山灰土	200～400	55～160	35～165	30～65			10～50	
	イモ類	火山灰土	190～350	55～150	30～160	35～75			10～50	
	普通作物	非火山灰土	170～340	50～120	30～140	45～100			10	
	飼料作物	火山灰土	420～670	40～120	15～50	60～90	4～8	2～8	10～30	
		非火山灰土	170～340	20～60	15～30	70～90	4～8	2～8	10～30	

が土壌分析値なので、これを基準として増減することになるが、参考までに次に作付けする作物の標準的な施肥量はどの程度なのかも把握しておくと良い。その作物の標準施肥量の目安としては、各都道府県や主なＪＡで定めている、その地域の標準的な施肥量を示した施肥基準（標準）がある。次に自分の圃場の土壌診断結果をもとに作付けする作物の施肥基準（標準）を参考に施肥設計すると良い。

県の施肥基準（茨城県の例・抜粋・春播き夏どりキャベツの例）（施肥基準量（kg／10a）

成分	総量	基肥	追肥	備考
N	25	20	5	堆肥 2,000kg (KCl) pH5.5～6.0
P_2O_5	25	20	5	
K_2O	25	20	5	

注１：基肥は緩行性肥料を主体に全面全層に施す。局所施肥する場合は３割程度減肥する。注２：追肥は結球開始前に行う。畝間に即効性の肥料を施し、中耕、除草を行う。注３：堆肥を長年施用している圃場等では施肥量を加減する。

◇土壌養分が過剰で減肥する場合の目安（減肥基準）

近年、特に土壌養分のなかでリン酸やカリについて過剰となっている圃場が多くなっている。ハウス栽培でホウレンソウ等を年に数回栽培する作型では、収穫時点において一定の無機態窒素が残存している必要があるので、栽培を重ねるごとに無機態窒素含量が蓄積してくる。こうした場合には、養分の蓄積量を考慮して減肥する必要がある。

減肥する場合に農家が懸念するのは、作物の生育が劣ってくるのではないかということである。こうした農家の不安を払拭するためには、対象作物の生育、収量と土壌中養分含量との関係を調査し、減肥しても収量が低下しないレベルを明らかにすることである。こうした減肥しても収量が低下しないレベルを明らかにしたものとして減肥基準があり、都道府県によって策定しているところもある。

●青森県のニンニクのリン酸減肥する場合の目安の例（減肥基準）

青森県では県内に多い腐植質黒ボク土で、リン酸施肥を中止しても収量に影響ない有効態リン酸濃度の範囲を明らかにしている。これによると、土壌中のリン酸含量とニンニク収量指数（各試験年次の最高収量を１００とした値）

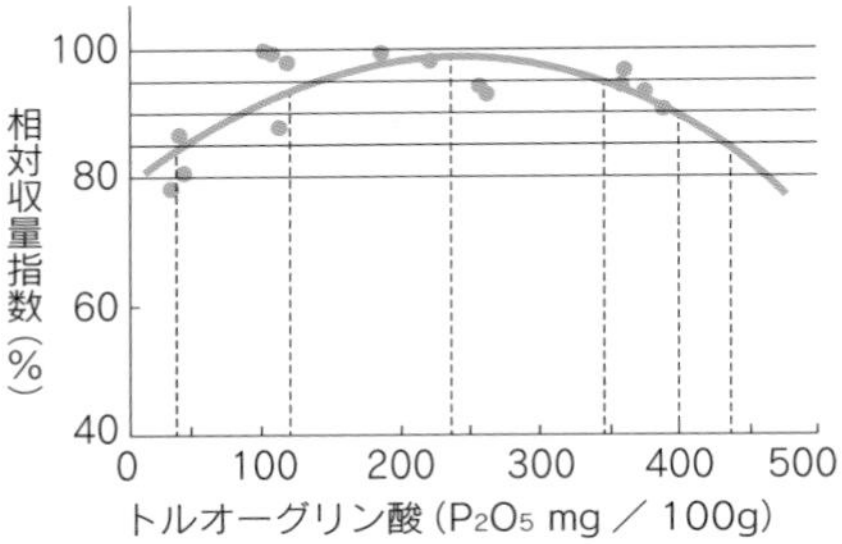

ニンニク栽培跡地土壌の有効態リン酸含量とニンニク収量指数

資料：青森県農試

は、緩やかな山型の曲線を描く。

この曲線では、有効態リン酸含量がおおよそ120㎎／100g以上になると収量がほぼ横ばい状態なことから、ニンニクの有効態リン酸含量の適正量は120㎎／100g以下と判断される。

また、土壌中の有効態リン酸含量が170㎎／100g以上の圃場ではリン酸施用を中止しても減収しないことから、有効態リン酸含量が170㎎／100g以上あればリン酸肥料を施用しなくても良いと判断される。

なお、リン酸を減肥したり、リン酸施用を一時中止した場合、土壌中の有効態リン酸濃度は低下してくるので、土壌診断によりその後の状況を把握し、適正レベルになれば通常の施肥を開始する必要がある。

また、ハウス栽培で年に何作もホウレンソウ等を栽培する場合の減肥の目安としては右下の表のようなものがある。

野菜作における硝酸態窒素減肥の目安

作付け前硝酸態窒素（mg／100g）	施肥管理（10a当たり）
10以下	慣行施肥量
11～15	5kg減肥
16～20	10kg減肥
21～25	15kg減肥
26～30	20kg減肥
31～35	25kg減肥
36～	無施肥

資料：岩手県農試一部改変

◇堆肥を施用する場合は、堆肥からの養分供給量分を削減して施肥

堆肥と普通肥料を組み合わせて施用する場合には、作付けする作物の養分の必要量を把握し、堆肥から発現する肥料養分を差し引いて施肥するようにする。

堆肥は種類により肥料成分含量

が異なるとともに、窒素肥効率（化学肥料の肥効を100とした時の、堆肥の肥料としての効果の比率）が異なり、これをどのように見積もるかが問題となる。牛ふん堆肥の場合、現物窒素が2％未満の場合には肥効率は10％強程度が多い。また、堆肥中に含まれるリン酸とカリの有効化率については、最近のデータ等では堆肥の種類や成分含量にかかわらず、リン酸8割、カリ9割程度としている例が多い。

堆肥からの養分供給量計算例

「牛ふん堆肥（水分53%、全窒素（現物）1.0%、全リン酸（現物）1.1%、全カリ（現物）1.4%）を2t /10a施用する場合（堆肥の肥効率：窒素10%、全リン酸80%、全カリ90%で計算）

◆窒　素　2 t /10a × 1.0%（堆肥の全窒素含量）× 10%（肥効率）＝ 2.0kg/10a

◆リン酸　2 t /10a × 1.0%（堆肥の全リン酸含量）× 80%（肥効率）＝ 17. 6kg/10a

◆カ　リ　2 t /10a × 1.4%（堆肥の全カリ含量）× 90%（肥効率）＝ 25. 2kg/10a

主な土壌養分過不足の調整や塩基バランスの改善に当たっての留意点

主な土壌養分の過不足の調整は以上のことを基本に行うが、窒素、リン酸等の肥効特性も理解して施用する必要がある。

◇窒素

①地温の上がる時期には地力窒素の発現を考慮して窒素の施肥量を加減する

作物が吸収する窒素の形態としては、無機態窒素と地温が上がると微生物によって分解されて発現してくる無機態窒素である地力窒素とがある。

地力窒素、地温が高い時期に栽培される作物にはかなり吸収されており、水稲の場合では地力窒素を約6～7割吸収している。したがって、夏に定植するレタス、キャベツ等では地力窒素の発現を考慮して、標準施肥量より減肥して施用する。

②堆肥を連用している圃場では地力窒素の発現量が高まってくるので減肥する

堆肥を連用している圃場では、一般に肥効率が高まってくる。牛ふん堆肥連用の水田の例では1t／10a施用で、施用初年目の窒素

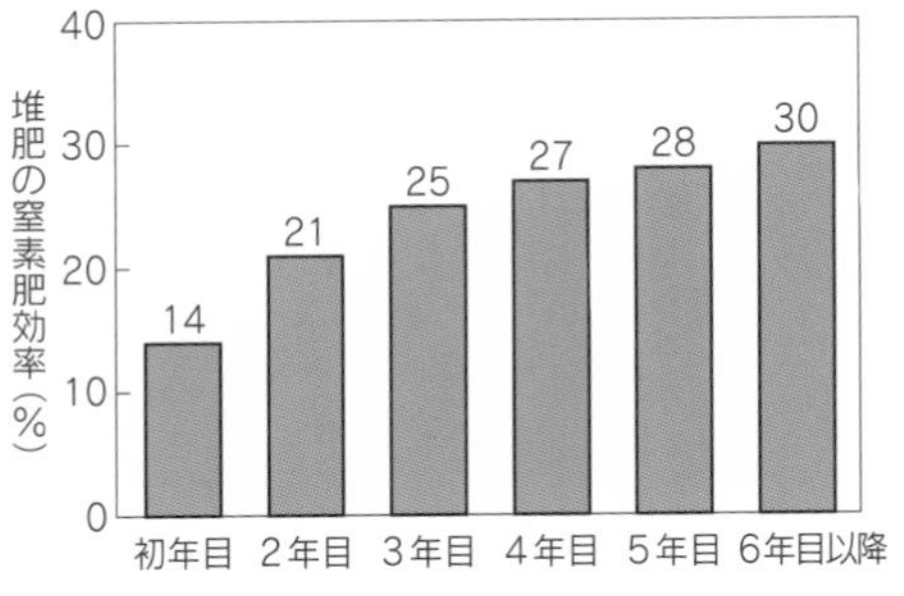

牛ふん堆肥の連用年数と窒素肥効率

資料:青森県農試

肥効率は14%であるが、5年連用すると窒素肥効率は28%まで高まっている。こうしたことも考慮して施肥していく必要がある。

③有機質資材や有機質肥料を施用する場合は肥効率を考慮して施用する

各種有機物からの無機態窒素の発現率（窒素肥効率）は炭素率（C／N比）が大きく影響し、C／N比の小さい資材ほど窒素肥効率が高い。堆肥の窒素肥効率は堆肥の種類等によって異なるが、一般に牛ふん堆肥でC／N比18前後、豚ぷん堆肥でC／N比11前後、鶏ふん堆肥でC／N比10前後が多い。また、油かす、魚かすなど有機質肥料については、C／N比が4～5程度のものが多いが、米ぬかについてはC／N比10程度となっており、窒素の分解が遅い。なお、C／N比20以上のものは、有機物分解過程で微生物が窒素を取り込むので、施用直後の窒素の肥効はほとんど期待しにくい。

各種有機質肥料の窒素の無機化率は、高いものでも60%程度となっている。したがって、有機質肥料主体の施肥体系では施肥量を速効性の化学肥料よりも多めに施用する必要がある。

また、有機質肥料の種類別には、施用初期の窒素無機化率は動物質が植物質より高く、後期には大豆油かすなど植物質の肥料の窒素無機化率が高い傾向が見られる。

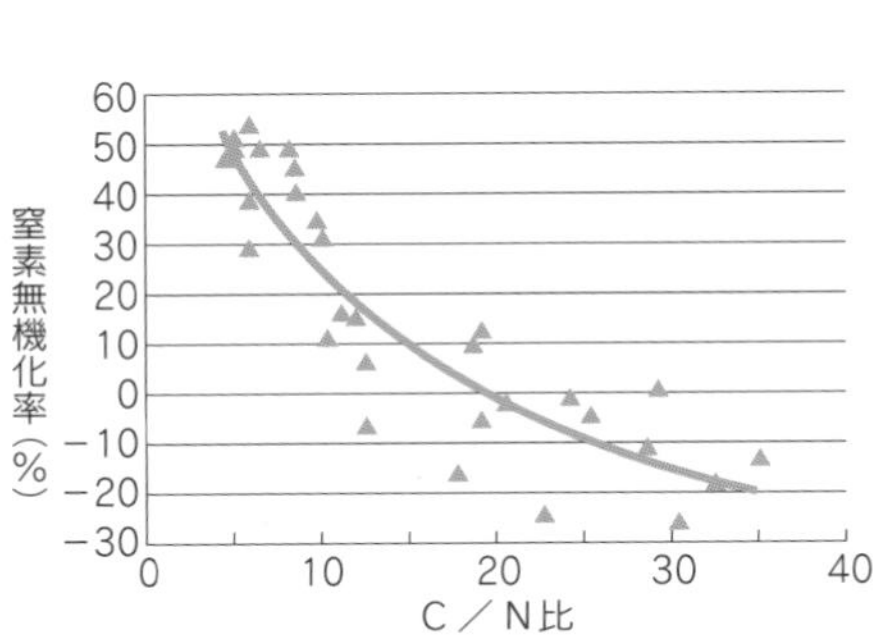

炭素率（C／N比）と窒素無機化率との関係

◇リン酸

①リン酸吸収係数の高い土壌ではリン酸は多めに施用する

リン酸が不足する場合には施用量を増やす必要があるが、特にリン酸吸収係数の高い土壌ではリン酸が吸着されて吸収されにくくなるので、多めに施用する必要がある。リン酸吸収係数が700以下の土壌のリン酸肥料の施用量と比較して、リン酸吸収係数が1500～2000の火山灰土では、その2倍の量のリン酸肥料を施用する必要がある。

なお、カリや苦土が不足する場合の施肥については、リン酸のように土壌に吸着されることがないので、土壌の種類による施肥倍率を考慮する必要はない。

②低温期の作型等ではリン酸は少なめに施用する

リン酸は特に低温時での吸収低下程度が大きいことから、リン酸過剰の場合にはやや安全を見込んでの減肥が望ましい。

◇塩基類

カリ、苦土、石灰の過不足は土壌診断基準の適正範囲に照らして判断する。また、これら塩基の施用量を増加させた場合。個別の塩基の過不足のみでなく塩基飽和度や塩基バランスを見る必要がある。

塩基飽和度の適正水準は、一般的な陽イオン交換容量（CEC）の土壌の場合には60～90％程度で望ましい生育をする作物が多い。CECの小さい土壌において、キャベツのように石灰欠乏症の発現限界濃度が高いといわれる作物では、土壌中の養分絶対量が不足する。このため、CECが小さい土壌（10me以下）では作物に必要な

土壌の陽イオン交換容量と適正塩基飽和度

陽イオン交換容量(me／100g)	塩基飽和度(%)	カルシウム飽和度(%)	マグネシウム飽和度(%)	カリウム飽和度(%)
10以下	100～170	80～150	16	6
10～20	90～100	60～80	16	6
20以上	75～80	50～60	16	6

資料：細谷・山口

養分が供給できないことから、塩基飽和度は150％程度が望ましいとされており、石灰等塩基類を十分施用する必要がある。

●塩基飽和度や塩基バランスの改善

作物の生育との関係では特に、苦土とカリの比率が問題となる場合が多い。苦土／カリのミリグラム当量比では、一般に2～6が望ましいとされており、2以下では苦土欠乏症が発生することがある。また、石灰／苦土比（当量比）については一般に4～8が望ましいとされている。

塩基バランスが崩れている場合には、バランスを補正するよう肥料を施用する。例えば苦土／カリ比が2未満で塩基飽和度が低い場合には、苦土肥料を施用するが、塩基飽和度が適正範囲以上の場合には塩基肥料の施用は飽和度を高めるので、カリ肥料を減らしていくのが良い。

土壌微生物相の変化による作物への影響と対策

土壌の微生物相が健全であると作物は病気に罹りにくく、健全に生育するといわれている。

作物の根の周辺には数多くの土壌微生物が棲んでおり、こうした多様な微生物環境下では病原菌がいても微生物間の競合によって根のなかに侵入しにくいとされている。また、根の周辺微生物のなかには成長ホルモンを出したり、作物に必要な養分を供給して生育を助けているものもいる。また、作物体のなかには人間の腸内細菌のように微生物が棲んでおり、作物の生育に関係しているものがいることがわかってきている。

このように作物生育と微生物とが密接に関係しているなかで、有用微生物が増加していくような土壌管理をしていくことが今後、求められる。

作物と共生微生物との関わり

直接、根の影響の及ぶ範囲の土壌を根圏と呼ぶが、こうした根圏土壌と非根圏土壌とでは微生物の密度が異なる。作物の根から糖、アミノ酸、ビタミン類等が分泌されることから、根圏では微生物の生息密度が高い。根圏微生物のなかには生育ホルモン等、生理活性物質を分泌する微生物も知られており、作物生育との関わりが大きい。

また、作物の根との関わり方では、大豆の根粒菌のように作物と共生して養分を供給している微生物もいる。

一方、根圏で増殖した微生物には、病原菌だけでなく有効微生物のなかにも、根へ感染、侵入し、植物体内で共生するものがある。植物体内で共生する微生物は、エンドファイトと呼ばれる。「エンド」は体内、「ファイト」は植物を意味しており、これらエンドファイトのなかにも作物の生育に影響を与えるとともに、病害虫抑制に影響を与えるものがいることが知られてきている。

土壌微生物の作物生育促進や土壌病害虫抑制の働き

◇根圏と非根圏の土壌微生物の特徴

作物の根はアミノ酸、有機酸、糖、ビタミン等を分泌するとともに、根の周りには脱落した根毛や表皮などの有機物が豊富に存在する。これらは土壌微生物にとって絶好の餌となり、根の周囲に群がる。こうしたことから、根圏土壌では、それ以遠の非根圏土壌に比べ、微生物密度が数倍ないし数百倍と高い。また、菌の種類のなかでも特に細菌の生育数が根圏で多い。

根圏土壌は一般には根のごく近傍（3～5㎜）指すが、この範囲は作物の種類、根から供給される有機物の量、土壌の種類や環境条件により変化する。作物の細根が多く発生して、有機物の分泌量が多い場合には、根圏の範囲は大きい。

根圏と非根圏土壌とでは微生物の量ばかりでなく、その種類の構成も異なっている。根圏土壌では非根圏土壌に比べて微生物活性が高いことが知られている。

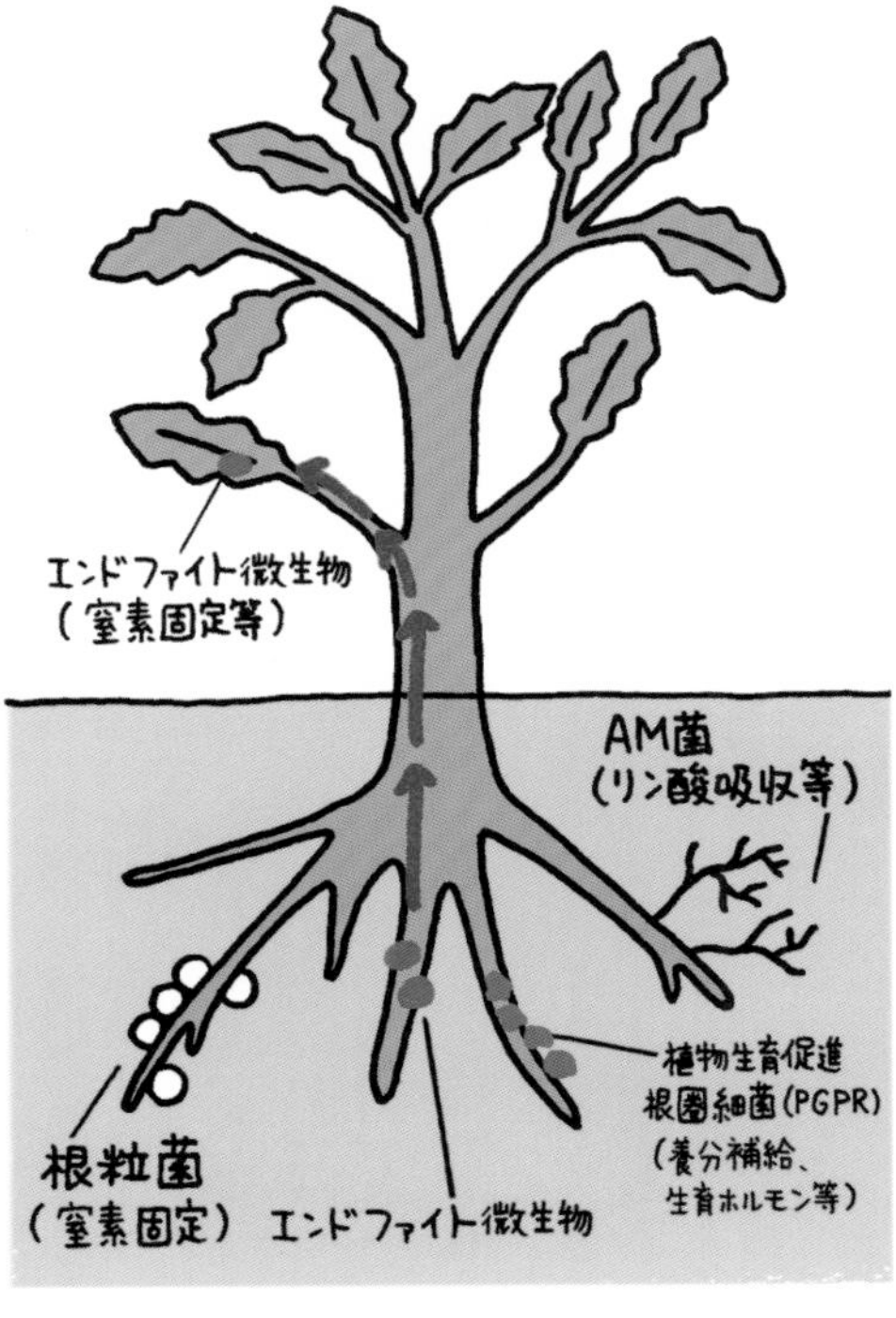

共生微生物と作物体との関係（模式図）

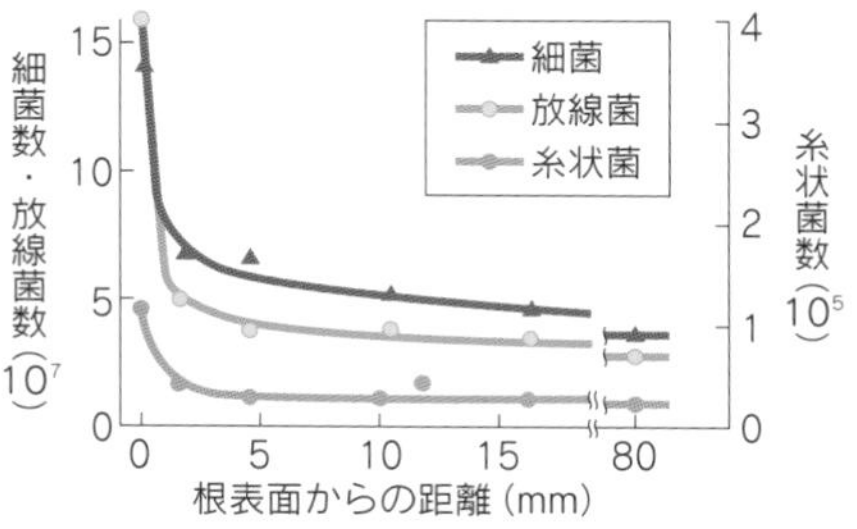

青ルーピン幼植物の根圏における菌数の増加

資料：PAPAVIZASとDAVEY

根圏微生物の働き

◇根圏微生物間の関係

根圏に生育する微生物は特に根圏微生物と呼ばれており、細菌の場合には根圏細菌と呼ばれている。根圏細菌は作物に対する作用により、植物生育促進根圏細菌（PGPR）と有害根圏細菌とに分けられている。

根圏に生育する微生物のなかには、土壌中の養分の吸収を助けたり、植物ホルモンなどを生産し、植物の生育を促進したりするものがいることが知られている。また、根圏に定着した菌のなかには土壌病原菌と拮抗作用を示し、発病を抑制する作用のあるものもいることが知られている。

一般に根圏微生物相が多様であると、病原微生物の増殖が抑制されるといわれている。こうしたことが起こる要因として、非病原菌と病原菌の間で餌と棲み場所を巡って競争が起き、素早く増殖した非病原菌が多くを占め、少数の病原菌が排除されることが考えられている。実際に無菌状態にした作物に少量の病原菌を接種すると、ほぼ全部の作物体が病気になるが、同時に少量の非病原微生物を接種すると、病気になる作物体がかなり減る。

このように、ごくありふれた非病原性の微生物も病気の抑制効果を持っている。しかし、病原菌の密度が上がると抑制することはできなくなる。

一方、センチュウについても同様のことがいえる。自活性センチュウのように作物に被害を与えないセンチュウが増加すると、作物に害を与える寄生性センチュウは増加しにくくなる。

◇根圏微生物の作物生育や病害虫抑制に関する働き

作物生育との関係での根圏微生物の主な働きとしては、次の3点が挙げられる。

①窒素、リン酸、硫黄、鉄等の作物への養分吸収を促進する

主に窒素やリン酸を吸収して宿主植物に供給する代表的な微生物としては、植物の根に共生する根粒菌（細菌）や菌根菌（糸状菌）がいる。マメ科植物と共生する根粒菌は、根に根粒と呼ばれる共生器官を形成し、そのなかで大気中の窒素をアンモニアへと固定して作物に供給している。

菌根菌とは、菌根を作って植物と共生する菌類のことで、特定の植物とのみ共生する種もいれば、アーバスキュラー菌根菌（AM菌）のように多くの植物と共生する種もいる。

また、植物生育促進根圏細菌（PGPR）のなかにも、窒素固定するもの難溶性リン酸の溶解能等を持つものがいる。

②作物の病害を抑制したり軽減したりする

根圏微生物のなかには微生物間の拮抗作用により、病原菌の増殖、感染を阻止したり、耐病性の向上を図るものがいる。有用微生物としては、糸状菌類ではトリコデルマ属の菌、菌根菌、細菌類ではバチルス属、シュードモナス属、ストレプトマイセス属等の菌が知られている。

なお、拮抗微生物を土壌病害の生物的防除に利用しようとする試みが数多く行われているが、拮抗微生物の根圏への定着性などの問題もあり、実用化されているものは少ない。

③作物の生育を促進する

根圏微生物のなかには酵素や植物ホルモン等の生理活性物質を生産し、植物の生育を促進したり、物理・化学的な各種ストレスを緩和する等の有用機能を持つものがいる。植物生育促進根圏細菌（PGPR）のなかには、植物成長ホルモンのインドール酢酸等を生成したり、植物が生産するエチレンの合成を制御したりするものがいる。

この他、最近、ワイン等の発酵食品の場合は、材料に含まれている共生微生物が農産物の香り等、品質に直接的な影響を与えていることが報告されている。

◇根粒菌や菌根菌の働き

①根粒菌（細菌）

マメ科植物の根粒菌の形成には酸素が必要で、土壌の通気性が良いことが必要であり、堅密な粘土質土壌や湛水地では根粒菌の着生が悪い。また、窒素肥料を多量に施すと根粒菌の植物への感染率が低下するが、リン酸肥料には根粒菌の着生を促進する効果が見られる。

土壌中に自然に分布している根粒菌には、共生窒素固定能力の大きい有効菌から、ほとんど窒素固定能力のない寄生的な無効菌まで、各種の系統がある。したがって、マメ科作物を栽培する際には、無効菌が先に寄主植物の根に侵入しする前に、人工培養した有効根粒菌を種子に接種して、有効根粒を形成させる方法が行われることがある。

根粒菌の寿命は、多くは1年以内であり、マメの開花時期まで生長が見られるが、結実する頃から根粒の内容物は寄主植物に吸収され、次第に空洞になって崩壊し、同時に根粒内の根粒菌は土中に放出される。大豆では開花期以降に窒素を多く必要とするが、その時期には根粒菌の窒素固定による供給が期待できないことから、窒素追肥や開花期以降の地力窒素の発現が収量に大きく影響するとされている。

②菌根菌（糸状菌）

陸上の植物種の8～9割には、菌根菌と呼ばれる菌類が根に共生している。最も普遍的な菌根菌がアーバスキュラー菌根菌（以前はVA菌根菌と呼ばれたこともあるが、最近は一般にAM菌と呼ばれる）であり、非常に広範囲の植物種への共生が認められている。

AM菌は植物の根の組織に侵入、あるいは根組織表面に付着して、土壌からリン酸などの養分を吸収し、それを植物へ供給する。植物は光合成産物である糖類などを菌根菌へ供給する。

リン酸は土壌粒子に吸着されやすく、土壌中での移動速度は極めて遅い。そのため、植物は根のごく近傍にあるリン酸しか吸収利用できない。しかし、AM菌は外生菌糸を土壌中へ広く伸長し、リン酸を吸収し、菌糸を通して植物へ供給することができる。これが植物の生育改善につながる。

AM菌を作物へ接種することに

よって、リン酸の吸収を促進し、作物の収量を向上させ、リン酸肥料の節減することが可能である。とりわけ、リン酸肥沃度の低い土壌での効果が高いことから、AM菌の農業資材としての利用が世界的に進められている。

わが国においても、「VA菌根菌資材」として市販されている。AM菌は宿主特異性を示さず多くの植物種へ共生できるが、アブラナ科、アカザ科などには共生できない。また、AM菌と相性の良い作物であっても、品種によって、AM菌に対する応答性（接種効果の発現の程度）が異なることが知られている。

AM菌には、リン酸吸収以外にも様々な機能がある。すなわち、病害への抵抗性が高まる、乾燥ストレスなど環境ストレスへの抵抗性が高まる、果菜類の品質向上等が挙げられている。また、植物生育促進根圏細菌（PGPR）や病害拮抗微生物など他の植物生育に影響する微生物とAM菌とをともに接種することにより、相乗的に効果が高まることも報告されている。

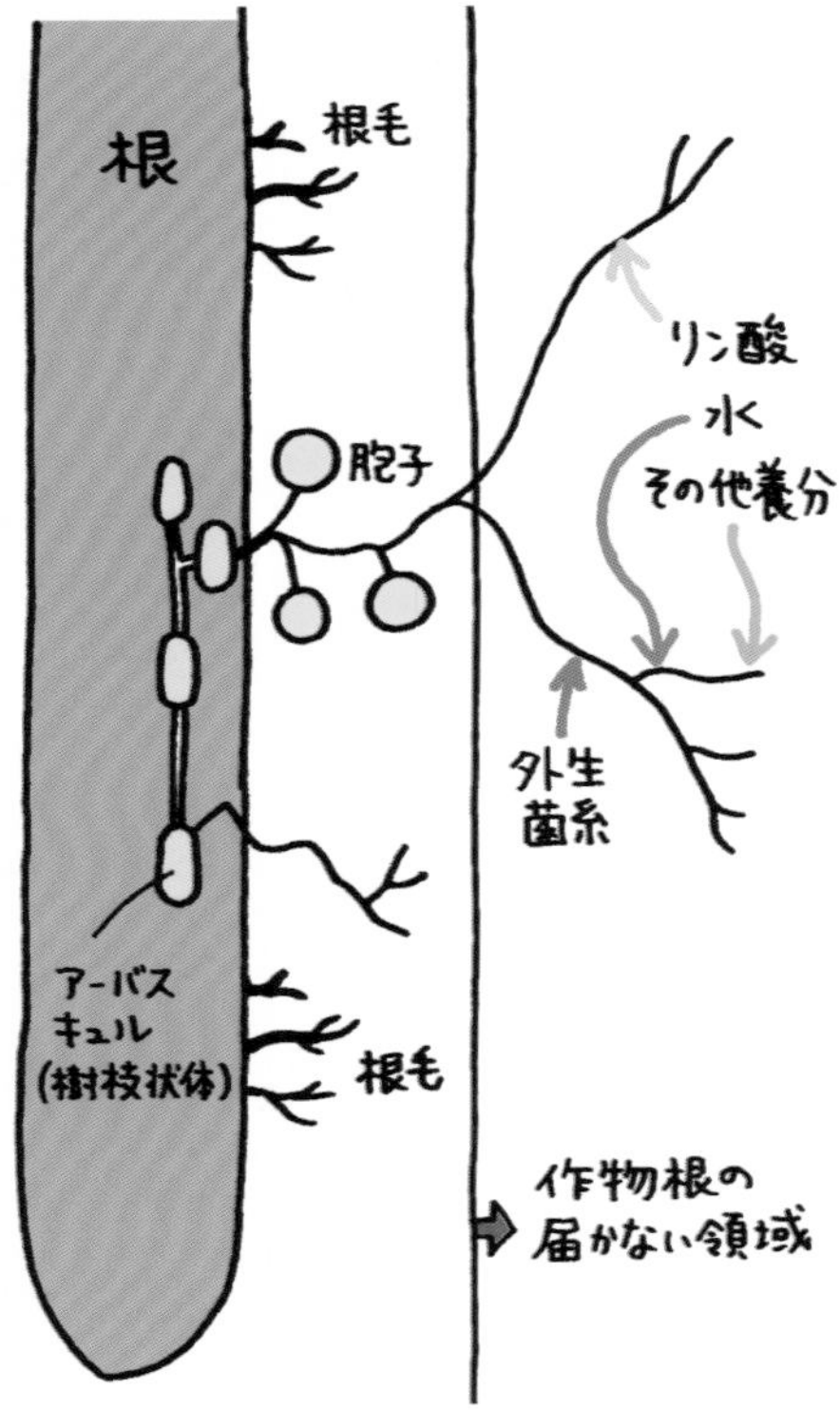

アーバスキュラー菌根菌（AM菌）と作物体の共生関係（模式図）

◇エンドファイトの働き

根圏で増殖した微生物には病原菌だけでなく有効微生物のなかにも、根へ感染、侵入し、植物体内で共生するものがある。植物体内で共生する微生物はエンドファイトと呼ばれる。

エンドファイト（内生菌）は、植物体内では細胞間隙や導管周辺などに生息し、植物から供給される糖や有機酸などを利用して増殖している。土壌中に生息するエンドファイト細菌は、根の細胞間隙等から植物体内に侵入することが知られている。エンドファイトのなかには植物の免疫力を高めたり、生育を促進したり、強光や高温、乾燥等の様々な環境ストレスに対する耐性を高めたりする菌がいることがわかってきている。

近年、エンドファイトのなかに、農業上有益な機能を持つものが見つかってきている。糸状菌のエンドファイトには麦角菌科の共生糸状菌のように、イネ科植物に感染し、耐病、耐虫性や耐乾性を付与するものがいる。これらの菌は、芝草、緑化用の植物、牧草の栽培に利用されている。一方、麦角菌科の牧草の共生糸状菌のなかには有害な物質を産生し、家畜に悪影響を与えているものもある。

細菌エンドファイトには、毒素を作らず植物の免疫力を高めたり、生育を促進したり、強光や高温、乾燥等の様々な環境ストレスに対する耐性を高めたりする菌がいることがわかり、注目されている。

エンドファイトのなかには、空中窒素の固定能力があるものがある。エンドファイト窒素固定細菌は、サトウキビで最初に発見された。この菌は、高濃度（10%）のショ糖中で旺盛に生育し、窒素固定を行う。

サトウキビ以外では、サツマイモ、熱帯イネ科牧草やパイナップルでも、エンドファイトの窒素固定による窒素供給がなされていることがわかってきている。

また、細菌エンドファイトにより病害耐性が宿主植物に付与されたという報告はトマト、レタス、イネなどでいくつかある。

エンドファイトは最適な作物への接種方法を開発することにより、多くの菌が競合する根圏よりも安定して微生物を作物に定着させられる可能性があることから、今後、その利用技術の確立が期待されている。

土壌病害虫の耕種的防除対策

土壌病害虫は、発病してからの防除は難しい。そのため、土壌病害虫が発生し、被害が生じた圃場では、作付け前に土壌消毒がなされることが多い。しかしいったん、土壌病害虫を発生させるとなかなか根絶させることは難しい。

環境保全型農業における土壌病害虫対策では、化学合成農薬のみに頼るのではなく、耕種的防除対策を取り入れて対策を進めている。耕種的防除対策については、一般に農薬に比較して導入の手間などの問題があることから、まだ十分普及しているとはいえないが、今後、一層重要視されてくる。

耕種的防除対策の内容

多くの野菜産地では、特定の野菜を連作するようになってから、土壌病原菌や有害センチュウの被害が発生し、その対策に頭を悩ましている。土壌病害虫が激発してから農薬を用いても防除が難しい場合があるが、菌密度を高めないように維持していけば、発生を少なくすることができる。そのためには、圃場の菌密度が高まらないよう、各種耕種的防除対策を取り入れて発生を抑制していくことが望ましい。

耕種的防除対策は、土壌病害や有害センチュウの種類とともに、ハウス栽培や露地栽培という栽培条件によっても実施される内容が異なる。

現在、行われている耕種的防除対策の種類や内容を栽培体系、作業体系、土壌、施肥管理、土壌消毒のジャンル別に整理してみると、次のページの表のようになる。

耕種的防除対策は、土壌病害虫の種類や特性とともに、栽培形態で実施する内容が異なる。どのような対策を行うのかを代表的な土壌病害虫の例で見てみる。

主な土壌病害虫の耕種的防除対策

区分	方法	内容
栽培体系	①輪作体系の導入	菌密度を低下させる。 イネ科作物を組み込むと良い。 田畑輪換はより効果的である。
	②対抗作物の活用	主にセンチュウ密度低下に効果的である。 センチュウの種類により効果のある対抗作物や品種が異なる。
	③おとり作物の活用	特定病害の菌密度を低下させる(例:根こぶ病の場合には青首ダイコンやエンバク(ヘイオーツ))。
	④作付け時期の移動	病原菌やセンチュウが最も発生しやすい温度の時期の作型をずらす(ホウレンソウ萎凋病は高温期に発生)。
	⑤発病抑止土壌の活用	土壌の種類によって特定の病害にかかりにくい土壌がある(例:根こぶ病は群馬県嬬恋村の黒ボク土の下層土の土壌ではかかりにくい)。
	⑥抵抗性品種や台木の活用	作物によって特定の病害やセンチュウに対する抵抗性品種や台木が開発されている。
作業体系	①健全な苗や種イモの活用	イチゴ炭疽病等は苗が発生源となることがある。ジャガイモそうか病等は種イモが発生源になることがある。
	②健全な育苗培土利用	育苗培土が発生源になることがある。
	③トラクタ等に付着した汚染土の除去	トラクタ等の圃場移動により汚染が拡大することがある。車輪等を洗浄する。
	④発病株は圃場外に持ち出し処分	菌密度を高めないようにするため、青枯病等の発病株は圃場外に持ち出し処分する。
	⑤剪定等に使用した刃物消毒	青枯病菌等細菌による病気は傷口から感染する。
土壌・施肥管理	①pH管理	病原菌によって発生に適したpHがある(根こぶ病菌は酸性側、そうか病は中性側で発生が多い)。
	②リン酸等の養分バランス	リン酸過剰は一般に発病を助長する傾向にあり、カルシウムは一般に発病を抑制する働きがある。
	③有機物管理	カニ殻等は糸状菌の病気を抑制する働きがある。
	④マルチ等による地温管理	病原菌やセンチュウの発生適温より低くするため白黒ダブルマルチを用いる。
	⑤排水対策	遊走子を持つ根こぶ病等は排水不良地で蔓延しやすい。
	⑥資材の活用	石灰窒素はセンチュウ等の抑制効果がある。
土壌消毒	①太陽熱土壌消毒	主にハウス内で土壌を湛水し、地温40℃以上でおおむね3週間程度持続させる。耐性菌が発生しにくい。
	②太陽熱土壌還元消毒	米ぬか等を土壌にすき込むことにより還元状態を強化する。地温35℃程度でも効果がある。耐病性菌が発生しにくい。
	③熱水土壌消毒、蒸気土壌消毒	熱水または蒸気により消毒するため、実施できる時期が広がる。重油利用等によりコストがかかる。

◇ハウス栽培

●ナス科作物の青枯病

病原菌が侵入すると、菌が導管内で増殖して、茎の導管部は褐変し萎凋、枯死する。土壌伝染性の細菌で、病気の進行は早く被害も激しい。導管が褐変した茎を水に浸すと、白濁液（病原細菌）が茎の切断部から噴出するので、萎凋病など糸状菌による萎凋性病害と識別できる。ナス、ピーマン、ジャガイモ等を侵す多犯性の病原菌で、水中を移動し伝染するとともに、収穫や剪定などの管理作業でも伝染するなどの特徴がある。地温が20℃を超えると発病し始め、25～37℃で発病は激しくなる。

耕種的防除対策としては、①発病株は圃場外に持ち出し処分すること、②剪定等に使用した刃物は消毒すること（青枯病は細菌によるものは傷口から侵入する）、③抵抗性品種や抵抗性台木を利用すること、④地温の上昇を抑えること、⑤水はけを良くすること、⑥太陽熱土壌還元消毒を行うこと、などがある。

◇露地栽培

●アブラナ科作物の根こぶ病

根こぶ病の病原菌は土壌中で遊走子となって土壌水分中を遊泳して拡散するので、排水不良土壌での発病が多い。また、根こぶ病は土壌pHが発病に関係し、pH6・0以下の酸性土壌で発病が多く、pH7・0程度に調整することにより発病が抑制される。

耕種的防除対策としては、他の病害と同様に、トラクタに付着した汚染土による病原菌の拡散を防ぐことが基本であり、その上で、①アブラナ科以外の作物と輪作すること、その際、輪作作物としてエンバクや葉ダイコン（おとり作物）を導入すると、土壌中の菌密度の低下が期待できる、②pHは特に発生が抑制される7・2～7・4程度に調整すること、③圃場の排水を図り、低湿地での作付けを避けること、などである。

●ジャガイモそうか病

そうか病の伝染経路としては種イモ伝染と土壌伝染の2つがあり、それら両方について病害対策を行う必要がある。土壌については、pHが高いく、あるいは交換酸度が小さいほど多発する。一般には土壌が乾燥している場合に多発しやすい。そうか病菌は放線菌で、土壌中の腐敗植物体上で長期間生存できる特性がある。

　耕種的防除対策としては、①無病種イモを利用すること、②土壌pHが高い圃場での栽培を避けること、または表層10㎝の土壌がpH5・0になるようpH調整すること、③バーク堆肥や未熟有機物の利用を避けること、④根菜類以外の作物と輪作すること、⑤塊茎形成期から11ヵ月間土壌pF2・3を目安に潅水すること、などである。

◇ハウス栽培と露地栽培共通

●有害センチュウ

　主な有害センチュウにはネコブセンチュウ、ネグサレセンチュウとシストセンチュウの3種類があるが、特に多くの作物に被害を及ぼすネコブセンチュウとネグサレセンチュウが問題となる。

　耕種的防除対策としては、センチュウ対抗作物（その栽培によりセンチュウの増殖が抑制される作物）やセンチュウ抵抗性品種の利用、太陽熱土壌消毒の利用や輪作体系の導入がある。ただし、輪作体系の導入に当たっては、輪作作物の選定を慎重に行わなければならない。

最近の主な耕種的防除対策技術の動き

　土壌病害やセンチュウ害の対策について現状では、一般に農薬による土壌消毒が多いが、近年、環境保全型農業推進のなかで、耕種的防除対策を取り入れて実施する地域が多くなってきている。また、最近難防除土壌病害虫の耕種的防除対策について、技術開発も進んできている。

◇ハウス栽培

　ナス科作物で大きな問題となっている青枯病は、農薬による土壌消毒以外では、一般に抵抗性台木の活用とともに、太陽熱土壌還元消毒を導入しているところが多い。

　しかし、栽培条件によっては必ずしも十分な効果が得られてはいない。

　青枯病菌は水とともに移動しやすく、作土の深いところまで病原菌が存在している。センチュウについても同様で、水で移動しやすいことから深さ30㎝以下の深い土層にまで存在している。土壌燻蒸剤や一般の太陽熱土壌消毒による消毒で効果があるのは作土層で、おおむね30㎝程度の深さまでであり、それより深いところに存在する病原菌や有害センチュウまでは効果が及ばない。

●土層深層部の病害虫対策

深層部の土壌病害虫対策としては、深層まで消毒できる廃糖蜜を利用した土壌還元消毒や、米ぬかを用いた土壌深耕還元消毒が一部で利用されている。

土壌深耕還元消毒は、作土層（20㎝まで）より下の層に生息する土壌病害虫をも死滅させることを目的に改良されたもので、深耕ロータリを使用して深さ40㎝までに米ぬか等をすき込み、還元消毒するものである。

また、廃糖蜜を用いた土壌還元消毒法は、深さ50㎝程度までの土壌消毒が可能であり、トマト等の青枯病、ネコブセンチュウ等に対して高い防除効果が得られている。

また、最近、低濃度エタノールを用いた土壌還元消毒法が開発されており、これも土壌深層部の土壌病害虫消毒を可能としている。これは、低濃度エタノールを殺菌剤として活用するものではなく、低濃度エタノールを土壌に投入することで土壌微生物が増殖して酸素が消費され、土壌が還元状態となることで土壌病害虫を減少、死滅させるというものである。

廃糖蜜や低濃度エタノールを利用した土壌還元消毒法は、いずれもコストが従来法に比較して高くなることが課題である。

●高接ぎ木法との組み合わせによる青枯病対策

青枯病については、抵抗性台木品種を用いた接ぎ木法が効果のある防除法として広く普及している。しかし、近年、従来の接ぎ木栽培を行っても青枯病の被害を抑えられないことが多くなり、その改善法として高接ぎ木法が開発されてきている。青枯病はこれにより抑えることができる。

青枯病の発生の多い圃場や、その他土壌病害やセンチュウ害の被害の多い圃場では、各種方法を組み合わせて行うとより効果的な場合がある。これについて、深層まで消毒できる廃糖蜜を利用した土壌還元消毒、または土壌深耕還元消毒を行った後、1作目は慣行接ぎ木、2作目以降は高接ぎ木と組み合わせて実施すると、高い防除効果が持続できたという報告がある。このように、高接ぎ木法は、土壌還元消毒などと組み合わせた総合防除体系のなかで、より効果的な青枯病防除技術として活用できる。

●チャガラシすき込みによる青枯病、有害センチュウ等防除対策

アブラナ科緑肥作物のチャガラシが注目されている。チャガラシに含まれる抗菌成分であるアリルイソチオシアネートは、青枯病菌や有害センチュウ等の生育を抑制する。チャガラシを開花期まで栽培し、茎葉を細断してロータリで土壌にすき込んで潅水し、地表面を透明ビニルで約3週間被覆する。チャガラシの土壌混和による防除効果は、特に25℃以上の場合に高い。青枯病の他、ネコブセンチュウ、ホウレンソウ萎凋病等でも防除効果が認められている。

また、アブラナ科作物のダイコンも辛み成分を保有しており、ダイコン残さ物を土壌にすき込むとホウレンソウ萎凋病の発病が抑制されたとする報告がある。

ダイコン残さ物が大量に発生する地域で可能な方法と考えられる。

●土壌還元消毒後の施肥

太陽熱土壌還元消毒については米ぬかやふすまを多く用いるが、こうした有機物を多量に施用した場合、後作の養分管理が課題となる。

通常の太陽熱土壌還元消毒の場合には、米ぬかを1t/10a使用するが、土壌深耕還元消毒の場合には通常、米ぬかが2t/10a使用される。米ぬかを2t/10a使用した場合のトマト施肥について調査した結果がある。

これによると、トマトに対する窒素肥効は1作目の基肥（10kg/10a）および初回の追肥（4kg/10a）を合わせたものと同程度の肥効があり、この施肥量を削減できるとしている。それ以降の窒素肥効は、土壌消毒後の1作目で消失し、翌年への残効はほとんどなく、翌年以降の施肥管理は、通常どおり行うことができるとしている。また、土壌還元消毒実施後の堆肥施用は窒素過多を招くおそれがあるので、消毒当年は施用を控えるのが適当であるとしている。

◇露地栽培

露地栽培で大きな問題となって

いるジャガイモそうか病については、寄主となる作物が栽培されていなくても、土壌中の有機物を栄養源として長期間の生存が可能である。いったん発生すると発病を抑制することはたいへん困難である。

そうか病の伝染経路としては種イモ伝染と土壌伝染の2つがあり、この両方について病害対策を行う必要がある。

●大麦発酵濃縮液と米ぬかによるそうか病の発生抑制

麦焼酎製造で発生する残さを原料とする液状肥料である大麦発酵濃縮液を種イモにコーティング処理することにより、そうか病の種イモ伝染が抑制されることが明らかとなっている。

また、種イモの作付け直前の生米ぬかの全層施用（10ａ当たり200～300kg）が、そうか病の発病軽減に効果があることも明らかとなっている。この要因については、有用微生物群が米ぬか施用により土壌中で増加し、それがそうか病菌の減少に関与していると考えられている。

●サツマイモの遅植えとマルチ資材の活用とによるネコブセンチュウ抑制

土壌中のセンチュウ頭数は地温が高くなると増加し、センチュウ被害が拡大するので、サツマイモでは遅い時期の作型で被害が出にくい傾向にある。

こうしたことから、サツマイモの挿苗時期を遅らせるとともに、地温の上がりにくいマルチ資材を用いて栽培すると、ネコブセンチュウの被害が抑えられたとする報告がある。4月挿苗で透明マルチ栽培をした場合や、5月挿苗で黒マルチ栽培をした場合にはセンチュウ害が多く発生したが、6月挿苗で無マルチ栽培をした場合にはほとんどセンチュウ害が発生しなかったとしている。また、マルチ資材についても、透明マルチや黒マルチ栽培に比べ、白黒ダブルマルチや無マルチ栽培ではセンチュウの頭数増加が少なく、被害の発生が抑制されたとしている。

●ダイコンとサツマイモの輪作体系によるネコブセンチュウ発生抑制

サツマイモ栽培前に耕うん、畝立てを行った場合に比べて、ダイコン－サツマイモ畝連続使用栽培では、ネコブセンチュウによるサツマイモの被害（塊根のくびれや割れなど）が軽減されることが明らかにされている。

土壌中のセンチュウ頭数は冬季から春季にかけて低下するが、土壌表層では大きく低下するのに対し、深い層では多くが生き残っている。したがって、春季に耕うん、畝立てを行う慣行栽培体系では、土壌の深い層に残っているセンチュウを畝のなかに混ぜ込んでしまうが、畝連続使用栽培はセンチュウの畝内への混ぜ込みを回避できる。実証試験の結果、サツマイモ栽培前に耕うん、畝立てを行った場合に比べて、畝連続使用栽培ではサツマイモのセンチュウ害が軽減されたとしている。

畝連続使用栽培では耕うん、畝立てによる土壌の攪乱がないため、畝上層のセンチュウ密度が低い状態をサツマイモ栽培前にも維持できることが、センチュウ被害を軽減の一因であると考えられている。

また、ダイコン－サツマイモ畝連続使用栽培では、土壌に残存した養分や前作で使用した資材を有効に利用できるメリットもある。

農耕地の物理性の変化と農作物への影響と対策

近年、気候変化によって局地的豪雨が増加してきているとともに、温暖化が進んできており、農作物生産に大きな影響を及ぼしている。農作物の被害拡大の要因は気象変化のみではなく、農耕地が気象被害を受けやすい土壌になってきていることも要因として指摘されている。最近では気候変化による農作物被害のなかで、特に豪雨による被害が目立つようになってきている。

近年の農耕地土壌の物理性変化

◆畑地土壌の物理性

全国の農耕地土壌の化学性や物理性の変化については、定点調査（農林水産省の土壌保全対策事業）が1979年から1998年にわたって5年間隔で行われてきた。

この調査結果を見ると、近年、畑地土壌では全体的に①土壌の緻密度が増し、土が硬くなってきている圃場が多くなってきているとともに、②作土層下に硬盤層が形成されている圃場が多くなってきている。また、樹園地においても、土が硬くなってきている圃場が多く見られる。

千葉県の代表的な畑地土壌である表層腐植質黒ボク土の露地畑においては、作土の有効孔隙率は、1984～1988年の17％をピークに減少し、1994～1998年では10％程度になっている。作土の団粒構造が有機物施用の減少により破壊されてきていると考えられる。

また、北海道のような大規模畑作地帯においても土壌の緻密度が高まってきており、その要因として、堆肥等有機物の施用量が減少してきていることが指摘されている。

水田においては水田転作により

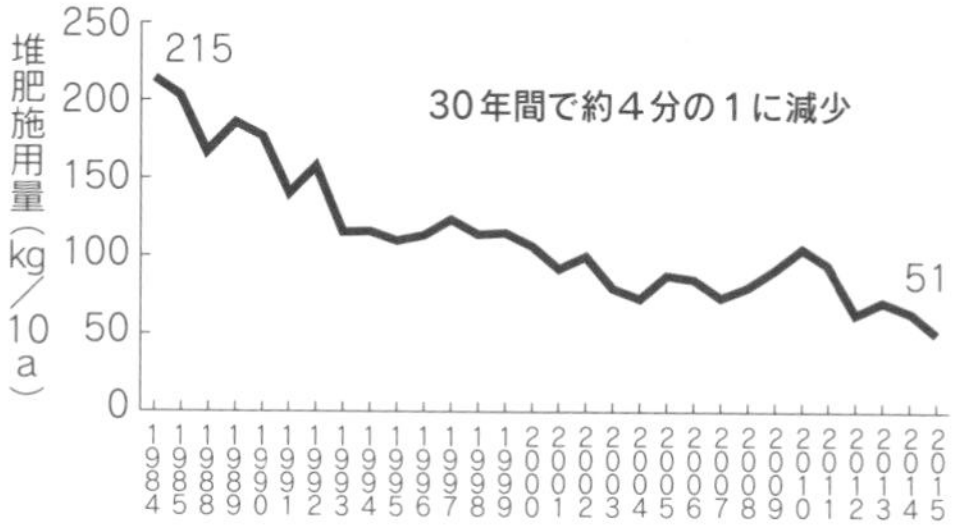

水田への堆肥施用量の推移
（1984 ～ 2015 年）
資料：農林水産省調べ

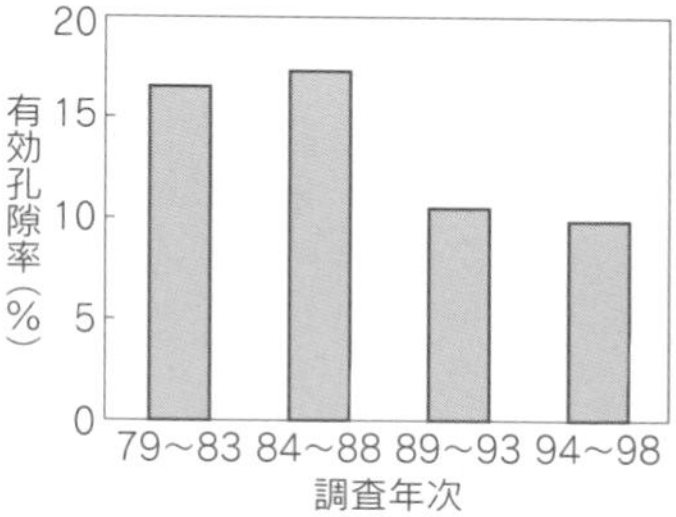

黒ボク土壌の露地畑における
有効孔隙率の変化
資料：千葉県農試

畑利用が進み、多くの水田で野菜等が栽培されるようになってきている。水田は湛水するため鋤床層があることから、野菜等畑作物の栽培では湿害を受けやすい。このため、土地改良事業により排水改良が行われてきている。

こうしたことにより水田の乾田化は進んできているが、全体的に水田土壌の緻密度は高まってきている。その要因としては、堆肥等有機物の施用量が少なくなってきていることが挙げられる。

水田土壌の腐植含量の推移を見ると、水田ではコンバイン収穫後に稲わらが還元されることが多いので、水田単作地域では腐植含量が維持されている地域もある。しかし、二毛作地域、水田転作等の畑利用地域では、土壌有機物が消耗しやすく、腐植含量が低下してきている地域が多い。

堆肥施用量が減少してきている要因としては、地域によって異なるが、堆肥が入手しにくくなっていることや、堆肥散布等の労力が不足してきていること等が挙げられる。

また、近年、水田の乾田化が進み、土壌有機物の消耗が大きくなってきていることや、ロータリ耕が一般的になってきていることも、土壌緻密度を高めたり、硬盤層を形成しやすくしている要因として挙げられている。

一般にトラクタ等の大型農業機械による土壌踏圧とともに、ロータリ耕によって耕うん下に硬盤層が形成されやすいが、腐植含量の高い圃場では、低い圃場と比較して硬盤の土壌硬度が高くなりにくい。特に硬い硬盤層が形成されると、作物根の伸張範囲が制限されたり、排水不良により根に障害が生じて生育に影響する。

この他、樹園地においても清耕栽培園を中心に、全体的に土壌の緻密度が高まってきている。果樹で栽培年数を経るにしたがい樹勢が低下してくる例が見られるが、多くの場合、土壌の緻密度が高まり、根張りが悪くなってきたことが要因として挙げられている。

こうした状況は、スピードスプレヤー等農業機械の普及による踏圧や有機物の施用不足などが影響していると考えられる。

畑地土壌では、腐植含量の低下等による土壌緻密度の高まりや、硬盤層の形成によって土壌表面に水が溜まり、湿害が発生しやすい状況になってきている。

気象庁の報告によれば、近年の気候変化によって局地的豪雨は増加傾向にあり、一時間に50㎜以上の豪雨の発生回数は、この30年で約1・4倍に増加しているとしている。また、今後とも局地的豪雨は増加していくと予測している。

こうしたことから、豪雨による農作物の被害を受けにくい圃場に改善していくことが必要である。

◆水田土壌

水田では近年、土壌の作土深が全体的に浅くなってきているとともに、土壌が硬くなってきている。この背景としては、水田では急速に規模拡大が進んできており、効率的にロータリ耕を進めていく必要があること等が影響していると考えられる。

また、作土深が浅くなってきている要因としては、乾田化の進行や腐植含量の低下が背景にあると指摘されている。

福井県の調査によれば、県内水田の地区別比較で、湿田が減少し、乾田が大幅に増加した地区で

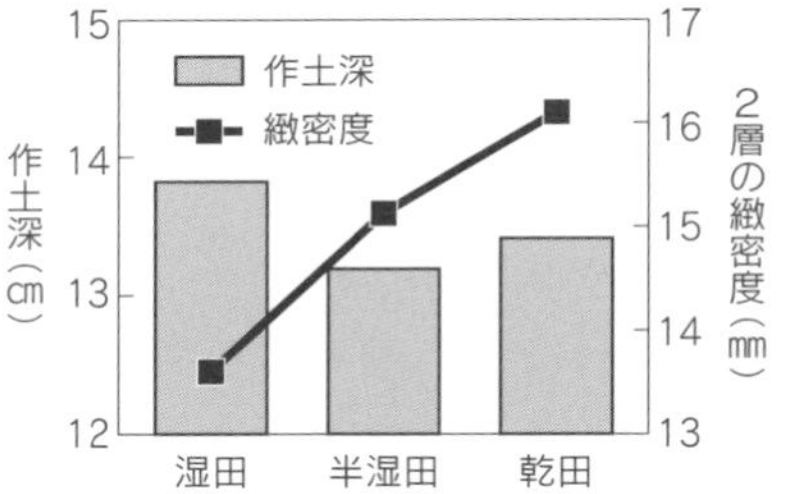

乾田、半湿田および湿田別の作土深と鋤床層（第２層）の緻密度

資料：福井県

は、作土深が浅くなってきている。

また、乾田では、鋤床層（第2層）の緻密度が高くなっていることが明らかになっている。

県の調査によると、鋤床層（第2層）の緻密度は、乾田＞半湿田＞湿田の順に高くなり、作土深は湿田が半湿田や乾田に比べ深くなっている。これは、乾田化によって鋤床層（第2層）が硬くなり、ロータリ耕の作業性が悪くなったこと等から作土深が浅くなったものと考えられている。

水田の乾田化は今後、畑利用していくために重要であり、本来であればこれと相まって、堆肥等有機物の施用量を増やしていくことが望ましい。今後、腐植含量の低い圃場では、堆肥等有機物の施用量を増加させていく必要がある。

農耕地の排水性の変化と農作物への影響

◆畑圃場の排水性と野菜の収量、品質

近年、局地的豪雨などにより露地野菜等に湿害が発生し、野菜の価格が高騰することが多くなってきている。露地野菜の中でも湿害を受けやすい作物と受けにくい作物とがあり、耐湿性の低い作物としてキャベツ、ホウレンソウ、ネギ等があり、耐湿性の高い作物としてはサトイモ、ミツバ等がある。

また、圃場の排水性は土壌病原菌やセンチュウの発生に大きく影響する。

こうしたことから、野菜の栽培特性等を考慮して圃場の選定を行うとともに、排水改良対策を行っていく必要がある。

●圃場の排水性と主な野菜の特性

ネギ

ネギの酸素要求性は、野菜の中では大きい方であり、排水の悪い圃場では生育が劣り、湛水が続くと枯れてしまう。ネギの根は多くの酸素を必要とし、浅根性でほと

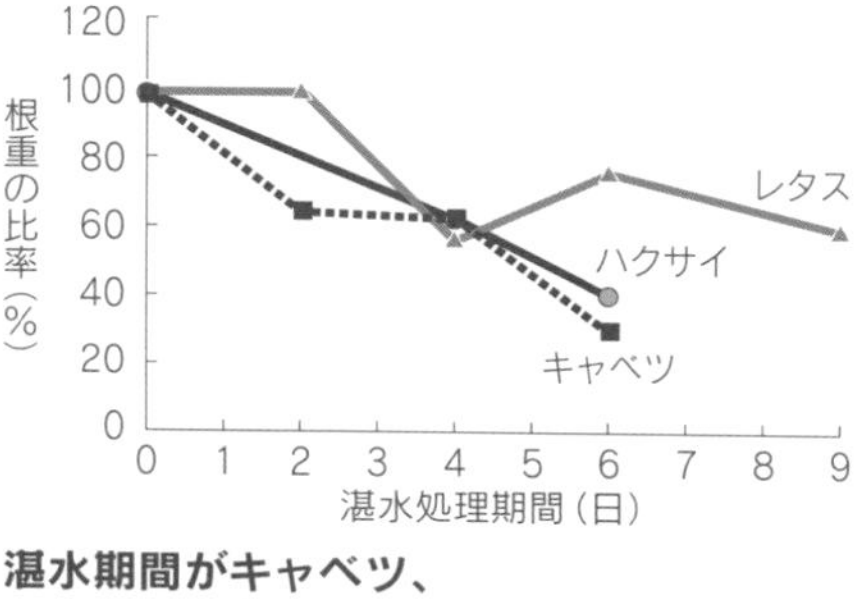

湛水期間がキャベツ、ハクサイやレタスの根重に与える影響

注：温度30℃での根重比率

資料：長野県営農技術センター（一部改変）

んどの根が作土中に分布する。特に根深ネギのように軟白栽培の場合には、深植えをするので排水の良い圃場であることが必要である。ネギは過湿に弱いため、栽培する圃場は排水性や通気性が良好である必要がある。

また、土壌の排水性とともに通気性を良くすることにより、生育量が増大し、養分吸収量も増加する。

湿害によって欠株が多発した根深ネギ圃場

キャベツ

キャベツは野菜のなかでも過湿に対して最も弱い部類に属し、ハクサイやレタスより弱く、湛水期間が長くなると根傷みが早い。根群分布が比較的表層に近い浅根性の作物であることが、水分の増減への影響を大きくしている。排水不良の圃場や地下水位の高い圃場では、土壌の通気性が悪いので生育が劣る。特に高温期に雨が多い場合には急に草勢が衰えることがある。

●圃場の排水性と土壌病害やセンチュウ害の発生

土壌水分は、病原菌の土壌中での生存や活動と密接な関係を持っている。アブラナ科作物の根こぶ病菌、フィトフトラ（疫病）菌、ピシウム菌（野菜苗立枯病、ハクサイ腐敗病）等は、土壌孔隙や地表の水の中を遊泳する遊走子を形成して、それが病原菌の作物根への伝染の主な手段となっている。こうしたことから、圃場の排水性が悪いと、この種の遊走子を持った病害が蔓延しやすい。

また、作物に大きな被害をもたらすセンチュウは、基本的に水棲動物である。土壌中では通常、土壌の水分に被われた状態で生活している。したがって、センチュウの健全な棲息には水分が欠かせず、排水が悪く土壌水分の多い状態で蔓延しやすい。

土壌物理性改善についての今後の対応

近年、農作物の湿害等が多発するようになってきた要因としては、これまで述べてきたように気候変化が最も大きいが、農耕地の土壌物理性の低下も挙げられる。

気候変化のなかで特に最近、特徴的なことは局地的豪雨が増加してきたことであり、こうしたなかでこれまでとは排水対策の考え方を変えて対応する必要が生じてきている。

今後の圃場排水改善や土壌物理性の改善についての対応としては、次のようなことが重要である。

◆圃場の表面排水に重点を置いた対応

従来の暗渠施工により地下浸透を促すだけでなく、局地的豪雨によって圃場表面に湛水した水を、いかに早く排水するかが必要である。そのためには、圃場の表面排水に重点を置いた営農排水対策が重要となっている。

◆有機物施用による土壌緻密度の改善

近年、特に水田では堆肥等有機物施用量が減少してきており、土壌が硬い圃場が目立ってきている。こうした圃場に対して、堆肥等有機物を施用する必要がある。

◆硬盤層が形成されている圃場での硬盤層破砕

大型農業機械による土壌への圧密等により水田、畑地とも硬盤層が形成されている圃場が多く見られる。特に水田では乾田化ともあいまって、土層に硬盤層が形成されている圃場が多く見られる。こうした圃場では、サブソイラ等により硬盤層を破砕する必要がある。

◆作土深の浅い水田圃場での作土層の深化

水田では近年、作土深が浅くなってきていること等により、水稲の登熟期の高温による白未熟粒の発生が多く見られている。特に砂質の水田では、作土深の浅さが白未熟粒の発生に大きく影響することから、作土深を15～20㎝程度にしていくことが重要である。

湿害等の改善に向けた営農排水対策

近年の降雨の特徴

　近年、温暖化等にともなう気候変化によって局地的豪雨は増加傾向にある。気象庁によれば、1970年代後半にアメダスの観測を開始して以降の結果を見ると、1時間降水量が50㎜以上（非常に激しい雨）の発生回数は、増加する傾向が明瞭に現れている。

　こうしたゲリラ豪雨ともいわれる激しい雨の降り方は気候温暖化と密接なつながりがあり、気象庁では今後とも温暖化が進行すると、このような豪雨の頻度も日本のほとんどの地域で増加すると予測している。

　1時間に50㎜の降雨があった場合、10ａ当たりでは、200Ｌのドラム缶250本に相当する雨が降ったことになる。こうしたゲリラ豪雨の場合、圃場の地下浸透を待つ余裕がない。

排水対策の進め方

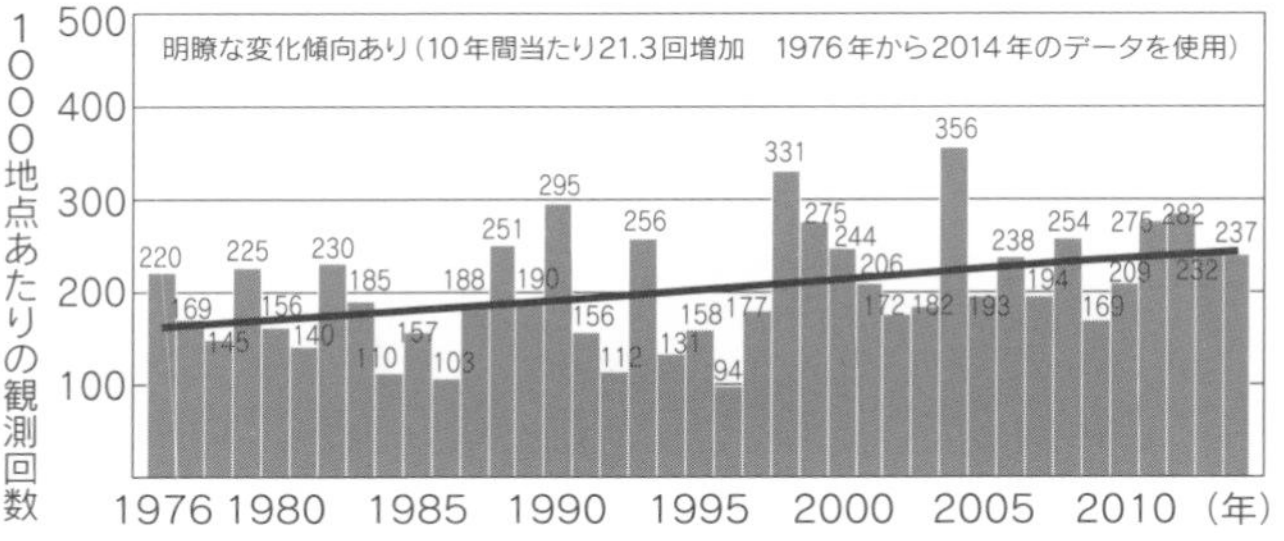

アメダス地点で1時間降水量が50mm以上となった観測回数の経年変化

資料：気象庁

　圃場の排水対策としては、地表からの排水対策と暗渠などによる地下排水対策がある。1時間に50㎜の降雨といった大量の水は、平地の畑では湛水状態になり農作物に大きな被害を与えるので、すみやかに圃場外に排水する必要がある。ゲリラ豪雨の場合には、地表からの排水を行うことがまずもって重要である。このための方法としては、明渠の施工や高畝栽培の導入が適当である。地下水位や排水路の水位が高い圃場では地下排水がしにくいが、こうした場合でも、明渠の施工で一定の排水効果が得られた事例がある。

また、表面排水をスムーズに行う方法として、レーザーレベラーを用いて圃場面全体に傾斜をつける方法がある。これによって、表面滞水が発生しやすい凹地が解消されるとともに、緩傾斜によって表面排水が促される。

圃場全面が冠水するような場合は別として、高畝や培土（土寄せ）栽培も湿害を軽減する。

表面排水とともに、地下浸透しやすくしていくことが重要である。それには、硬盤破砕や簡易暗渠による対策とともに、堆肥等有機物の施用が必要である。有機物が不足すると粘土等が単粒化し、強い降雨で濁り水となって、せっかく硬盤破砕を施工した跡に水が溜まったり、排水溝が閉塞したりしてしまうことがある。

圃場表面排水対策

◆額縁明渠

一刻も早く地表（表面）排水を促す方法として額縁明渠がある。

額縁明渠は畦畔に沿って掘った排水溝で、溝掘機等を使用して20～30㎝の深さで落水口につなぐよう施工するものである。

区画が大きい場合や粘土質土壌で排水条件が悪い圃場では、圃場内にも適宜明渠を作ると、効果的に排水ができる。その際、必ず

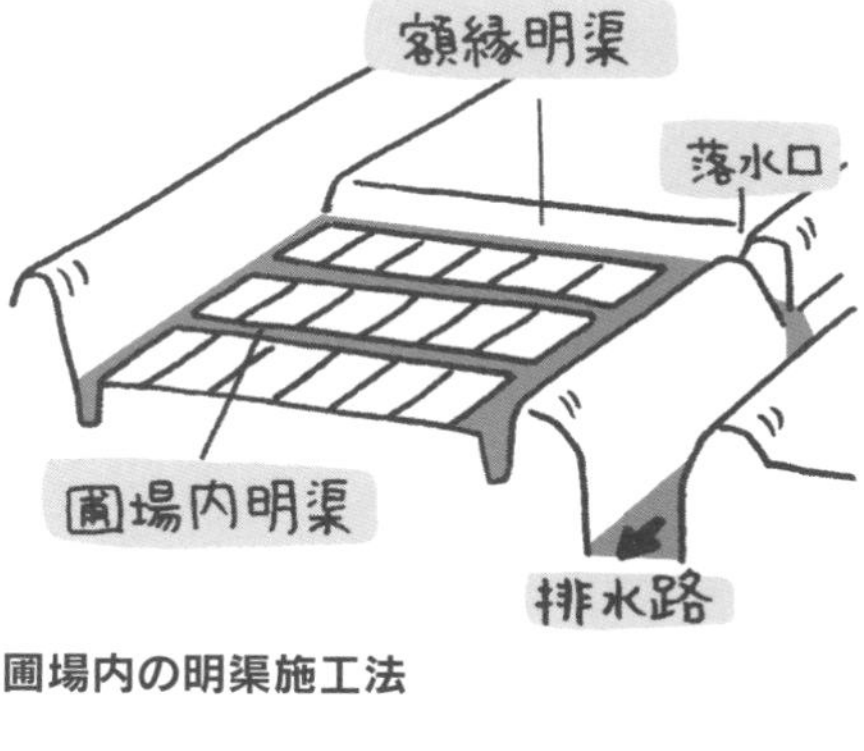

圃場内の明渠施工法

溝をつないで排水路への水の出口（水みち）を確保することが必要である。明渠による表面排水は、田畑転換圃場はもちろん、恒久的に畑地化した圃場にとっても有効な方法である。

◆レーザーレベラーを用いて圃場面全体に傾斜をつける方法

　圃場均平化を目的に使われるレーザー均平機の多くは、均平化作業と同様に1／500～1／1000程度の緩傾斜をつける「傾斜均平化」を行うことが可能である。これにより、表面滞水が発生しやすい凹地が解消されるとともに、緩傾斜によって表面排水が促される。

　この場合は作土深の偏りが生ずるので、前もって作土を深くしておく必要がある。緩傾斜工を行った場合も、額縁明渠の施工は有効である。

　なお、1／1000（100mで10cm）の傾斜でも、排水効果が確認されている。

　これらが一般的な表面排水対策であるが、高畝栽培を組み合わせるとより効果的である。

地下排水対策

　土層内に硬盤があったり、心土が硬く水を通しにくい土壌では、降雨によって湛水しやすい。このため、心土破砕を行う作業機によって土層中に大きな孔隙を作り、地下浸透しやすくする必要がある。このような硬盤等破砕対策は問題が発生してから行うことが多いが、こうした対策を行う前に、硬盤層ができにくくする対応も重要である。

　土壌水分が高い条件でのプラウ耕は、練り返しや踏圧を助長し、透排水性を低下させる原因となる。圃場が乾かない時には耕うんを見送るなどの対応が必要である。

　地下排水対策に関する主な作業機や簡易暗渠の工法としては、次のようなものがある。

◆地下排水対策を行うための作業機

●サブソイラ（心土破砕と弾丸暗渠）

　心土破砕は、硬盤などの緻密な層を線状に破壊して多くの亀裂を

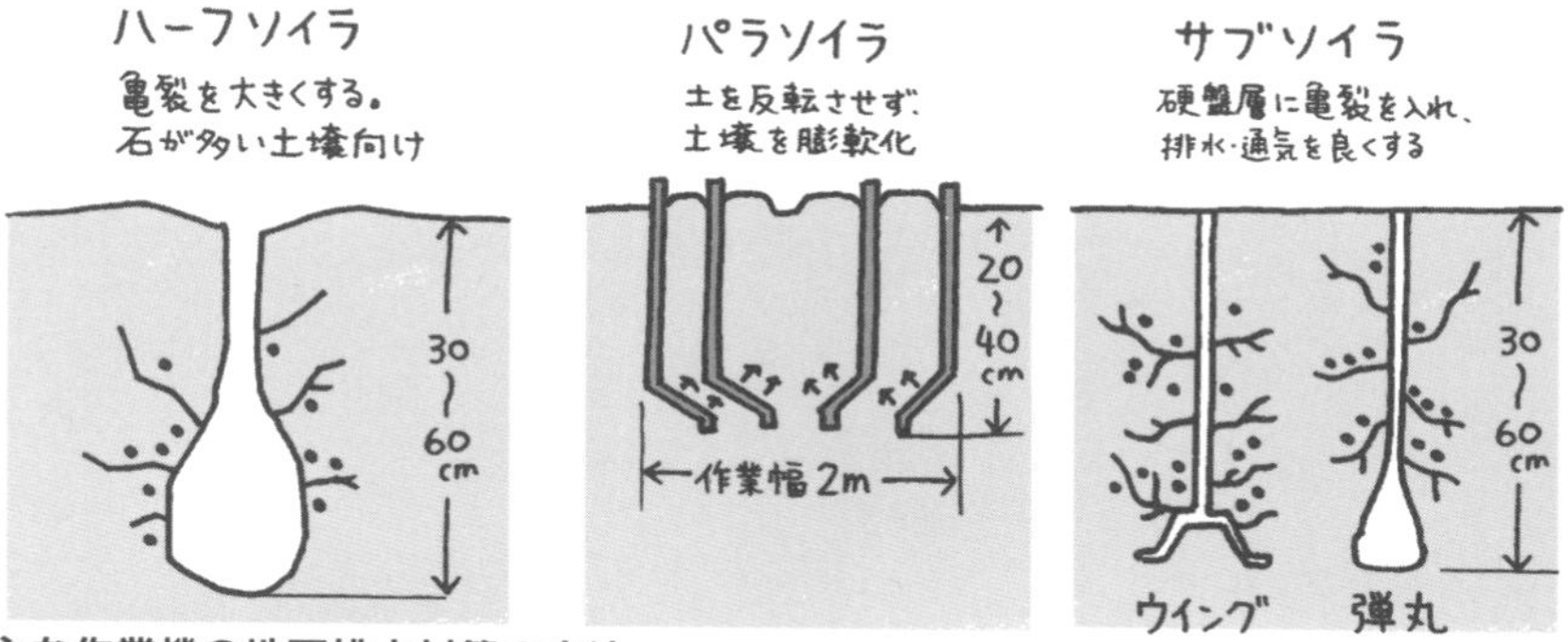

主な作業機の地下排水対策の方法

作り、排水性や通気性を良くする。心土破砕には、主にサブソイラが用いられる。

サブソイラに弾丸を付けて、心土破砕と弾丸暗渠の施工を同時に行うのが一般的である。

●プラソイラ（部分深耕・全層破砕）

プラソイラはサブソイラのように心土破砕を行うだけでなく、部分的に下層の土壌を表層に持ち上げる効果がある。

●ハーフソイラ（強力な心土破砕）

水分の多い粘土質の圃場では、亀裂が閉塞しやすいため、より亀裂を大きくしたい時にはハーフソイラを使用する。地中のみを撹拌し、下層土を表層に持ち上げることがないため、下層に石や栽培に適さない土壌が多い圃場でも使用できる。

●パラソイラ（無反転全層破砕）

土を反転させず上下に動かす「くの字型ナイフ」により、下層の土を表に出さずに土を膨軟にし、

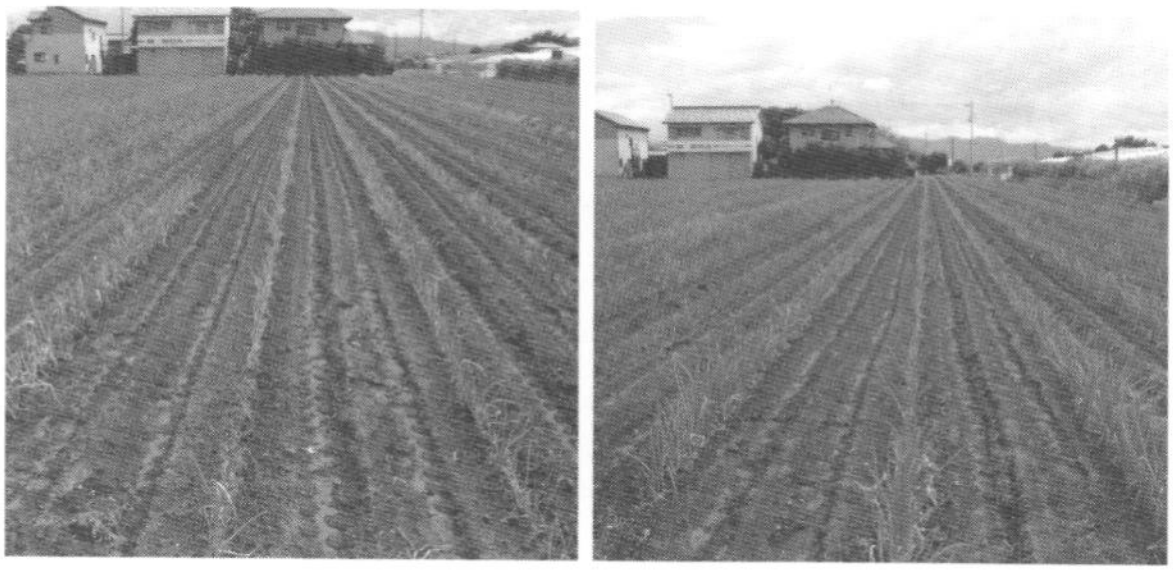

パラソイラー施工区（右）と無施工区（左）のネギの生育（埼玉県深谷市）

パラソイラーを施工しなかった区のネギは、湿害を受けている。

透排水性の向上を促す。ほとんどの土壌で使用できるが、翌年復田を予定している圃場は、漏水過多の恐れがある。

硬盤破砕による排水性や通気性改善の効果は、サブソイラなどの施工で作られる大きな亀裂や孔が、水みちや空気の流れる道になることで発揮される。しかし、粘土が多い土壌で、しかも水分が多い状態で施工すると亀裂ができにくく、また、できても比較的早く閉塞して大きな排水効果は期待できない。そのため、土壌が乾いている時期にゆっくりと施工することが亀裂をつくるポイントになる。また、亀裂が閉塞しやすい土壌ほど、ハーフソイラなど広幅な心土破砕機が効果的である。

◇簡易暗渠の方法

●カットドレーン（カットドレーンmini）（穿孔暗渠）

泥炭土または粘土質土壌では、土層をブロック状に切断して動かすことで、暗渠と同程度までの深さに約10㎝四方の穴（カットドレーンmini穴は6㎝四方）を開け、排水のための水みちを作る。心土が粘質で過湿な土壌に適し、砂礫に富む圃場では使用できない。

暗渠のない田んぼでは、集水枡を作るか、畦畔を越えて、排水路側畦畔から施工することによって、本暗渠の役割を果たす。暗渠のある田んぼでは、暗渠に交差して施工し、補助暗渠の役割をする。

「カットドレーンmini」は、従来の弾丸暗渠よりも通水性と耐久性が高い大きな空洞を土中の深くに作り、土中の余剰水を速やかに下層の通水空洞に集水して、既存暗渠や空洞を通じて圃場外に排出することで、圃場の排水性を高める。

●モミサブロー（籾殻簡易暗渠）

湿田タイプの土壌に適するもので、暗渠管は用いない。既存の暗渠に直交して、深さ40㎝程度に溝切り機で溝を切り、籾殻を十分踏み固めながら作土直下まで入れる。

機械的に溝を切りながら籾殻を充填するモミサブローは、サブソイラや弾丸暗渠のように密に施工できる。

◇圃場の排水性の相違による施工法の選択

土性、地下水位等により、圃場ごとの排水性に相違があることか

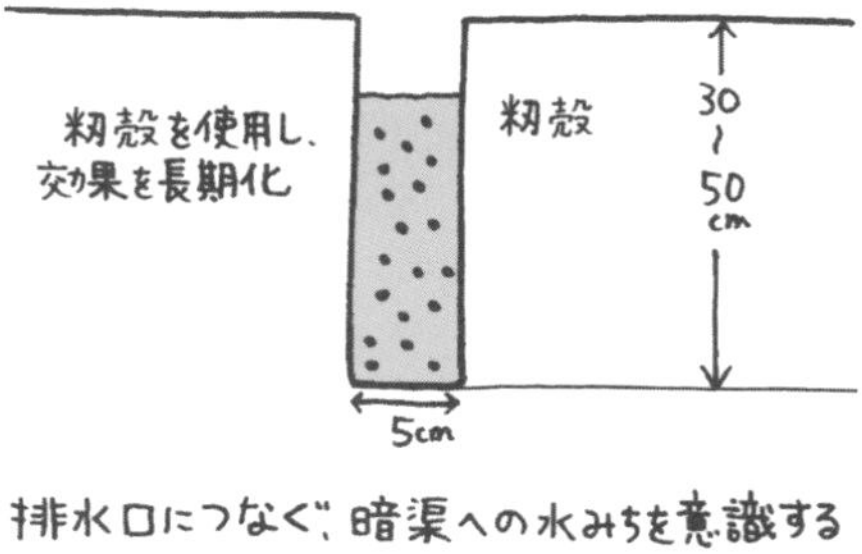

モミサブローによる施工断面図

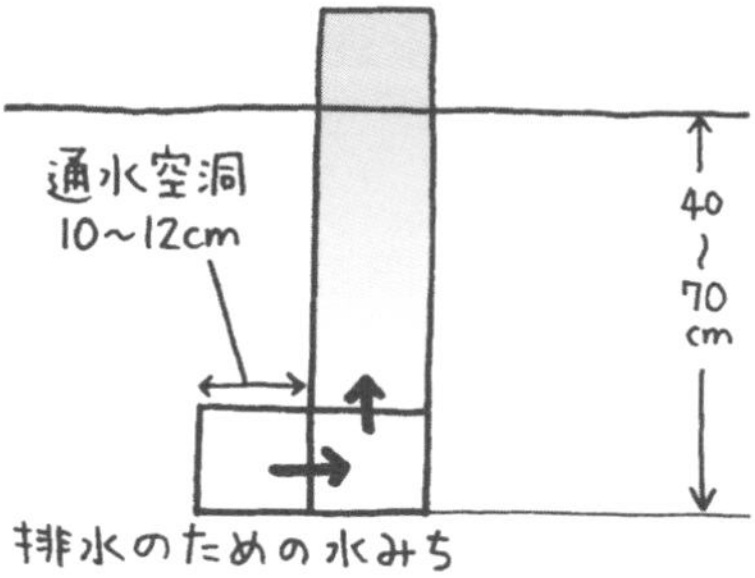

カットドレーンによる施工断面

ら、圃場の排水性に応じた地下排水対策の施工を行う必要がある。これまで述べた心土破砕の作業機の間には排水改善の効果に差があり、一般に、より排水改善効果の高い順にパラソイラ＞ハーフソイラ＞サブソイラとされている。

　また、単独の作業機による施工よりも、簡易暗渠と組み合わせた施工がより効果的である。組み合わせ施工の中では、カットドレーンで大きな水みちを作り、パラソイラで硬盤を全面破砕する方法が最も強力であり、次いで、カットドレーンで施工し、サブソイラによる硬盤破砕が効果的とされている。

　なお、田畑輪換を行う場合には、復田時の漏水や田植え機を支持する硬盤の不安定性のリスクも考慮して、工法を選択する必要がある。

緑肥作物等の活用

　堆肥や緑肥などの有機物施用は、土壌の緻密化の軽減とともに、土壌の団粒構造形成などを通じて土壌の透排水性を改善する。

　堆肥は地域によって大量に入手しにくい場合があるが、こうした場合や深層の排水性を高めるために、緑肥作物の導入は効果的である。その場合、この目的にあった緑肥作物の種類を選択することが重要である。

　岡山県の笠岡湾干拓地は1990年までに872haの畑地が造成されたが、強粘質土壌が多いこ

緑肥作物の根の伸長と土壌中の亀裂の形成

緑肥作物	根の深さ（cm）		亀裂の深さ（cm）	グライ斑の出現位置（cm）	グライ層の出現位置（cm）
	小根	細根			
セスバニア	75	75	75	75	—
クロタラリア	31	62	62	62	—
ソルガム	12	32	30	52	80
対照（なし）	なし	なし	なし	50	80

資料：岡山県立農業試験場
注：①小根：直径2～5mm、細根:直径2mm以下、②亀裂の深さは作土層（0～15cm）以下の亀裂を調査

とから、土壌の乾燥が進まない状況であった。このため県では、干拓地において土壌改良効果の高い緑肥作物を選定するための試験を行った。

その結果、深根性のマメ科作物であるセスバニアで、①ソルガムに近い生育、収量が得られること、②すき込み後の耕転砕土性が向上すること、③すき込みによる排水性、通気性の改良効果が高いことといった効果が認められた。

セスバニアは緑肥作物の中でも下層土の物理性改良などに優れた性質を持つ。乾物収量はソルガムに比べるとやや少ないものの、ロータリ耕、プラウ耕のいずれでもすき込みが容易であること、根の伸長が深く広範囲で、圧密層の破壊作用が大きい。特にセスバニアの直根は、作土層直下に形成された圧密層を破壊して深くまで伸長し、下層土に亀裂や孔隙を作り、緑肥作物の中でも下層土の物理性改良などに優れた性質を持っている。

セスバニアの根の張り
（埼玉県深谷市の畑圃場）

気象条件と土壌管理による水稲の高温障害の対応

近年、気象条件の変化を受けやすい栽培管理や土壌管理になってきていることなどから、作物に生育障害が発生している例が多くなっている。水稲では、夏季高温による水稲玄米の品質低下が関東以西の地域で多く発生している。

水稲の高温による玄米品質の低下障害

近年、高温による水稲玄米の外観品質低下が、主に関東以西の広い地域で問題となっている。特に、玄米の胚乳部に白濁を生じる未熟粒（以下、白未熟粒）の発生が大きな要因となり、1等米比率が低下している。

高温障害が発生しやすくなった栽培環境要因としては、夏季の気温上昇と移植時期の前進により、登熟期がより高温の時期に遭遇しやすくなったことが挙げられるが、土壌環境の変化も高温障害を発生しやすくしている。

◇白未熟粒の発生と気温

白未熟粒の発生は登熟期、特に出穂後20日間程度の登熟初・中期の平均気温が26～27℃以上で増加する。白未熟粒には胚乳全体が白くなる乳白粒と、一部が白くなる背白粒や基白粒などがある。

正常な米粒の胚乳中では、デンプン粒がアミロプラスト中にすき間なく詰まっているため、透明性が高い。しかし、白未熟粒の白濁部位では、デンプン蓄積の低下や異常によりデンプン粒の形成が十分でなく空隙を生じるため、乱反射が生じて白濁して見える。

白未熟粒発生の生理的要因としては、①光合成同化産物不足や籾数過剰による胚乳の充実不足、②同化産物の転流・蓄積障害、③胚乳細胞の発達異常がある。

白未熟粒の発生原因は、直接的には登熟期の高温であるが、乳白粒は籾数が過剰な時に多く発生す

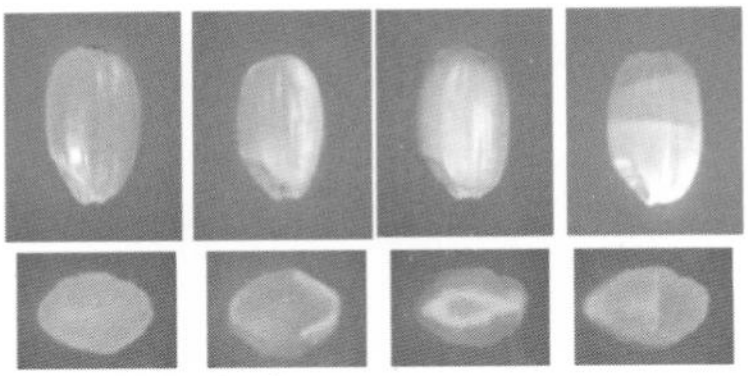

玄米のタイプ

左から：整粒、背白粒、乳白粒、胴割れ粒。下段は断面。写真提供：岩澤紀生氏

る。一方、基部未熟粒は登熟期の窒素栄養不足により増える。

気温と白未熟粒のタイプとの関係については、高温の時期が登熟初・中期の場合には乳白粒が、また、登熟中・後期の場合は背白粒や基部未熟粒が増加しやすい。胴割れ粒の発生は初期高温の時が最も多い。また、胴割れ粒は収穫時期が遅くなるほど増加傾向を示し、高温登熟条件下では刈り遅れによって発生がさらに増加する。

白未熟粒の発生には気象要因だけでなく、栽培要因も大きく、作土深の変化や施肥管理が大きく関わっている。

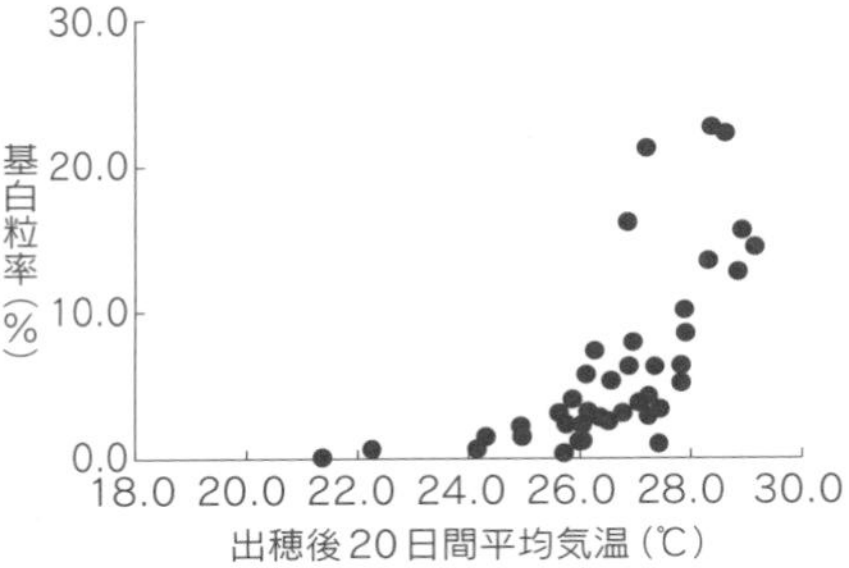

登熟期（出穂後20日間）の平均気温と基白粒の発生

◆白未熟粒発生と土壌管理

高温障害は、光合成同化産物不足や籾数過剰による胚乳の充実不足などによって起こる。このようなことから、栽培管理面での対応としては光合成能が低下しないようにするため、①根の張りを良くし、養水分の吸収態勢を整える（作土深の適正化）、②光合成を行う葉緑素を退化させない（窒素の補給）、③水の供給を登熟期間中切らさない（落水を早めない）ことが重要である。

また、乳白粒は籾数が過剰な時に多く発生しやすいことから、過剰な籾数にならないよう適切な栽植密度、土壌管理、水管理を行うことが大切である。

◆作土深が浅くなってきていることが白未熟粒の発生を多くしている

水田の作土深について最近における調査結果はないが、１９７５～１９７７年の農林水産省の全国調査（平均）では14・3cmとなっている。その後の全国的なデータはないが、いくつかの県で作土層が浅くなってきているとの報告がある。福井県の調査結果では、作土深が15cm未満の水田圃場が増えてきており、現在では10cm程度で耕うんしているところが多くなっているとしている。

　このような状況の要因としては、労力的な問題から耕起作業の効率化が進んできたことが挙げられる。

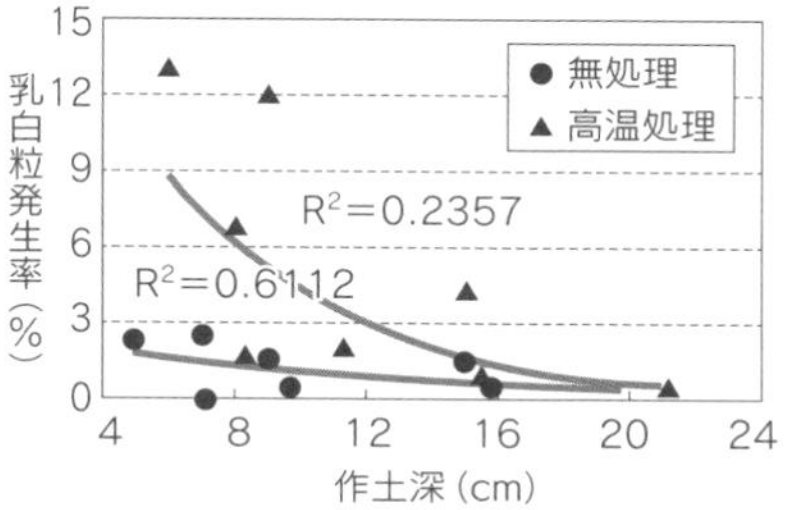

高温条件下における作土深と乳白粒発生比率の関係（一部改変）

注：高温処理は穂揃期～登熟中期までビニルトンネルを設置し、高温条件下で登熟させた。
資料：土づくりとエコ農業2011（農研機構作物研究所 近藤）、茨城県農試

作土層が浅いと根の張りが浅くなり、窒素の吸収が少なくなり、温度の高い表層部に根が多く分布することとなり、高温障害を受けやすくなる。

　茨城県農試の試験結果によると、水田の作土深が5～21cmの範囲では、作土が深くなるほど乳白粒の発生が少なくなっている。

　また、近年では農業機械の大型化、乾田化の進行のなかで、下層土の緻密化が進んでいることが指摘されている。水田の作土が浅くなってきていることは、水稲の高温障害の受けやすさのみでなく生産力にも影響を与えていると見られている。

◇窒素、ケイ酸等、土作り資材の施用の減少

　食味重視で窒素施用が必要以上に少なくなってきていることや、ケイ酸等、土作り資材の施用が減少していることが、白未熟粒の発生を多くしている。玄米タンパク質を低く抑えるために窒素施肥を控える栽培が一般化してきているが、こうした低窒素条件下で白未熟粒の発生が高まる。白未熟粒のなかでも特に、背白粒や基白粒は登熟期の低窒素条件下で発生が高まる。

　また、有機物施用量の減少や作土が浅くなっていることも、地力窒素の発現の低下や根域の制限を通じて窒素吸収を抑制し、高温障害を拡大している。

　土作り資材として以前、広く利用されていたケイ酸資材の施用が少なくなってきている。ケイ酸は

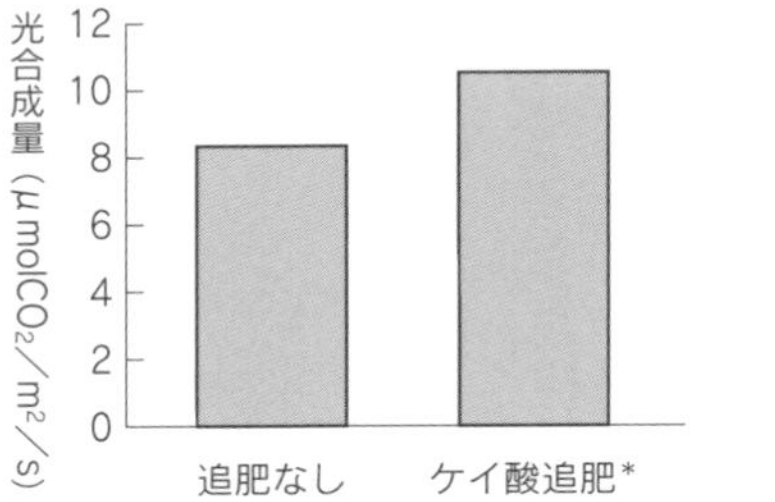

ケイ酸追肥が葉身光合成量に及ぼす影響

＊幼穂形成期1週間後にシリカゲル（ケイ酸）を2株に15g施用

資料：北海道立上川農試

水稲の高温障害による品質低下を抑制するとともに、食味の向上にも役立っている。水稲がケイ酸を吸収することにより、茎や葉の表面にケイ化細胞が形成され、葉が直立し、下葉の枯れ上がりが少なくなる。また、受光態勢が改善され光合成が盛んになり、デンプンで米粒が充実し、タンパク含量も低下し、食味の面でもプラスとなる。さらに根にも炭水化物を補給し、根の活力も維持できる。

ケイ酸は施肥のみではなく、近年、潅漑水からの供給量が減少してきていることが指摘されている。

水稲の高温障害対策

◇高温障害対策の種類

水稲の高温障害対策としては、大きく分けて、①田植え時期の遅延、②高温耐性品種の育成、③栽培管理がある。

①の田植え時期の遅延については、特に最も高温となる時期に登熟期を迎えていた地域では、田植え時期を遅らせる取り組みがなされている。北陸地方の新潟県、富山県、福井県では、最近では田植え時期が5月中旬に移行しつつある。

②の高温耐性品種については、主要品種の「コシヒカリ」は高温耐性「中」程度であり、これまで高温耐性の高い品種が少なかった。近年、白未熟粒のうち背白粒は比較的遺伝率が高いことがわかってきて、高温耐性品種として新潟県で「こしいぶき」、富山県では「てんたかく」などが育成されてきている。

③の栽培管理については、栽植密度、水管理、土壌・施肥管理が白未熟粒の発生に関係する。

栽植密度については、疎植に過ぎると乳白粒の発生が増え、極端な密植にすると登熟後半に窒素が不足して背白粒、基部未熟粒の発生が多くなる。従来、コシヒカリでは坪当たり70株（21株／㎡）が多かったが、白未熟粒の発生の少ない栽植密度は坪当たり50～60株（16～18株／㎡）程度とされている。

水管理については、用水のかけ流しにより、登熟初期の圃場内水温や地温を下げることで、胴割れ粒等の発生が軽減することが認められている。用水確保の困難な地域については保水条件、すなわち、湿潤状態を維持（pF値1.5以下の土壌水分）することによっても品質向上が図れる。また、根の活力維持のため、出穂後2日間は土壌が湿潤状態にあるようにするとともに、収穫1週間前まで通水するなど、早期落水を行わないようにすることが重要である。

土壌・施肥管理については、作土深が浅いと白未熟粒の発生が多いことから、適正な作土深にすることが重要である。また、施肥管理面では、近年、窒素不足やケイ酸不足の水田が多く見られる。窒素切れやケイ酸不足は白未熟粒の発生を多くすることから、適切に窒素やケイ酸を施肥することが重要となっている。

◇土壌・施肥管理の改善

●適切な作土深にする

水田の作土深については、かつては15cm程度であったが、現在では10～12cm程度の作土のところが多くなっている。水田の作土深が浅くなってきていることは、高温障害を受けやすくするだけではなく、生産力にも影響を与える。

作土層が浅いと根の張りが浅くなり、温度の高い表層部に根が多く分布することとなり、高温障害を受けやすい。茨城県農試の試験結果では、水田の作土深が5～21cmの範囲では、作土が深くなるほど乳白粒の発生が少なくなっている。

特に砂質で保肥力の小さい水田では、作土の深さは収量、品質に大きく影響するので注意が必要である。こうしたことから、多くの県では、作土の深さを15cm程度確保することを指導指針としている。

●登熟期の窒素が切れないようにする

高温障害を軽減するための窒素施肥としては、過剰な茎数、籾数にならないようにすることと、登熟期まで葉色を高めることが重要である。そのため、初期の施肥を抑制し、過剰分げつを抑える。また、幼穂形成期以降はある程度稲体の窒素状態を高く維持しておくことが望ましい。

通常、水稲の施肥は基肥と穂肥の分施体系が基本であるが、省力性が重視されるようになり、基肥施用時に緩効性肥料を用いた基肥一発施肥が普及している。食味を重視し過ぎるあまり、生育後半の窒素栄養不足に陥ることがないようにする必要がある。基肥一発施肥体系の普及した地域でも、異常高温の場合には追肥を検討する必要がある。また、堆肥等有機物を施用して、地力窒素により生育後半の生育の凋落を抑制することも重要である。

●ケイ酸不足の水田はケイ酸資材を投入する

ケイ酸は水稲の高温障害による品質低下を抑制するとともに、食味を向上させる働きがある。ケイ酸のこのような効果のメカニズムは次のとおりである。

●ケイ酸施用による、水稲の光合成低下の改善

光合成を促進させる上で、葉に水分が十分にあり、気孔が開いて炭酸ガスが十分に取り込まれることが重要である。葉身からの水分蒸散は、昼間気孔が開いて行われるが、夜間および昼間の一部ではクチクラ蒸散と呼ばれ気孔を経由しない蒸散が多量に行われている。

一方、ケイ酸を多く吸収している葉身の蒸散は、ケイ酸によって形成されるクチクラ・シリカ二重層によって著しく抑制される。したがって、ケイ酸を多く吸収している稲の葉身は気孔の開度が大きく、逆にケイ酸の吸収が少ない稲の葉身は気孔開度が小さい。すなわち、ケイ酸を多く吸収している稲のほうが、炭酸ガスの取り込み量が多いこととなる。

このようにケイ酸施用により高温時においても炭酸ガスの取り込みや蒸散作用がスムーズに行えるようになることが、光合成を円滑に行うことができる要因である。

また、気孔の開閉がスムーズとなり、葉の蒸散作用が活発化し水稲の葉温が下がる。秋田県立大金田らの研究では、ケイ酸質肥料施用により、最大8℃葉温が低下したという結果を得ている。こうしたことは、水稲が高温下にあっても光合成の働きが低下するのを軽減している。

●ケイ酸施用による受光態勢の改善

水稲がケイ酸を吸収することにより、茎や葉の表面にケイ化細胞が形成され、葉が直立し下葉の枯れ上がりが少なくなる。また、受光態勢が改善され光合成が盛んになり、デンプンで米粒が充実するとともに、タンパク含量も低下することから食味の面でもプラスとなる。さらに根にも炭水化物が補給され、根の活力も維持できる。

農林水産省の地力増進基本指針では、水田を対象に有効態ケイ酸含量の改善目標値が15㎎／100g以上となっている。水稲の葉中ケイ酸含量は、土壌中の有効態ケイ酸含量が30㎎／100gまで増加するにともない増加する。また、ケイ酸による水稲の増収効果の試験例などからは、有効態ケイ酸含量が13㎎／100gまでは効果が高い。

一般には、普通の水田で15～30㎎／100gが適正とされ、ケイ酸の吸収の悪い湿田やリン酸吸収係数が高く吸着しやすい黒ボク土水田での適正値は20～40㎎／100gとされている。これを下回る水田においては、ケイ酸石灰、ケイ酸カリなどのケイ酸肥料を施用することが望ましい。

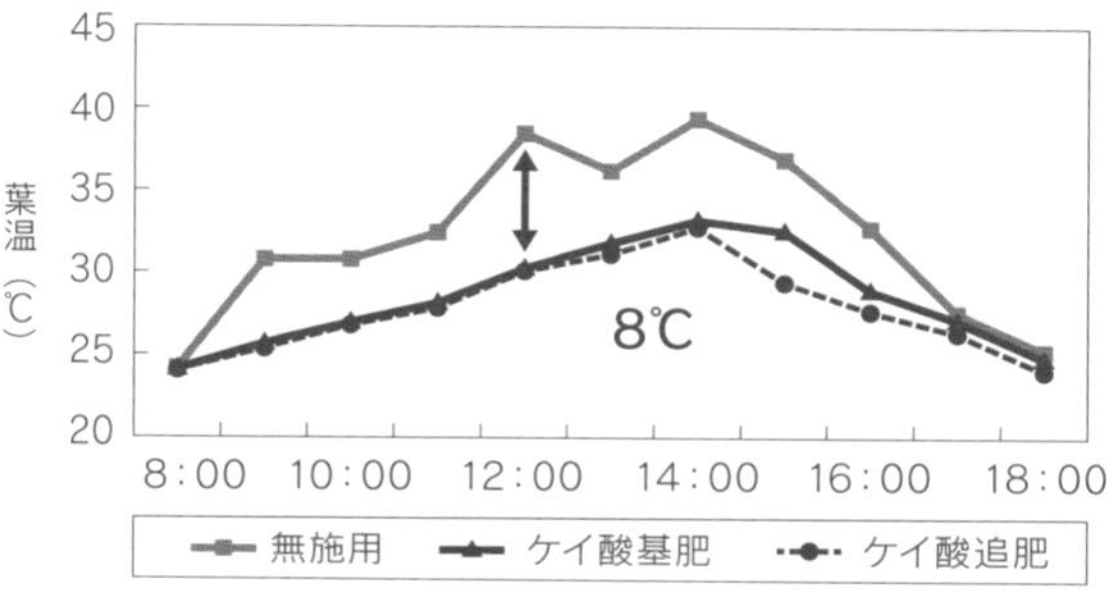

ケイ酸質肥料施用と水稲の葉温低下

資料：土づくりとエコ農業　秋田県立大学 金田ら

あとがき

土壌診断に関する問題として、よく指摘されるのは土壌診断結果が作物の生育などの改善につながっていないケースが多いということである。これについては、現在の土壌診断のあり方にも課題があるように感じている。

現在、土壌診断というと化学性の診断が殆どである。土壌化学性の分析結果を都道府県の土壌診断基準に照らし、リン酸が過剰などとの診断を行うのが一般的である。こうした診断の方法は、施肥改善が中心となっている。

近年、生産現場では借地等により規模拡大が進む中で、同一産地でも、圃場により生育、収量、品質のバラツキが多くなっていると感じる。こうした生育等のバラツキを改善して、今後、高位安定生産を図っていく必要があるが、そのためには生育等のバラつきの発生要因を明らかにしていく必要がある。

そのためには、作物の生育等の良い圃場と劣る圃場を土壌分析して比較してみると問題点が明らかになることが多い。その際、土壌の化学性のみではなく、物理性も合わせて分析、測定するとより改善のポイントが把握しやすい。作物の生育等への影響は化学性だけでなく、排水性等土壌物理性も生育に大きく影響している。むしろ、近年においては、土壌物理性の問題が作物生育等に大きく影響しているケースが多い。作土層下に硬盤が形成されている場合も多く、近年の異常降雨も影響して、土の硬さや排水性の問題は大きい。

このような進め方によって土壌診断を行い、作物の生育・収量等を阻害している要因を明確にするとともに、改善対策を行うことが、高位安定生産を図る上で大切である。

土壌の分析・測定結果を基に診断や対策を行う場合には、作物の特性、土壌に関する知識が必要である。そうした場合にはこの本の関係部分を再度読んでいただくと良い。

土壌の分析・測定結果を作物の生育改善等反映させていくためには、生育等の劣る要因を明確にする診断の目をより確かなものとしていくことが重要である。今後、読者の方々が経験を重ねつつ、一層、土壌分析結果を作物の生育等の改善に生かしていかれることを願っている。

（一財）日本土壌協会　専務理事　猪股　敏郎

著者プロフィール

猪股敏郎（いのまた・としろう）

（一財）日本土壌協会専務理事。農林水産省で主に土壌、肥料関係の仕事を行った後、平成10年から（一財）日本土壌協会に勤務。協会では、堆肥の利活用の調査試験や有機農業技術の調査などとともに、主な産地での土壌診断に基づく作物生育改善の仕事を実施。平成24年から開始された土壌医検定試験については1～3級の参考書の執筆などを担当。現在、各種土作り講習会や研修会の講師を務めるとともに、農家圃場での実証試験を実施している。技術士（農業部門）

カバー・本文デザイン／岸博久
イラスト／坂木浩子
編集協力／塩野祐樹　丸山純

本書は、雑誌「農耕と園藝」（誠文堂新光社）2014年12月号～2017年10月号、2018年6月号～2020年夏号に掲載された記事に加筆・修正を加えたものである。

図解でわかる
品目・栽培特性を活かす
土壌と施肥

2020年6月19日　発　行　NDC620

著　者　猪股 敏郎
発行者　小川 雄一
発行所　株式会社 誠文堂新光社
〒113-0033　東京都文京区本郷3-3-11
（編集）電話 03-5800-3625
（販売）電話 03-5800-5780
https://www.seibundo-shinkosha.net/

印刷・製本　大日本印刷株式会社

ISBN978-4-416-52091-8